식물, 세상의 은밀한 지배자

식물, 세상의 은밀한 지배자

식물에 새겨져 있는 문화 바코드 읽기

초판 1쇄 펴낸날 _ 2012년 7월 6일
초판 2쇄 펴낸날 _ 2013년 7월 5일
지은이 _ 고정희
펴낸이 _ 신현주 ‖ 펴낸곳 _ 나무도시
신고일 _ 2006년 1월 24일 ‖ 신고번호 _ 제396-2010-000140호
주소 _ 경기도 고양시 일산동구 장항동 733 한강세이프빌 201-4호
전자우편 _ namudosi@chol.com
전화 _ 031.915.3803 ‖ 팩스 _ 031.916.3803 ‖ 도서주문 팩스 _ 031.622.9410
편집 _ 남기준 ‖ 본문 디자인 _ 임경자 ‖ 표지 디자인 _ 윤정우
필름출력 _ 한결그래픽스 ‖ 인쇄 _ 백산하이테크

ISBN 978-89-94452-17-3 03480

* 파본은 교환하여 드립니다.

정가 16,800원

식물, 세상의 은밀한 지배자

식물에 새겨져 있는 문화 바코드 읽기

고정희 지음

나무도시

내 서 있는 곳

- 김현실

저녁 아직 오지 않고
햇빛 찬란한 대낮도 지나
어정쩡한 오후 네 시

남은 하루 너무 길어 알아채지 못했던
풋풋한 아침의 선명한 빛깔
바쁘게 달리다 놓쳐버린
정오의 꽃나무 향기

남은 빛 아직 희미한 꿈 비추고
길어진 그림자 나를 멈추니
이제 놓치지 않으리
황금빛 노을 번져가는
아름다운
지금

* 『수백 년 걸어 온 나무들에겐 아무 것도 아니다』 중에서

끔찍한 병마를 이기고

수백 년 걸어 온 나무처럼 다시 꿋꿋하게 서서

시집을 펴낸 오랜 벗 김현실에게

이 책을 바칩니다.

그 들 은
나 무 를   심 었 다

1990년 11월 9일 새벽녘, 베를린 국회의사당 뒤편 강 건너에 작업복을 입은 사내들이 서너 명 나타났다. 그들은 삽, 곡괭이 따위로 무장을 하고 있었다. 긴 머리에 지저분한 매무새하며 딱 보아도 불한당들 아니면 예술가들이 틀림없어 보였다. 그들은 곧 가지고 온 삽과 곡괭이로 땅을 파기 시작했다. 불한당이나 예술가들치고는 제법 노련한 솜씨였다. 대체 뭘 하려는 걸까.

그들은 나무를 심었다. 그들이 나무를 심은 바로 그 자리는 한 해 전까지만 해도 그 유명한 '베를린장벽'이 서 있던 곳이었다. 장벽이 어느 날 예고도 없이 갑자기 무너지자 한동안 주인 없는 빈터로 남아 있었다. 지저분한 작업복 차림의 사내들은 설치미술가들이었으니 그들이 심은 나무는 자연히 작품이었다. 장벽이 무너진 지 꼭 1년 된 날을 기념하기 위해 이들이 스스로 기획한 이벤트성 작품이었다. 벌써 20여 년 전의 일이어서 기억도 희미한데 담장을 까맣게 뒤덮으며 넘어 오던 동베를린 시민들의 모습, 한 때 그들을 향해 겨눴던 총구 대신 해머를 들고 담장을 부수는 국경수비경찰들의 모습을 담은 사진이 전 세계로 퍼져나간 그 당시, 지구촌은 열광했다. 무모한 '장벽 맨손으로 무너뜨리기' 작업이 여러 날 지속되었다. 물론 곧 중장비가 동원되었지만 마음 같아선 맨손으로 다 뜯어내고 싶었을 것이다. 그럼에도 벽의 일부를 여기저기 남겨서 기념비로 삼았다. 위의 설치미술가들이 나무를 심은 곳은 그 중에서도 과거에 탈출 시도가 가장 빈번했던 구간이었다. 강이라고 해도 폭이 개천 수준이어서 서너 번 힘차게 크롤을 하면 가뿐히 헤엄쳐 건널 수 있는 거리다. 그래서 이 구간에서 탈출이 가장 자주 시도되었다. 그만큼 희생자도 많았던 구간이었다. 탈출 시도 중 총에 맞아 죽은 사람들이 모두 258명이었다. 그 수만큼은 아니더라도 꽤 많은 나무를 심었다. 물론 나무를 심은 것이 작품의 전부는 아니었다. 일부 남아 있는 장벽들을 끌어다 모아놓고 거기에 벽화를 그렸다. 그 주변을 정원처럼 꾸몄으며 나무 외에 꽃도 심고 조형작품도 상당수 배치했다. 그리고 이 정원을 "나무들의 의회 parliament of trees"라고 이름 붙였다. 오래전부터 이 자리에 서서 역사를 지켜보았던 상수리나무 한 그루를 제외한다면 지극히 서민적이고 왜소한 나무들로 구성된 나무의회는 지금 강을 사이에 두고 연방국회와 당당히 마주보고 있다. 연방국회는 나무의회보다 십 년 늦게 베를린에 입성했다. 본에서 베를린으로 행정수도를 이전하면서 이 강가에 정부 구역을 새로 건설했는데 그 때 나무의회에는 손을 대지 않았다. 선배 예우를 확실히 한 것이다. 어쩔 수 없이 규모는 축소되었지만 그 축소된 면적을 대신해서 바로 옆에 새로 지은 국회도서관에 전시실을 마련해 주었다. 조형물, 그림 등은 대부분 이 전시실로 이동되었다. 남은 정원은 깔끔하게 울타리를 둘러 정리했다. 정원 자체가 설치미술품이므로 이용은 가능하지 않고 얌전히 밖에서 들여다보아야 한다. 지금은 나무들이 많이 자라 장벽과 조형물들을 상당 부분 가리고 있다. 그만큼 상처도 치유된 걸까. 앞으로 몇 년 더 지나면 장벽은 아주 사라지고 나무들만 보이게 될 것이다. 그 때 역사적 상흔 역시 깨끗이 아물 것인지.

작가들은 "나뭇잎이 바람에 흔들리는 소리가 바로 나무의원들의 연설"이라고 설명하고 있다. 이 나뭇잎들이 국민들을 향해 대체 어떤 연설을 한다는 것일까. 전쟁이나 분단 같은 비극을 만들지 않을 테니 우리들을 지지해달라고 호소하는 걸까? 국민들에게 총칼도 겨누지 않고 세금도 많이 걷지 않겠다고 아부하는 걸까? 독일 사람들 과연 제정신인지. 예술가들이야 워낙 별난 사람들이니 나뭇잎 운운하며 허튼 소리를 한다 치더라도 소위 정치한다는 사람들이, 그것도 유럽을 좌지우지하는 독일연방정부가 그깟 한 뼘 땅에 '불법'으로 심은 나무 몇 그루를 밀어버리지 못하다니. 기둥 둘레가 60센티미터가 넘는 나무는 베지 못하게 하는 자연보호법에 의거해도 해당사항이 없는 왜소하고 빼빼 마른 나무들이었다. 작가들의 부족한 예산 때문이기도 했겠지만 비명에 사라져간 동포들을 대신하여 심은 슬픈 나무들이니 위풍당당할 수 없었던 거였다.

게르만, 켈트 족의 후예들과 근 30년의 세월을 보냈다. 그러면서 느낀 것이 식물을 대하는 그들의 태도가 예사롭지 않다는 점이었다. 식물을 좋아해서 늘 식물에 둘러싸여 사는 것이 그들 뿐은 아니겠지만 그 태도에 미묘한 차이가 있었다. 단지 귀하게 여겨 정성을 쏟는 정도가 아닌 것 같았다. 식물을 마치 영혼이 있는 존재로 여기는 것처럼 보였다. 다른 나무들이었다면 법적인 차원에서 보상대책을 세워 주고 철거시켰을지도 모른다. 그러나 문제는 이 나무들이 예술작품이기도 했지만 바로 그 자리에서 죽어간 사람들을 위해 심은 나무들이라는 데 있었다. 죽은 사람들이 나무가 되어 모여 사는 곳, 작은 네크로폴리스, 서천꽃밭이었던 거였다.

유럽이 기독교의 대륙이 되기 이전 그들 역시 자연신앙을 가지고 있었다. 그 신앙이 신화와 전설이 되어 면면히 내려오고 있는데, 그 시작에 나무가 있었다. 그들의 신화는 사람이 나무에서 태어났다는 것으로부터 시작하여 영원한 젊음을 약속하는 황금사과 이야기까지 신통한 식물의 이야기들로 점철되어 있다. 신화라는 것이 거대한 자연의 섭리 속에서 사람의 자리를 찾으려는 절절한 소망으로부터 출발했음을 느끼게 되는 것이다. 게르만 족이나 켈트 족의 신화 뿐 아니라 이집트, 그리스, 로마, 메소포타미아, 인도 등 어디를 살펴보아도 애초에 신화의 길을 연 것이 식물이 아닌가 싶게 식물을 끼고 돌았다. 신화시대의 사람들에겐 식물이 절대적 존재였던 모양이었다. 바로 그 신화가 문화가 되어 오늘도 우리 주위에 오롯이 살아있다. 그들이 이루어놓은 문화적 업적이란 것이 거의 모두 신화에 뿌리를 두고 있음은 주지의 사실이다. 기독교가 시작된 뒤에는 거기에 자연신앙을 엎어 새로운 종교문화를 만들어 냈다. 문학, 미술, 음악, 건축까지 그 기원을 찾아 올라가다보면 신화와의 해후를 피할 수가 없다. 루브르에 전시된 그 수많은 작품들 중에서 신화에 뿌리를 두지 않은 것이 과연 몇 퍼센트나 될까. 이는 오래된 작품들에 국한된 것이 아니다. 전혀 신화와 관계가 없을 것 같은 초현실주의 화가 르네 마그리트는 왜 사과를 그렇게 반복해서 그렸던 것일까. 이는 사과나무의 복잡한 상징체계를 이해하면 쉽게 풀리는 의문이다. 그 유명한 괴테의 파우스트 역시 오래전부터 전해져 내려오는 게르만 전설을 재해석한 것이며, 셰익스피어는 마치 그리스 신화집을 펼쳐놓고 차례로 각색을 한 것처럼 보인다. 한국 사람들이 가장 좋아한다는 헤르만 헤세 역시 신화 재해석의 달인이었다. 음악계의 거장들, 헨델, 모차르트, 베르디의 오페라도 마찬가지지만 리하르트 바그너의 경우는 아예 그의 전 작품이 신화로 이루어져 있다. 이렇게 유럽문화사 어느 페이지를 펼쳐도 어렵지 않게 신화와 만날 수 있다. 수많은 예술가들에게 신화는 영감을 퍼 올리는 마르지 않는 샘물과 같은 역할을 해왔으며 지금도 하고 있다. 역으로 예술가들의 끊임없는 신화 해석 작업이 서구문화를 지구촌이 공유하게 만들었다고도 할 수 있을 것이다.

우리에게 명절마다 차리는 음식이 따로 있듯이 이들에게도 물론 명절 음식이 있지만, 음식보다는 집안을 장식하는 식물이 더 큰 비중을 차지한다. 명절에 따라 식물의 종류도 지정되어 있다. 그 유래를 기억하고 있는 사람들은 많지 않지만 봄의 축제에서 출발한 부활절에는 수선화와 버드나무 가지를, 여름 축제에서 출발한 오순절엔 작약을 꽃병에 꽂는다. 명절 전날 장에 가면 먹거리보다는 '꽃거리'가 천지를 이룬다. 가을이 깊어지면 호박으로 등을 만들어 긴 겨울밤을 준비하고, 12월의 첫 번째 일요일이면 소나무 가지를 가져다 꽃병에 꽂거나 화환을 만들어 탁자 위에 놓고 네 개의 촛대를 세운다. 매주 일요일에 촛불을 하나씩 켜는데 네 번째 촛불이 다 타들어갈 때쯤이면 크리스마스가 오는 것이다. 그 날 크리스마스트리를 별도로 세우는 것은 온 세상이 다 아는 일이다. 다만 특이한 것은 크리스마스이브에 주부가 음식 준비보다는 나무 장식에 더 공을 들인다는 것이다. 그래서 요리할 시간이 없어 저녁 식사는 소시지와 감자 혹은 빵으로 간단히 때운다. 정작 맛난 것은 그 다음 날 만들어 먹는 것이다. 정성스럽게 음식을 차려내는 것이 우리의 명절 문화라면 나무와 꽃을 정성스럽게 장식하는 것이 이들의 명절 문화이다. 결국 크리스마스의 주인공은 아기 예수가 아니라 금줄 은줄로 화려한 치장을 하고 촛불까지 가득 매단 채 봄나무 흉내를 내야 하는 겨울나무인 것이다. 얼핏 보아도 이 트리용 나무들이 예수 탄생과 크게 관계있어 보이지 않는다. 그런데 어떻게 해서 그 둘이 만났을까. 후에 상세히 살펴보게 되겠지만 그 둘의 만남은 이미 오래 전에 예정되었던 거였다. 겨울나무가 봄나무로 거듭나 주기를 바라는 염원과, 사람이 죽어서도 계속 살아간다는 사후세계에 대한 믿음을 거의 모든 자연신앙체계가 공유했었다. 해마다 한 번씩 전구를 매달고 겨울밤을 밝히는 크리스마스트리에는 먼 옛날 메소포타미아 신앙에서 유대교, 유대교에서 크리스트교로 전달되었던 신화의 자취가 각인되어 있으며 크리스트교가 결코 몰아내지 못했던 끈질긴 게르만 족과 켈트 족의 식물숭배문화가 반짝거리고 있는 것이다.

식 물 과
사 람 과 의   관 계

두고두고 자손 대대로 신화를 우려먹는 유럽인들과는 달리 우리는 신화와 쉽게 결별을 했다. 우리 신화의 자취를 찾다보면 신화연구가의 전문서적과 어린이들을 위한 옛날이야기 사이에 커다란 공백이 있음을 알 수 있다. 그 사이의 것을 잘라내어 '민속'이라는 폴더 속에 가둬둔 때문이다. 교양인일수록 신화를 말하면 그리스 신화를 먼저 떠올린다. 잘생긴 청년을 아무도 호동왕자와 비교하지 않는다. 칭찬을 하려면 아도니스 같다고 해야 한다. 남의 신화는 신화이고 우리의 신화는 민속 혹은 무속이 된 사연을 여기서 파헤치려는 것은 아니다. 다만 내가 이브의 후예인지 아니면 웅녀의 후예인지를 확실히 하고 싶을 뿐이다. 그리고 웅녀의 후예라는 생각을 같은 웅녀의 후예들과 공유하고 싶을 뿐이다. 고백하건대 우리 세대의 역사적 지식 수준은 『삼국사기』와 『삼국유사』에서 그쳤었다. 신화라고 한다면 단군신화와 주몽, 박혁거세, 김알지가 전부인 줄 알았다. 이들은 모두 건국신화이다. 건국신화 이전에 보통 있어야 하는 창세신화를 우리는 알지 못한다. 하늘과 땅이 어떻게 만들어졌는지 사람은 누가 만들었는지 모르는 것이다. 객지생활이 길어지니 내 것에 더 갈증이 났다. 그들의 일상과 문화 속에 아직도 면면히 살아 있는 신화와 식물문화를 바라보면서 우리 것에 대한 궁금증이 더 커졌다.

우리 신화 속의 식물을 보니 우선 마늘과 쑥이 보였다. 박달나무도 있었다. 그리고 흔적이 끊겼다. 그래서 찾기 시작했다. 우리만 유독 식물을 등한시했던 걸까? 그렇지 않았던 것 같다. 우연히 1920년대에 그려진 단군의 초상을 보고 깜짝 놀랐다. 영락없는 나무신木神의 모습이기 때문이었다. 나뭇잎으로 된 어깨 장식이며 허리 장식이 눈에 꽂혀 왔다. 이렇게 반가울 수가. 나의 식물 오디세이는 이렇게 출발했다. 여기 부족한 대로 그 첫 열매를 담아낸다.

군이 신화라기보다는 사람과 함께한 식물의 오랜 이야기를 하고 싶었다. 그 중 가장 오래 된 이야기가 신화일 것이니 그로부터 시작함이 옳을 것 같다. 다른 문화권의 신화와 우리의 신화에 식물이라는 코드를 입력하자 의외로 접점이 찾아졌다. 아쉽게도 그 접점에서 찾아 낸 식물의 종류는 그리 많지 않았다. 아직은 네 종의 식물밖에는 찾지 못했다. 진달래, 복숭아나무, 버드나무 그리고 연꽃이다. 접점에서 찾아진 식물이라고 해서 이 식물들을 서구의 신화와 우리 신화가 공유한다는 것은 아니다. 실제로 공유하는 것은 그 중 버드나무와 연꽃뿐이다. 그러나 이 네 종의 식물 모두 양문화권의 공통점을 찾게 하는 단서가 되어 준다. 지구상에 사는 수십 만 종의 식물 중에서 달랑 네 종밖에 찾지 못한 것이 실망스럽기는 하지만 다른 한 편 이렇게 접점이 찾아지는 것만 해도 흥미로운 일이라 할 수 있다. 그러므로 본서에서는 서구문화권의 식물 이야기와 우리의 식물 이야기가 때로는 서로 만나고 때로는 별개의 길을 걷는 식으로 진행될 수밖에 없다.

새 내 기 와
은 밀 한   고 수 들

우선 위의 네 식물이 본서의 핵심을 이룬다. 그러나 찬물에 뛰어들 듯 갑자기 신화의 세계에 몸을 던지기 전에 우리와 말이 통하는, 즉 현재에 속하는 식물, 튤립을 1장에 앞세웠다. 튤립은 신화 속 식물이 아니다. 16세기에 이르러서야 사람과 만난 튤립은 그 이후 승승장구 커리어 우먼이 되어 지금 자신의 신화를 쓰고 있는 중이다. 이 새내기 튤립이 앞장서서 인도해 주는 길을 따라가 보면 2장에서 엉뚱하게 감자, 토마토, 후추, 사탕수수, 옥수수, 커피 등 '식품' 과 만날 것이다. 너무 익숙한 나머지 잊고 사는 사실이지만 이들도 식물이다. 그것도 보통 식물이 아니다. 이들처럼 별로 비주얼이 출중하지 않은 주방식물들이 지구에서 그들의 영역을 확보하기 위해 어떤 작전을 펼치는지 살펴볼 것이다. 튤립은 '미모' 로, 주방식물들은 '쓸모' 로 사람들에게 다가왔다. 우리 가까이에 있는 이들의 이야기를 통해 그 먼 옛날 식물에 얽힌 신화가 어떻게 만들어 졌을지 유추해 볼 수 있는 것이다. 물론 이런 식물의 종류가 끝없이 많기 때문에 그 중 대표적인 것들만 짚고 넘어갈 수밖에 없는 것이 아쉽다. 이 식물들의 공통점은 옥수수를 제외하고는 모두 더운 나라 출신이며 그 옛날 산 넘고 바다 건너 유럽으로 가서 그곳의 주방을 점령했다는 데 있다. 유럽인들은 다시 이들을 부지런히 전 세계로 퍼 날랐다. 이 은밀한 고수들을 만나보면 지금까지 당연시 여겨왔던 것과는 달리 혹시 사람이 만물의 영장이 아닐 수도 있지 않을까라는 엉뚱한 의구심이 들기 시작한다. 이 중 사탕수수와 옥수수는 우리를 신화의 세계로 인도하는 길잡이 역할을 할 것이다. 신화 속의 식물이라고 꼭 근사하게 생긴 영웅형 나무만 있는 것은 아니다.

　3장에서 이루어지는 신화와의 첫 만남은 사후 세계에 대한 이야기이다. 사람의 세계와 신의 세계를 가르는 것이 죽음이기 때문에 어쩔 수 없는 행보다. 이 사후의 세계에서 지중해 플로라 여신의 왕국과 우리의 서천꽃밭이 결국 같은 것이었음을 알게 되며 식물이 사람의 생로병사와 깊은 상징적 관계 속에 놓여 있었음도 알게 된다. 이런 관계는 수로부인의 진달래, 마고여신의 복숭아나무, 유화부인의 버드나무, 심청의 연꽃에서도 공통적으로 찾아볼 수 있는 요소이다. 이들을 4장에서 7장까지 차례로 만나게 될 텐데 인물을 중심으로 보면 가장 오래된 마고여신, 고구려의 유화부인, 신라의 수로부인 그리고 조선 심청의 순서로 살피는 것이 맞겠지만 식물 신화의 계보라는 관점에선 진달래가 앞선다. 충청북도 청원군 두루봉에서 약 사만 년 전 구석기 시대의 유적이 발견된 적이 있다. 그리고 이 유적지 동굴 입구에서 진달래 꽃가루가 출토되었다. 정황으로 보아 진달래를 일부러 동굴 입구에 옮겨 심었을 거라는 것이 고고학자들의 의견이었다. 그러니까 진달래는 마늘과 쑥보다 더 일찍, 혹은 같은 시절 우리 선조들과 만났다는 결론을 내려도 좋을 것 같다. 수로부인과 진달래의 이야기가 들어 있는 헌화가의 짧은 노래는 사실 많은 신화적 요소를 담고 있다. 신라시대의 노래이지만 그 근원은 더 오래전에 시작되었을 것이다. 진달래가 이를 풀어내는 열쇠이며 두루봉에서 출토된 진달래 꽃가루는 그 단서가 된다. 옥수수가 신화의 식물이 영웅이 아니어도 좋다는 것을 말하고 있다면 두루봉 진달래는 신화가 허황된 이야기가 아니라 어딘가에 진실을 묻어두고 있음을 시사하고 있다. 한편 마고여신의 흔적은 적어도 청동기 시대까지 거슬러 올라간다. 마고의 상징은 복숭아였다. 마고도 정식 여신으로 채택되지 않은데다가 복숭아와 마고의 연관성은 더더욱 낯설지만 복숭아 바구니를 들고 있는 마고의 그림이 다수 전해지고 있으므로 의심의 여지가 없다. 이 마고의 복숭아는 우리를 중국으로 데리고 간다. 거기서 물론 서왕모도 만나지만, 의외로 메소포타미아의 길가메시 서사시와 제우스의 감옥 그리고 에덴동산과도 만나게 된다.

주몽의 어머니 유화부인의 이야기에는 버드나무의 신화성이 너무 분명하게 살아있어 오히려 싱거울 정도이다. 연꽃은 여러 문화권에서 '세상을 낳은' 식물로 취급된다. 그 높은 상징성에 비추어 볼 때 심청과 연꽃의 이야기가 과연 조선시대에 와서야 시작되었을까 라는 의문이 들지 않을 수 없다. 연꽃의 자취를 좇아 심청의 본질과 만나보고자 한다.

식 물 은
신 화 를   푸 는   열 쇠 다

이어서 8장에서 인류 역사상 가장 많은 이야깃거리를 남긴 사과나무를 살필 것이며, 다소 생소한 마가목과 주목의 이야기가 9장에 뒤따른다. 인류의 영원한 고향, 정원, 에덴동산, 파라다이스를 상징하는 것이 사과나무라는 것은 너무나 잘 알려진 사실이다. 그러나 한국에는 사과나무에 얽힌 신화가 없다. 사과나무는 우리와 오랜 시간을 함께 한 나무가 아니기 때문이다. 오히려 같은 역할을 담당하는 것이 복숭아나무일 것이다. 서로 비교하는 의미에서라도 사과나무의 복잡한 과거를 살펴 볼 필요가 있어 보였다. 잘 알려진 사실은 아니지만 마가목, 주목은 거의 처음부터 인류와 함께한 식물이었다. 아니 아예 신으로 불렸던 나무들이었다. 신성이 부여되었던 나무들이 물론 많지만 그 중 하필 마가목과 주목을 언급하는 것은 이들이 걸어온 길이 식물과 사람과의 관계의 변천사를 단편적으로 보여주기 때문이다.

식물학적인 관점이 아니라 여기서 추구하는 식물과 사람과의 관계라는 관점에서 볼 때 식물계에도 계보가 있고 세대교체가 있다. 태초부터 우리 곁을 지켜온 식물이 있는 반면 튤립 같은 신세대 식물도 있는 것이다. 그리고 은행나무처럼 지구상에서 가장 오래 살았으나 그 의미가 재발견되어 새삼 각광을 받는 경우도 있다. 이런 계보는 어느 식물이 지구상에 먼저 나타났는가가 아니라 사람과 식물이 언제 어떻게 서로 발견했나를 기준으로 하여 결정되는 것이다. 각 식물의 특성에 따라 그리고 시대적 가치관의 변화에 따라 그 관계도 달라질 수밖에 없다. 물론 식물은 늘 거기 있었지만 사람들이 들락거린 거였다. 현대의 식물이 쓸모와 미모에 따라 주어진 역할이 세분화되어 있다면 신화시대의 식물들은 우선 하늘과 사람을 연결하는 매체 역할을 했었다. 그 시대의 가장 '쓸모' 있는 일이 바로 사람들의 메시지를 하늘에 전하는 거였기 때문이었을 게다.

대개 신화는 농경문화의 출발과 함께 탄생하였거나 이때 크게 증폭된 것으로 알려져 있다. 그럴 수밖에 없는 것이 농경사회야 말로 하늘의 도움이 가장 많이 필요한 시대였기 때문이다. 하늘의 도움을 받아 사람들이 얻고자 했던 것은 우선 가을의 풍성한 수확이었다. 그러므로 계절의 변화와 식물의 자람에 대해 유난히 민감할 수밖에 없었다. 계절의 순서가 뒤바뀌어도 곤란했고 요즘처럼 계절이 건너뛰는 건 혼돈을 의미했다. 쓸모없어 보이는 겨울도 종자의 성숙을 위해 필요했었다. 이는 사람이 나고 성장하여 늙어 죽는 것과 신통하게 일치한다. 다만 다른 점이 있다면 사람은 한 번 죽으면 그만인데 식물은 이듬 해 봄에 어김없이 다시 살아난다는 것이다. 그러니 식물이 사람보다 더 잘나 보이지 않았을까. 부활이라는 종교적 개념이 이미 자연신앙시대에 널리 퍼져있었으며 다름 아닌 식물에서 본을 딴 것임을 수많은 신화가 입증하고 있다. 그러므로 다른 곳이 아닌 식물에서 신화의 코드를 찾는 편이 수월한 접근법일 것이다.

마지막 장에서는 이렇게 사람의 염원이 걸린 나무들에 대해 이야기하려고 한다. 하늘에 전할 말이 있는 것은 지금이라고 다르지 않다. 그 메시지를 전하는 방법이 여러 가지가 있겠지만 나무에 매달아놓는 것도 효과적인 듯하다. 유독 변하지 않고 오랜 세월을 지켜온 나무의 역할이 바로 이 하늘의 메신저 역할이다. 개암나무에 자녀들 대학 합격의 소원을 거는 것과, 마을나무에 오색 리본으로 풍년의 기원을 매다는 것, 고대에 국가가 형성될 때 큰 나무가 대부를 선 것은 모두 같은 맥락에서 이해할 수 있다. 그 대표적인 예가 고조선의 신단수일 것이다. 지금은 헌법이 국가의 바탕이 되고 있지만 하늘의 지지와 보호를 받아야 했던 고대 국가에서는 하늘과 땅을 연결하는 커다란 나무가 신전 역할을 맡았던 경우가 적지 않았다. 어마어마한 대성당을 지었던 유럽인들도 먼 부족국가시절에는 "신은 자연에 깃든다"는 믿음을 가지고 있었다. 그래서 바로 숲 속 참나무 아래가 사람과 신이 만났던 신전이었으며 죽은 사람이 넋이 되어 살아가는 네크로폴리스였던 거였다. 지금 베를린 국회의사당 뒤편에 있는 나무의회는 바로 이런 이유로 신성한 장소인 것이다.

" 사 랑 하 는
       M 에 게 "

가로수에 광고전단이나 집 나간 애견을 찾는다는 쪽지를 걸어놓는 경우가 많다. 이를 위해 별도로 마련된 광고판이 있지만 아마도 나무에 걸어놓는 것이 효험이 큰 모양이다. 지난 이른 봄, 공원에서 우연히 버드나무 둥치에 붙여 놓은 쪽지 하나를 보았다. 또 애견을 찾나보다 하고 무심히 지나쳤다. 후에 다시 그 곳을 지나가게 되었는데 그 쪽지가 아직도 붙어있었다. 애견을 찾는다면 사람들이 많이 다니는 길가 가로수가 더 적합할 텐데 왜 하필 공원의 호젓한 곳에 붙여놓았는지 이상했다. 게다가 그 버드나무는 키가 2미터 정도 밖에 되지 않는 아직 어린 나무였으며 가지는 다 잘라 내 둥치만 남은 상태였다. 버드나무는 병이 들지 않는 나무이다. 이렇게 가지를 다 잘라낸 이유는 병이 들어서가 아니라 잔가지를 많이 얻기 위해서다. 큰 가지 하나를 잘라내면 그 자리에서 수십 개의 잔가지가 나오는 것이 버드나무의 특징이다. 그것이 어느 정도 자라면 또 잘라낸다. 그러면 또 자라고. 버드나무 가지들은 쓸모가 많다. 옛날에는 바구니도 만들고 울타리도 엮었으며 그 후엔 하천생태보호를 위해 강가에 가져다 꽂았다. 그리고 이렇게 잔가지가 무성한 곳에 작은 생물들이 즐겨 깃들기 때문에 종다양성 확보의 차원에서 중요한 역할을 한다. 왜 하필 저런 곳에 쪽지를 붙였을까. 여러모로 궁금해서 가까이 다가가 읽어 보았다. 뜻밖에도 사랑의 메시지였다. M이란 이니셜을 가진 사람이 역시 M이란 이니셜을 가진 떠나간 연인에게 보내는 메시지였다.

"사랑하는 M에게, 우리가 함께 한 시간을 생각하면 내 가슴에서 붉은 피가 흘러……. 넌 떠났지만 내 영혼 깊은 곳에 너에 대한 큰 사랑이 남아 있음을 알아줬으면 해"라고 쓰여 있었다. 가슴이 뭉클했다. 요즘도 이런 큰 사랑이 있구나. 공원관리사도 그 마음이 안타까웠는지 그 쪽지를 떼어내지 않았다. M은 나무를 제대로 골랐다. 헤어진 연인에 대한 메시지를 걸기에 버드나무만한 것도 없을 것이다. 벌써 새가지 새잎들이 무수히 솟아나오고 있었다. 혹시 이 두 M은 서로를 다시 찾게 될지도 모르겠다. 버드나무가 그들의 애잔한 마음을 틀림없이 하늘에 전했을 테니까.

　신화 속의 나무들은 우연히 선택된 것이 아니다. 지금 아무도 신경 쓰지 않는, 버드나무, 개암나무들이 선택받았던 것은 다 그럴만한 이유가 있었다.

　2010년 봄부터 2011년 겨울까지 열여덟 번에 걸쳐 『환경과 조경』이란 잡지에 식물 이야기를 연재했었다. 전공자들을 위해 썼던 내용들은 빼고 새로운 이야기들을 첨가하여 묶다보니 거의 새 책이 되었다. 3년 전, '나무도시'의 남기준 편집장이 기획하여 시작한 일이다. 출판사의 이름을 지을 때부터 남달리 나무에 대한 깊은 애착을 보이더니 식물을 좀 다른 관점에서 다루는 책을 내고 싶다는 뜻을 보였다. 이제 3년 만에 결실을 맺는다. 감회가 크달 수밖에 없다. 나로선 식물학을 전공하지도 않은 주제에 식물에 대한 글을 쓰는 것이 조심스러웠다. 식물은 내게 학문의 대상이 아니다. 그들의 도움을 받아 정원이라는 공간을 만들고 정원에 대한 책을 쓰는 내게 식물은 내 삶의 주인공들이다. 그러므로 그들이 들려주는 이야기에 늘 귀를 기울여야 했다. 그들이 들려 준 이야기는 참 경이로웠다. 그것을 독자들과 공유하고 싶었다. 이 책을 읽은 후 독자들이 조금 다른 눈과 다른 마음으로 식물을 바라볼 수 있었으면 하는 것이 나의 바람이다. 친한 친구는 멀리서 뒤태만 보아도 반가움이 솟아오른다. 그런 친구들과는 영혼 깊은 곳의 비밀스런 이야기도 공유한다. 식물도 사람에게 그런 친구가 되어 줄 수 있다. 가까이 다가가기만 하면 된다. 한 가지 약속할 수 있는 것이 있다. 달라진 눈으로 숲 속에 가보면, 어스름할 무렵 꽃과 나무의 정령들이 하나씩 둘씩 모습을 나타내는 것이 보일 것이다. 정말이다. 그들은 친한 친구들에게만 보여주는 영혼의 비밀과 같은 존재들이기 때문이다.

2012년 6월

고정희

조물주의 봄 컬렉션, 튤립

"울금향(鬱金香)이꼿은서양일홈으로 "쥬립프"라는것인데입사귀는 마늘입사귀 비스름하고뿌리는 마늘쪽가튼구근이며 꼿은 입사귀둘러 싸인 속에서대가나오며 거긔꼿이 다닥다닥부터 피는데 도양은 심히젹은것이 땅개나리꼿모양 가튼것인대를 중심으로 피여잇는데 빗은람빗 힌것분홍 다홍여러가지가잇습니다 이꼿은 사랑을 고백한다는의미를가진 꼿인데 향긔가조흐며 파종후사오년 지나야피는꼿인데 십월경에 심엇다가봄삼월경에 캐여가지고 구근둘이되어 잇는것 하나를 따로 떼여서심는데 가는모래석긴땅에 심은후꼿피일때까지 덕당하게 비료를주되 깨묵말똥 골분가튼것을 줌니다이꼿은 추위를잘견듸는꼿으로써겨울에도밧헤심으고 집흐로덥혀두면 그대로 얼지안코 삼니다 꼿은입사귀가 여슷으로 나비꼿 비스름이생긴입분 꼿임니다"

1925년 동아일보에 "봄 꼿심는 여러 가지 방법"이라는 제목으로 위와 같은 기사가 실렸다. 거의 백 년 전 쓰인 글의 느낌을 살리기 위해 원문을 그대로 옮겼다. 당시에는 띄어쓰기는 이따금 했고 마침표는 찍지 않았던 것 같다. 그것도 그대로 두었다.

터번이라
불리는 꽃

서울과 베를린을 자주 오가는 편인데 아직 베를린까지 직항이 없어 암스테르담에서 비행기를 바꿔 탄다. 이 루트가 비행기 삯이 가장 저렴하기 때문에 시작한 것인데 이젠 늘 이렇게 다닌다. 절대 튤립 때문에 그러는 것이 아니다. 암스테르담 국제공항 면세점에서 튤립 구근을 팔기 때문이 아닌 것이다. 그래도 공항에 도착하면 아직도 구근을 팔고 있는지 확인하기는 한다.[1] 물론 아직도 팔고 있고, 더 나아가서 봄 화단용으로 튤립과 히아신스, 수선화를 섞어 패키지로 판다. 이런 걸 아도니스 정원 패키지라고 한다. 이 패키지에 대해서는 나중에 이야기를 할 기회가 있을 것이다.

튤립이 여간내기가 아니라는 건 알고 있었지만 이제는 비행기까지 타고 다니는구나 싶다. 물론 여권도 없이 무임승차 하겠지. 국제공항이라면 전 세계 사람들이 드나드는 곳이니 각 나라에서 한 사람이라도 구근을 사가지고 가는 경우 언젠가는 지구 전체가 튤립 꽃밭이 될지도 모르겠다. 본시 식물은 마음대로 도입할 수 없는 품목인데 네덜란드가 전 세계의 모든 국가와 면세협약이라도 맺은 것인지. 이런 식으로 튤립은 과거의 명성을 되찾으려는 것인가.

튤립이 한 때 장미를 제치고 꽃의 여왕으로 불리던 때가 있었다. 꽃의 여왕을 넘어서 "조물주의 가장 아름다운 창조물"이라는 찬사를 받기도 했다. 귀부인들이 값비싼 보석 대신 튤립 부케를 가슴에 꽂고 파티에 나타나던 시절이 있었다. 그 때는 튤립 부케의 값이 보석 값과 맞먹었으니 그럴 법도 했다. 어디 그 뿐이랴. 터키 술탄들의 터번에 높이 꽂혀 있던 것도 튤립 한 송이였다. 그 때문에 튤립이 튤립이 되었다던데. 16세기 중반 오스트리아 황제가 뷔스베크라는 사람에게 터키를 좀 둘러보고 오라는 명을 내린 적이 있었다. 이 사람이 이스탄불에 도착해서 이리저리 둘러보니 도처에 여태껏 보지 못했던 꽃이 만발하였더란다. 더 신기했던 것은 사람들이 그 꽃을 한 송이씩 머리에 꽂고 다니는 거였다. 특히 남자들이 머리에 천을 두르고 그 주름 사이에 한 송이씩 꽂고 다니는 모습이 진기

했다. 그래서 옆에 있던 가이드에게 저걸 뭐라고 하느냐고 손으로 가리키며 물었더니 가이드가 "아 저거요. 저건 튀르판이라고 하는데요"라고 했다는 것이다. 터키에서는 터번을 튀르판이라고 한다. 그 외교관이 나중에 여행기에 이렇게 썼다. "터키 사람들은 남녀 할 것 없이 장미같이 생긴 빨간 꽃을 머리에 꽂고 다니는데 그 꽃을 튀르판이라고 한다." 튀르판이 툴리파가 되었다가 튤립이 되는 것은 그리 어려운 일이 아니다. 그러니까 조물주의 가장 아름다운 창조물은 터번인 것이다. 툴리파가 학명으로 올랐고 한 번 정해지면 바꿀 수 없는 것이 식물의 학명이므로 튤립은 지금도 터번이다. 하긴 튤립의 구근을 보면 어딘가 터번을 닮은 데가 없는 것은 아니다. 터키 사람들이 혹시 튤립을 보고 영감을 받아 터번을 두르기 시작한 것은 아닌지. 그렇다면 터번에 꽂은 한 송이 튤립은 뿌리까지 완벽히 재현이 되는 건가? 사람 머리에서 피어나는 꽃. 심심한 공항대합실에 앉아 이런 쓸데없는 생각을 이어간다.

튤립은 구근에서 단 하나의 줄기가 곧게 올라와 단 한 송이의 꽃을 피운다. 그리고 그 꽃은 마치 우승컵처럼 생겼다. "내가 여왕이다"라는 것을 분명히 하기 위해 이보다 더 적절한 표현법은 없을 듯하다. 그래서 그런지 터키에서는 꽃병에 단 한 송이의 튤립만 꽂고, 머리 장식도 한 송이로 그친다. 우리의 외교관이 이스탄불에서 튤립을 처음 보았을 때 이미 터키는 튤립의 나라였다. 후에 네덜란드가 유명해지긴 했지만 먼저 튤립을 사랑한 사람들은 오스만 제국의 사람들이었다. 고관대작들의 비단옷에 금실로 튤립을 수놓았고, 그들의 말馬도 튤립 모양의 금장식을 얻어가졌었다. 모두 16세기에서 18세기 사이의 일이었다. 지금도 터키는

술탄 셀림 2세의 튤립무늬 용포와 튤립 터번
(16세기, 작가 미상)

틀립의 나라지만 국제적 명성은 네덜란드에게 빼앗긴지 오래다. 그 덕에 종교적 상징으로 술탄의 머리 위에 높다랗게 올라앉았던 틀립이 지금은 공항 점포에서 구찌 핸드백과 나란히 나앉아 있게 된 것이다.

아, 터키에서는 틀립을 랄레라고 한다.

양 파 가
될   뻔 한   틀 립

여왕의 길이 어디 그리 쉽겠는가. 터키에서 유럽으로 가는 틀립의 길이 처음에는 그리 순탄하지 않았다. 하긴 터번에 비하면 양파로 오해 받은 것 정도는 그리 나쁜 것이 아닐지 모르겠다. 16세기 중반까지만 해도 유럽에서 식물은 약용이나 식용으로만 쓰였다. 페르시아에서 진귀한 물건을 가득 실은 배가 벨기에 안트베르펜에 도착하여 처음으로 비단과 양념 외에 틀립 구근을 풀어 놓았을 때, 한 상인이 그것을 삶아먹었다는 일화가 전해져 온다. 볶아 먹었다는 설도 있는데 이 편이 오히려 신빙성 있다. 잘게 썰어 프라이팬에 기름을 두르고 볶았을 것이다. 양파처럼.

한편 우리의 오스트리아 외교관 뷔스베크는 터키에 머물면서 튀르판의 재배법 등에 대해 소상히 조사를 한 후 1554년 페르디난트 황제에게 구근 패키지를 보냈다. 이들은 무사히 황궁에 심어졌고 프랑스와 네덜란드를 거쳐 1578년 영국으로 건너갔으며, 이렇게 먹을 수도 약으로 쓸 수도 없고 관상용으로 밖에는 가치가 없는 꽃에 대한 유럽 사람들의 정열이 싹트기 시작했다. 1623년 식물학자 파킨슨이 저술한 식물도감에는 이미 틀립만 150종이 소개되고 있다.

네덜란드를 거세게 휩쓸었던 1634년의 틀립 열풍은 특히 유명하다. 광기에 가까웠다고 한다. 순식간에 틀립 투기시장이 형성되었고 1637년 급작스런 시장의 붕괴는 수많은 시민과 상인들을 파산으로 몰고 갔다. 가장 비싼 튤립이 줄무늬의 "셈퍼 아우구스투스Semper Augustus"였는데 구근 한 개가 당시 집 한 채 값이었던 오천 플로린에 거래되었다고 한다. 그런데 튤립 열풍은 네덜란드에서만 있었던 것은 아니었다. 터키는 물론이거니와 프랑스에서도 적지 않은 열병을 앓았었다. 튤립 재배기술을 가장 먼저 개발한 것이 터키였고 한창 때에, 즉 1630년 경엔 이스탄불에 대략 삼백 명의 플로리스트와 약 팔십 개의 꽃집이 있었다고 한다. 그러나 터키의 튤립 사랑이 시작된 것은 이미 15세기부터였다. 당시 터키는 막강한 오스만 제국으로 성장한 때였다. 정복전쟁이 끝나고 판도가 정리되자 술탄은 많은 궁과 정원을 짓고 호화로운 생활을 시작했다. 열두 정원에서 밤낮으로 일하는 정원사만 구백 명이 넘었다고 한다. 갖은 향기로운 기화요초를 심었지만 튤립이 그 중 가장 사랑받는 꽃으로 자리 잡아갔다. 더운 날씨 탓인지 터키 궁중에서는 밤에 횃불을 환하게 밝혀놓고 화려한 꽃잔치를 벌이곤 했었다. 그 때만해도 튤립을 재배한 것이 아니라 산야에서 채취해서 정원에 심었으므로 백성들을 사방에 풀어 수만 개의 구근을 캐서 바치게 하였다. 흰색과

붉은 색만을 캐오라고 했다는데 튤립이라는 것이 꽃이 피어있는 상태로 캘 수 있는 것이 아니니 구근 상태에서 어떤 것이 어떤 색인지 분간을 할 수 없어 어리석은 백성들의 고초가 심했을 것이다. 조선의 연산군만 백성들을 들볶은 것은 아니었던 것 같다. 아직도 왕의 칭호를 받지 못하

암스테르담의 정원 딸린 고급주택 한 채 값에 맞바꾼 셈퍼 아우구스투스. 핏빛 바탕에 흰 줄무늬가 있고 점선이 보이는 품종이 가장 높은 가격에 거래되었었다(17세기 수채화, Norton Simon Museum).

고 있는 연산군은 정원을 사랑한 왕이었다. 다양한 꽃나무며 경물들로 후원을 화려하게 꾸미는 데 공을 들였다고 한다. 특히 석류나 장미 같은 번화한 식물들을 선호했었던 것 같다. "장원서 및 팔도에 명하여 철쭉을 많이 찾아내어 흙을 붙인 채 바치되 상하지 않도록 하라고 했다. 이로부터 치자, 유자, 석류, 동백, 장미에서 여느 화초에 이르기까지 모두 흙을 붙여서 바치게 하매, 당시 감사들이 견책 당할까 두려워하여 혹 수십 그루를 바치되 계속 날라 옮기니, 백성이 지쳐서 길에서 죽는 자가 있기까지 했다"²⁾라고 실록은 전하고 있다.

튤립 사랑은 곧 인도에도 번졌다. 무굴 왕조를 설립한 무함마드 바부르 (1483~1530) 역시 정원을 사랑한 왕이었다. 정복전쟁을 하면서 그 와중에 가는 곳마다 정원을 만들었다. 그는 글쓰기 또한 즐겨 상세한 자서전을 남겼는데 그 속에 자신이 사랑했던 나무와 꽃의 목록도 집어넣었다. 모든 과일나무, 포플러, 버드나무, 재스민, 수선화, 제비꽃 그리고 물론 튤립을 사랑했다고 한다. 죽기 직전 그는 튤립이 가득 피어있는 사마르칸트 초원을 마지막으로 방문한다. 16세

기로 접어들면서 튤립은 오스만 제국의 문화에서 핵심적인 위치를 차지하게 된다. 권력자들의 복색과 말장식은 물론이고 각종 문양에 빠지지 않고 등장하며 양탄자, 도자기, 타일까지 온 천지가 튤립이었다. 술탄의 이런 튤립 사랑은 곧 백성들에게도 번져

마트라키 나슈가 그린 16세기 오스만 제국의 지도. 제국 전체가 화려한 꽃나무와 튤립, 장미 등으로 가득하여 태평성대의 낙원이었음을 묘사하고 있다.

갔다. 그 당시 이스탄불을 다녀 온 프랑스의 식물학자 벨롱은 터키 사람들처럼 꽃을 사랑하는 사람들은 처음 봤다고 혀를 찼다. 외국 사신들의 기행문에도 튤립, 히아신스로 뒤덮여 있는 이스탄불과 보스포루스 해안에 대한 얘기가 빠지지 않았다. 꽃향기가 가득한 해안가에서 사람들은 밤이면 뱃놀이를 즐겼다고 전하고 있다. 낮에는 거의 길을 가기가 어려울 정도로 튤립꽃 행상들이 따라붙었다고도 한다. 그렇게 이백 년이 넘게 터키는 튤립과 깊은 사랑에 빠져있었던 것이다. 한창

아라비안나이트에 나올 것 같은 터키 튤립

시절, 술탄들의 호사벽은 대단했던 것 같다. 무라드 3세의 통치 하에 사치가 극에 달했었는데 1582년에는 왕자의 할례 기념제를 무려 52일 간이나 치렀다. 터번을 대형 튤립처럼 감아올린 대신들이 긴 행렬을 이루어 앞서고, 정원사들이 과자로 만든 정원 모형을 쟁반에 받쳐 든 채 뒤를 따랐다. 이 미니어처 정원에 튤립이 질서정연하게 배치되어 있었음은 물론이다.

시간이 흐르며 터키 사람들은 점점 독특한 취향을 보이기 시작했다. 마치 아라비안나이트에 나오는 수놓은 비단신발이나 단도처럼 잎이 길고 뾰족하며 날렵하게 휜 튤립들만 선호했던 것이다. 물론 이런 튤립은 어쩌다 한 번씩 나타난다. 그래서 더 애착이 갔는지 모르겠지만 뾰족하게 생긴데다가 흠 하나 없이 완벽한 것이 나타나면 시를 지어 찬양하는 등 야단법석이었다고 한다. 그들이 사랑하는 초승달을 닮아서인가. 그런데 이 뾰족한 튤립은 대체 어떻게 해서 생겨난 것일까. 튤립이 여왕인 이유 중 하나는 여간해선 사람들 마음대로 변종을 만들 수 없다는 점이다. 독특한 모양이나 색깔도 튤립 마음대로 불쑥불쑥 만들어내는 것이지 사람들이 아무리 애를 써도 원하는 모양이나 색으로 육종되지 않는

까다로운 식물이다. 아마도 유럽으로 건너갔던 튤립이 다시 터키로 되돌아오는 동안 우연히 이런 변종이 발생한 것이 아닐까 짐작하고 있을 뿐이다. 뷔스베크가 이스탄불에서 오스트리아 황제에게 튤립 구근 패키지를 보낸 지 꼭 백 년 후, 이번에는 오스트리아 황제가 터키의 술탄에게 사십 개의 구근을 보냈다. 모두 열 종류의 서로 다른 튤립들이었다. 아마도 이들을 터키 토양에 다시 심으면서 뾰족한 형태로 변한 것이 아닌가 하고 전문가들은 짐작하고 있다.

터키의 튤립에 대한 열정은 1730년경까지 꾸준히 지속된다. 이즈음 이스탄불에는 총 1332종의 튤립이 자라고 있었다. 그러던 것이 마치 무대의 조명이 꺼지듯 갑자기 튤립의 시대가 갔다. 튤립 전시회도 열리지 않고 궁에서 낭랑하게 울려 퍼지던 튤립 찬가도 잦아들었다. 이미 노쇠한 오스만 제국이었다. 이 무렵 서진하는 러시아와의 전쟁에 휘몰렸고 이와 함께 쇠퇴일로를 걷기 시작했던 거였다. 튤립에 쓸 여력이 남아있지 않았었다.

물론 이 때는 네덜란드에 튤립 열병이 휘몰고 간 뒤였다. 튤립이 어떤 경로를 통해 가장 먼저 유럽으로 건너가게 되었는지는 사실 아무도 정확하게 모른다. 이미 얘기한 뷔스베크가 오스트리아에 전한 것은 틀림이 없지만 그것이 최초의 것이었는지 장담할 수는 없다는 것이다. 사실 지금 시베리아에서 아프리카까지 각지에 야생하는 튤립들이 있지만 그들이 본래 자생하는 것인지 아니면 뒤늦게 건너온 것들이 산과 들에 퍼져 살며 야생화의 면모를 가지게 된 것인지조차 확실하지 않다. 야생종 튤립과 정원용 튤립은 확연히 구별된다. 야생종 튤립은 대개 키가 작고 꽃잎은 둥글지 않고 뾰족한 편이다. 어찌 보면 오히려 크로커스를 더 닮았다. 한 가지 확실한 것은 12세기 페르시아에 나타날 때까지 세상에 튤립이 없었거나 아니면 전혀 눈에 띄지 않고 용케 숨어있었거나 둘 중 하나라는 것이다. 고대로부터 수없이 출판된 식물자료 어느 곳에도 튤립에 대한 언급이 없기 때문이다. 튤립은 마치 어느 날 갑자기 세상에 나온 것처럼 보였다.

16세기 이후 실제로 유럽에 튤립이 확산되는 데 가장 큰 공을 세운 사람은 프랑스의 명망 높은 식물학자 클루시우스라고 한다. 클루시우스는 바로 튤립 구근을 볶아먹은 상인으로부터 남은 것을 구출해 낸 사람이다. 그 상인이 미처 다 먹지 못한 구근을 정원에 묻어두었는데 마침 옆집에 사는 사람이 그걸 보고 평소 안면이 있던 클루시우스에게 연락을 했다는 것이다. 당시 클루시우스는 네덜란드의 라이덴이라는 도시의 식물원 책임자였다. 새로 도입된 식물의 효용성을 알아내는 것도 당시 식물학자의 일이었다. 그래서 그 역시 튤립 구근이 식용이나 약용으로 쓰임새가 있는지 여러 가지로 실험을 한다. 설탕에 재어서 직접 시식을 했는데 양난의 뿌리를 설탕에 잰 것보다는 먹을 만 하다고 기록했다.[3] 그는 직책상 늘 여러 나라를 다니며 식물도 수집하고 정보도 교환했다. 각처에 퍼져 있는 동료들에게 편지를 쓸 때마다 튤립 구근을 넣어서 보냈다고 한다. 그러다가 튤립이 점차 사치품으로 변모해가는 것을 보고 염증을 느껴 튤립에 대한 흥미를 잃는다.

네덜란드
드림

그런데 왜 하필 그렇게 합리적이고 이성적인 네덜란드 사람들이 튤립 마니아가 되었을까. 지금도 속 시원한 해답을 찾지 못하고 있다. 전염병이었다고 밖에는 설명할 길이 없어 보인다. 마치 튤립을 만지는 순간 마법에라도 걸리는 것 같았다. 1630년경부터 서서히 시작되었던 튤립 열풍이 1634년 고조되었다가 1637년에 크래시와 함께 막을 내렸다. 그 때의 상황을 보면 마치 한국의 부동산시장과 흡사한 양상으로 발전해 갔던 듯하다. 많은 사람들이 아파트를 주거의 목적이 아니라 투기 목적으로 분양받고 그것을 되팔고 되팔아서 엄청난 잉여가치를 형성했던 것과 흡사했다고 보면 되겠다. 그러니까 튤립 마니아가 된 사람들이 모두 튤립을 좋아해서 그리된 것은 아니었다. 튤립이 충분히 투자가치가 있었기 때문이었다. 튤립이 어째서 투자가치가 있었을까. 그건 튤립이기 때문에 가능한 일이었다. 그리고 어쩌면 네덜란드였기 때문에 가능했다고도 볼 수 있다. 프랑스나 터키 역시 튤립의 마법에 빠지기는 했지만 튤립이 투자 상품으로 발전하지 못했기 때문에 무사할 수 있었다. 이는 튤립의 독특한 성격과 17세기 네덜란드와의 절묘한 만남이었다고 볼 수 있다. 그것을 이해하기 위해서는 당시 네덜란드의 상황과 튤립이라는 식물의 별난 점을 조금 설명할 필요가 있다.

우선 네덜란드의 상황을 보면 이러하다. 17세기 네덜란드는 최고의 황금기를 맞는다. 탈탈 털어서 인구 이백만 밖에 안 되는 조막만한 나라가 아무 자원도 없이 어떻게 세계를 제패하는 강대국으로 성장했을까. 사람들은 이를 미스터리라고 한다. 나중에 다시 얘기하겠지만 17세기의 유럽은 대단히 어수선한 시기였다. 세계관이 뒤바뀌는 중이었고 정치적으로는 신성로마제국이 쇠약해지고 프랑스가 득세하고 있었다. 그리고 신교와 구교의 대립으로 피비린내 나는 전쟁이 삼십 년 동안 지속되었다. 또한 페스트가 다녀갔다. 삼십년전쟁은 왕위계승권을

황제들의 군무. "오렌지 황제"라고 불리는 튤립들인데 황제들이 이렇게 한꺼번에 많이 모여 있으니 설마 전쟁이라도 일으키려는 것은 아닐 테고, 무슨 일일까?

빙자해서 시작된 것이지만 각 국가와 왕조 사이에 다양한 이해관계가 얽혀 있던 데다가 종교전쟁까지 겹쳐 유럽의 거의 모든 국가가 참여해 대륙을 쑥대밭으로 만들어 놓은 전쟁이었다. 이런 상황이 네덜란드에게는 오히려 득이 되었다고 볼 수 있다. 당시 네덜란드는 스페인 왕의 통치를 받고 있었다. 구교세력이었던 스페인이 전쟁에서 패하며 물러가자 구교의 구속으로부터 벗어나 신교의 세력으로 성장하기 시작했다. 다른 국가에서는 왕권이 점점 강화되고 있었으나 네덜란드는 유독 공화국 체제를 선포했다. 이는 그 때까지 귀족층을 이루고 있던 스페인계들이 물러가 귀족층이 희박해졌기 때문에 가능했다. 게다가 전쟁에서 신교세력이 승리하였으므로 네덜란드는 더욱 힘을 받게 되었던 것이다. 도시연합체를 형성하고 오라니엔 가문의 빌헬름 왕에게 명목상 군주의 역할을 맡겼지만 실권은 시민들에게 있었다. 이들은 종교에 관대했다. 그러므로 유럽 전역에서 신교도들이 대거 몰려들었다. 아메리칸 드림이 아니라 네덜란드 드림이라고 해야 할까. 이들은 곧 인적 자원이었고 그 중에는 자본을 가지고 망명해 온 귀족들도 상당수 포함되어 있었다. 또한 신교세력의 석학들, 사상가와 예술가들이 자유를 찾아 몰려들었다. 이들이 네덜란드가 곧 문화와 예술의 중심세력으로 성장하게 된 원동력이 되어 준 것이다. 이로서 남쪽에서는 구교의 로마가, 북쪽에서는 신교의 네덜란드가 두 개의 정신적인 축을 형성하게 되었던 것이다. 남쪽의 로마에서 고대의 이상향을 꿈꾸고 있을 때 북쪽에서는 이 이상향을 실현하고 있는 듯 보였다. 더욱이 15세기 이후 쇠퇴한 한자연맹의 자리를 네덜란드가 물려받으며 북해를 통한 교역로도 장악하게 되었다. 전쟁으로 피폐된 대륙 재건을 위해 많은 물자가 필요했고 암스테르담을 중심으로 국제교역이 꽃피기 시작했다. 특히 인도와의 교역으로 큰 부를 축적할 수 있었다. 그러다가 페스트가 발생했다. 이에 많은 사람들이 죽어갔는데 그 결과로 노동력이 귀해져 임금이 올랐으며 그러다보니 일반 노동자나 평범한 관리들도 제법 여유 있는 삶을 누릴 수 있게 되었다. 여유가 생기면 투자를 하거나 취미생활에 눈을 돌리게 된다. 투자로 가장 인기 있었던 것이 그 때도 부동산이었고 그 다음이 미술품 그리고 튤립이었다. 여유가 생기면 집을 사고, 좀 더 여유가 있으면 정원을 가꾸고 미술품으로 집 안을 장식하는 것은 어디나 다를 바 없었다. 당시 튤립은 유럽에 이미 널리 퍼졌을 뿐 아니라 고가의 인기상품으로 부상하고 있는 중이었다. 튤립 마니아들은 이렇게 얘기한다. 어느 순간에 튤립과 사랑에 빠지면 도저히 헤어날 수 없다고. 튤립은 독특한 아름다움을 가지고 있었을 뿐 아니라 다른 식물에게선 보기 힘든 별난 특성을 가지고 있다. 우선 번식 속도가 엄청 느리다. 거의 모든 식물들이 온갖 기상천외한 방법을 고안하여 왕성한 번식력을 보이고 있지만 튤립은 마치 번식을 꺼리는 것처럼 보였다. 그리고 이 완벽한 꽃이 가끔씩 이변을 부렸다. 분명 빨간 튤립의 구근을 심었는데 이듬 해 엉뚱한 꽃이 피는 거였다. 전혀 예상치 않은 방향으로 돌연변이가 일어나는 거다. 식물학자들도 머리만 갸우뚱거릴 뿐 해답을 내놓지 못했다. 돌연변이의 결과로 아주 특별한 꽃이 하나씩 나타나곤 했다. 줄무늬, 점무늬들도 생기고 두 가지 색 혹은 여러 색이 섞이는 경우도 있고 형태도 달라져서 가장자리가 마치 레이스처럼 나풀거리는 것, 칼처럼 뾰족해지는 것 등 믿기 어려운 재주를 부렸다. 이는 일부러 육종한 것이 아니라 순전히 튤립 마음대로였다. 나중에 20세기에 들어와서야 진딧물이 매개가 되어 퍼뜨리는 바이러스가 이 변종의 원인이 된다는 것이 밝혀졌지만 당시로서는 이해할 수 없는 자연의 조화였다. 수많은 학자들과 원예가들이 달라붙어 연구와 실험을 게을리 하지 않았지만 튤립은 그 비밀을 수세기 동안 감추고 있었다. 이상한 점은 또 있다. 일단 변종이 생기더라도 이것을 다시 구근으로 번식시키면 새 유전자가 유지되는 법인데 여기서도 튤립은 저 하고 싶은 대로 했다. 바이러스의 영향과는 무관하게 또 다시 불쑥불쑥 변종을 만들어 내는 것이다. 이런 종잡을 수 없는 성격 때문에 튤립의 인기는 더욱 높아지게 되었다.

　지금 우리가 공원에서 흔히 보는 튤립은 주로 빨간색, 노란색, 흰색, 핑크색 등의 단정한 단색이다. 그러나 실상 튤립의 종류는 이루 다 셀 수 없이 다양하다. 지난 수백 년간 발생한 변종 덕이다. 그러나 이런 특이품종들은 대량 재배가 어렵고 대량 식재는 더욱 어렵다. 특이한 것일수록 민감하고 바이러스 영향으로 세력이 약했기 때문이다. 그러므로 보통 공원에는 대량 식재에 강하고 바이러스의 영향도 덜 받는 품종들만을 심을 수밖에 없다. 그것이 바로 우리가 늘 보는

'평범한' 품종들인 것이다. 그런데 17세기에는 아직 공원에 꽃을 무더기로 심는 것을 몰랐던 시절이었고 누구나 특이한 품종을 한두 개씩 가지고 싶어 했다. 이런 특이 품종이 새로 나타났을 때는 그 성격을 유지하기 위해 구근으로 번식해야만 한다. 종자를 뿌릴 수도 있지만 이 경우 유전자를 그대로 유지하기 어렵고 또 종자를 뿌리면 무려 7년이 지나서야 꽃을 피우기 시작하는 것이 튤립이었다. 여러모로 식물학자들이나 원예가들에게 도전장을 던지는 꽃인 것이다. 이 기간을 4년까지 단축하는 데 간신히 성공했다고 한다. 구근을 심으면 바로 다음해에 꽃을 볼 수 있고 유전자도 어느 정도 유지할 수 있다. 그런데 문제는 구근 하나당 두 개의 새 구근을 만들기 때문에 새 품종이 발견되어 이를 아무리 빨리 그리고 많이 번식시키고 싶어도 그럴 재간이 없다는 것이다. 이듬해에 모근까지 합하여 세 개가 생산된다. 모근은 남겨두어야 하니 팔 수 있는 것은 단 두 개, 그 다음해에는 네 개 뭐 이런 속도로 진행이 되었다. 그러니 귀해질 수밖에 없었다. 가지고 싶어 하는 사람은 많은데 세상에 두 개 밖에 없으니 부르는 게 값이 되지 않겠는가. 만약에 루이뷔통 가방을 일 년에 단 두 개씩만 생산한다고 가정해 보자.

어떤 난리가 벌어질지 짐작할 수 있을 것이다. 재력이 있고 튤립을 사랑하는 사람들이 돈을 아끼지 않았던 것에는 이런 이유가 있었다.

그런데 문제는 거기서 그치지 않았다. 물론 재배를 시작한

피터 브뢰겔이 그린 "봄" 풍경. 1635년, 크래시가 일어나기 두 해 전 정원사들이 아무것도 모른 채 열심히 튤립을 심고 있다(개인소장품).

지 몇십 년의 세월이 흘렀으니 그 동안 튤립의 공급량이 많이 증가한 것은 사실이었다. 값이 오르면서 많은 농부들이 튤립 재배로 업종을 바꾸기도 했다. 그러나 튤립은 매매 계약을 하고 나서 또 여러 달 기다려야 상품을 손에 넣을 수 있는 물건이었다. 구근으로 번식하는 식물들은 꽃이 지고 나면 그 때부터 새 구근을 만들기 시작한다. 그래서 늦여름이나 초가을이 되어야 완성이 되는 것이다. 우선 튤립을 구매하고 싶은 사람은 봄에 꽃이 필 때 재배원에 가서 실물을 보고 마음에 드는 것을 골라 가계약을 했다. 그리고 가을에 완성된 구근을 받아가는 것이다. 그러니까 아파트 짓기도 전에 분양 받아놓고 기다리는 것과 똑같은 시스템이었다. 튤립이 어느 정도 인기상품이 되면서 원예가들이 화가를 시켜 튤립을 하나하나 그리게 했다. 그리고 복잡한 학명 대신 쉬운 이름들을 붙였다. 초기에는 유명한 공주 이름이나 장군 이름들을 따서 불렀다. 기억하기 좋은 까닭도 있었지만 튤립의 수많은 변종 때문에 식물학적으로 분류하는 것이 거의 불가능하기도 했다. 이렇게 해서 카탈로그가 탄생했다. 화가가 그린 아름다운 그림 옆에 로맨틱한 이름이 나란히 표기되어 인쇄된 카탈로그를 구매자들에게 보였고 이제 재배원에 직접 가야하는 번거로움을 덜 수 있게 되었다. 그러니 여기 거간꾼들이 등장한 것은 어쩌면 당연했을지도 모른다. 계약금만 있으면 자본이 그리 많지 않은 사람도 거간꾼으로 나설 수 있었다. 우선 5퍼센트 정도 계약금을 걸어놓고 봄에 대량으로 예약해 놓는다. 그리고 구근이 땅에서 무럭무럭 자라고 있는 동안 그 권리를 다른 사람에게 되파는 거였다. 대개는 최소한 두 배로 다시 팔았다고 한다. 이런 식으로 자본을 모아 다음 해는 더 많은 구근을 사서 팔았다. 이 때 이 중개상으로부터 구근을 산 사람이 꼭 최종소비자는 아니었다. 이 사람이 다음 사람에게 팔고 그 사람은 또 다음 사람에게 넘기고 하는 과정에서 가격이 기하급수적으로 불어나게 된 것이다. 그러기를 몇 년 정도 하다 보니 이제는 아예 판매자와 구매자가 주막에 모여 칠판에 가격을 써가며 빠른 속도로 사고파는 주식시장으로 변모해 가게 되었다. 이런 튤립시장이 특히 남부의 할렘을 중심으로 우후죽순처럼 불어났다. 마치 신도시 개발지에 부동산 중개소가 모여 드는 것과 다를 바 없었다. 그 사이 중개인만 많아진 것이 아니라 튤립 재배원도 빠른 속도로 증가하였다. 공급 속도도 빨라졌다. 그러다가 공급과 수요 사이의 저울이 공급 쪽으로 살짝 기울어지면서 한 순간에 와르르 무너져 내렸다. 초기에는 귀족들의 전유물이었으나 점차 일반인들도 가담했었다. 튤립을 사기 위해 방앗간을 통째로 저당 잡힌 방앗간 주인 이야기나, 그림을 튤립과 바꾼 화가 얀 판 고옌의 이야기 등이 전해진다. 지금 튤립 한 송이는 몇 천원에 지나지 않는다. 화가 고옌의 그림이 어느 정도 가치가 있는지 정확히는 모르지만 현재 세계 박물관에 고루 걸려있다는 것만은 확실하다.

그 유명한 "이레네 공주". 마치 장밋빛 등을 켜놓은 듯 주변을 환하게 한다. 아마도 1950년대 네덜란드의 이레네 공주에게 바쳐진 품종이 아닐까 짐작된다.

그렇게 크래시가 왔고 튤립 마니아 시대는 끝났지만 그렇다고 해서 튤립의 시대가 끝난 것은 아니다. 오히려 더욱 사람들 입에 오르내리게 되는 계기가 되었다. 그때까지 별 관심이 없던 사람들도 대체 튤립이 어떤 꽃이기에 하며 쳐다보기 시작한 것이다. 물론 튤립 혐오자들도 생겨났다. 한 식물학 교수는 튤립이 눈에 띨 때마다 지팡이로 뭉개버렸다는 이야기가 전해진다. 애꿎은 꽃의 여신 플로라가 오명을 뒤집어쓰기도 했는데 "플로라의 광대모자"라는 제목의 캐리커처가 나돌았던 거다. 광대모자처럼 생긴 주막집에서 거간꾼들이 모여 튤립구근을 저울에 달고 있고 주막집 앞에는 바보의 상징인 노새를 탄 플로라가 튤사모들, 즉 튤립을 진정으로 사랑하는 사람들에게 뭇매를 맞는 장면을 그린 것이다. "노새의 거름더미에서 자란 금"이라는 제목으로 가십 기사가 실리기도 하고 최고가로 거래되었던 셈퍼 아우구스투스처럼 붉은 바탕에 흰 줄무늬 옷을 챙겨 입은 광대를 그려 튤립 마니아들을 비웃기도 했다. 유명한 화가 브뢰겔은 그 자

"플로라의 광대모자"라는 풍자화. 튤립을 거래하던 주막이 광대모자로 묘사되어 있고 그 앞에 노새를 탄 플로라가 수난을 당하고 있다. 왼쪽 구석에 검은 악마가 튤립을 거름더미에 내다버리는 농부들을 지켜보고 있다. 그의 낚싯대에는 광대모자가 미끼로 걸려 있는데 그것으로 매매계약서를 줄줄이 낚은 것이 보인다(1637~1640년, 코르넬리아 당커르트의 동판화, 대영박물관 소장).

얀 브뢰겔의 풍자화(얀 브뢰겔은 피터 브뢰겔과는 다른 인물이다). 원숭이들이 튤립을 거래하고 있는 모습(1637년 이후 그림, 네덜란드 할렘의 프란스 할스 박물관 소장).

신이 수많은 튤립 그림을 그렸기 때문이었는지 다분히 자학적인 캐리커처를 남겼다. 원숭이들이 근사하게 차려입고 튤립을 거래하는 모습을 그린 것이다. 이런 식으로 분노와 충격을 삭이고 난 후 튤립 세상은 정리가 되어갔다. 거간꾼과 거품이 사라진 곳에 튤립을 진정으로 사랑하는 사람들만 남게 된 것이다. 이 튤사모들은 중개상을 통한 튤립 매매를 거부했다. 스스로를 '플로라의 진정한 아들과 연인들'이라 칭하며 향후 튤립을 재배하고 사랑하는 데에만 전념하기로 뜻을 모았다. 그리고 그 뜻을 널리 펼쳐 보이는 의미에서 가장 아름다운 튤립을 선발하는 경진대회를 열었다. 튤립을 포기할 생각이 전혀 없었기 때문이다. 진정한 튤립의 전성시대는 이제 막 시작되었던 것이다.

알렉상드르 뒤마가 『검은 튤립』이라는 소설의 배경으로 삼은 것이 바로 이 시

검은 튤립. 알렉상드르 뒤마의 『검은 튤립』이라는 소설이 발표 된 뒤 많은 원예가들이 검은 튤립을 만들려 애썼다. 검은 자주 튤립, 거의 검은 튤립, 검은 앵무새 튤립 등은 나타났지만 완벽하게 검은 튤립은 아직 없다. 사진은 "Queen of the Night"란 품종이다.

앵무새가 되고 싶은 튤립(Parrot Tulip)

기였다. 튤립애호가협회에서 검은 튤립 재배에 성공하는 사람에게 엄청난 상금을 준다고 공고하면서 이야기가 시작된다. 물론 주인공이 티 한 점 없는 완벽한 검은 튤립을 재배하는 데 성공하지만 적의 음모에 의해 억울한 누명을 쓰고 감옥에 갇히고 튤립도 빼앗겼다가 천신만고 끝에 다시 찾아 상금도 타고 착하고 아름다운 아내도 얻는다는 전형적인 뒤마 스토리이다. 그는 주인공들의 입을 통해서 "살인은 있을 수 있는 일이다. 그러나 튤립을 죽이는 것은 생각할 수도 없는 범죄다"라는 말로 튤사모들의 튤립 사랑이 어느 정도였는지를 전하고 있다. 튤립 화분을 끌어안고 종일 빛을 따라 자리를 옮겨 가는 장면이나 튤립을 더 사랑하는 남친 때문에 튤립에게 질투하는 여주인공의 이야기는 그저 웃어넘길 일은 아니다. 물론 검은 튤립은 뒤마의 상상력에서 나온 것이지만 이 소설에 자극을 받아 실제로 검은 튤립을 재배한 원예가들이 있었다. 완전히 검은 튤립은 아직 없지만 검은 보라색이나 검은 자주색 튤립 재배는 일찌감치 성공을 거두어 현재 여러 품종이 나와 있으며 꽃박람회나 정원박람회에서 우아한 자태를 자랑하고 있다.

공 주 병 과
매 스 게 임

검은 튤립의 우아함이 아니라도 튤립은 혹시 도시에서 태어난 게 아 닐까 하는 착각이 들게 하는 꽃이다. 늘 티 없이 완벽하게 단장한 모습으로 사람 들 앞에 선다. 산과 들의 꽃이라기보다는 꽃전시회를 위해 특별히 고안한 조물 주의 봄 컬렉션 같다. 사실 어디를 가야 봄에 튤립을 비껴갈 수 있나. 오히려 이 런 고민을 해야 할 정도로 세상에 가득 퍼져 있다. 그럼에도 튤립 역시 다른 식 물처럼 어딘가 본향이 있을 터였다. 그곳이 파미르 고원이라고 알려져 있다. 그 런데 워낙 번식력이 약한 식물이니 산을 넘고 너른 들판을 건너기 위해서 사람 의 도움이 필요했을 것이다. 늦어도 기원전 2세기경부터 중국의 상인들이 파미 르 고원을 통과하였음에도 그들의 눈에 뜨이지 않았다는 것이 신기하기만 하 다. 늘 색과 모습이 바뀌니 지나다니는 사람들의 눈에 뜨일 수가 없었을 것이다. 그럴 경우 번식은 더 힘들어지는 것이다. 그래서 마침내 그 예쁜 얼굴로 사람들 을 빤히 바라보며 최면술을 걸었는지도 모르겠다. 제일 먼저 튤립을 발견하고 이에 매혹된 사람들이 페르시아 사람들이라고 한다. 12세기 무렵이었으니 무 던히 오랫동안 참고 기다렸던 것 같다. 낙타 등을 타고 페르시아에서 인도로, 인 도에서 터키로 갔다가 거기서 외교관의 서류가방에 실려 드디어 유럽에 상륙할 때까지 또 사백 년 가량이 흘렀다. 그러나 유럽에 상륙했을 때 튤립의 세계정복 은 이미 끝난 것이나 다름없었다. 식물에 미친 사람들이 사는 유럽을 정복하면 어떤 식물이든 세계를 정복하게 되는 것이다. 심지어는 구교에 쫓겨 살 곳을 찾 아 떠났던 신교도들의 피난보따리에 실려 바다를 건너기도 했다. 그 유명한 성 바르톨로메오 축일의 학살이 있은 후 프랑스와 플랜더스 지방에 살던 신교도들 이 대거 이주했다. 이 때 영국으로 피난한 신교도들 중에 식물학자가 있었고 그 의 이삿짐 속에 튤립 구근이 들어있었다. 이것이 영국 튤립의 시작인 것으로 알 려져 있다.

"베를린의 맥주거품" 이라는 신품종 튤립(Berliner Weisse)

네덜란드의 코이켄호프 공원. 코이켄호프는 텃밭 정원이라는 뜻이다. 15세기부터 왕실 주방에 필요한 각종 채소와 허브들을 심었던 곳이기 때문에 그리 불렸다. 1857년 그 자리에 풍경식 정원을 조성했고 1949년부터 튤립 등을 전시하기 시작했다. 현재 약 90개의 원예업체가 튤립을 위주로 한 봄꽃을 전시하고 있으며 네덜란드 최고의 관광지가 되었다. 매년 3월 22일에서 5월 20일 사이에만 오픈한다(ⓒSzmurlo).

물론 영국에서도 다른 어느 나라 못지않게 튤립 애호가들이 생겨났다. 그리고 부지런히 재배에 힘써 한 때 영국과 네덜란드 사이에 튤립 경쟁이 벌어지기도 했다. 그러나 어쩐지 영국계 튤립은 네덜란드 것만큼 강하지 못했다. 이는 튤립에 대한 양국의 개념 차이에 근거한다. 영국에서는 우선 진한 원색을 별로 좋아하지 않았다. 그리고 누가 뭐래도 튤립은 정원용 꽃이지 전시용 상품이 아니라는 관점을 고수했다. 그러니 은은한 빛에 독특한 성격을 가진 개체들을 선호했다. 그런데 문제는 이런 개체들이 모두 공주병이 있어서 다른 식물과 섞어 심으면 쉽게 도태되고 날씨가 조금 안 좋아도 눈살을 찌푸린다는 거였다. 모두 하나씩 애지중지 길러야 하는 것들이었다. 이에 비해 네덜란드에서 개발한 다윈 계통의 품종은 날씨, 토양에 크게 구애받지 않고 단체생활도 잘 견딘다는 장점이 있었다. 다만 색상이 원색이고 모양이 단순하다는 점이 흠이라면 흠이었다. 그 덕에 봄이 되면 빨강, 노랑의 원색 튤립이 전 세계의 공원을 휩쓸게 된 것이다. 물론 지금은 다윈 계열의 품종도 모양과 색상이 많이 다양해지긴 했지만, 19세기말 튤립의 대량 식재가 시작되었을 무렵엔 원색은 매스게임에, 파스텔 색과 줄무늬가 있는 귀족들은 정원에, 이런 등식이 성립되어 있었다.

영국의 튤립은 이번에도 청교도들을 따라 미국으로 건너갔다. 거기서도 사람들을 매혹시켰다. 튤립을 공원에 대량으로 심으면 어떨까라는 생각을 처음 한 것이 바로 미국 사람들이었다. 1845년 롱아일랜드의 리니언 식물원에 육백 개의 튤립을 한꺼번에 심은 것이 그 시작이었다.[4] 이 귀족들을 무더기로 심었더니 상당히 보기 좋더라는 소문이 유럽으로 건너갔다. 1889년 만국박람회가 파리에서 열렸는데 이 때 행사장 앞을 튤립으로 장식했다. 그러자 런던의 큐 가든이 그 뒤를 따랐다. 이제 원예가들이 돌리는 광고전단에 이런 문구가 새겨지기 시작했다. "공원에 튤립을 저렴한 가격에 대량으로 심어드립니다." 이렇게 하여 공원에 튤립의 매스게임이 시작된 것이다. 규모도 점점 커져서 1912년, 쉐필드 식물원에 무려 삼만 개의 튤립이 심겼다. 그리고 이런 대량 식재에는 주로 네덜란드에서 재배한 튤립들이 쓰였다. 네덜란드 품종이 대량 식재에 가장 적합했기 때문이다. 그런데 수만 개의 튤립으로 화단을 채우다보니 생각지 않던 문제가

장미를 닮은 우아한 연분홍의 튤립. 여름에 장미가 필 때까지 장미원에서 장미 역할을 대신하고 있다.

튤립의 매스게임. 대개 정원박람회를 통해 신품종들이 소개된다. 튤립의 키가 점점 커지고 튼튼해짐을 알 수 있다.

생겼다. 튤립이 지고난 후 5월부터 도시를 장식해야 하는 팬지며 베고니아 등을 어떻게 심어야 할지 몰랐다. 튤립은 꽃이 진 후 구근을 키우기 위해 잎이 필요했다. 잎이 광합성 작용을 해서 양분을 지속적으로 제공해야 하니 잎을 잘라버릴 수도 없었다. 그렇다고 꽃이 지고난 후 구근을 바로 캐내면 성숙되지 않아 쓸모가 없었다. 다른 꽃 심을 자리를 계속 차지하고 있는 거였다. 고민 끝에 결국 꽃이 진 튤립을 폐기처분하기 시작했다. 이듬해 봄에 다시 심으면 될 일이었다. 이 시기에는 이미 튤립 가격이 상당히 저렴해졌으므로 가능한 일이었다. 튤립 생산자들로서는 환영할 일이었다. 이렇게 대량 생산이 시작되니 당연히 가격이 더욱 떨어졌고 이제는 공원뿐 아니라 일반 가정에서도 꽃이 지면 내다버리기 시작했다. 튤립뿐이 아니다. 히아신스, 수선화, 크로커스 등 구근으로 번식하는 봄꽃들은 대개 같은 길을 가게 된다. 본래 정원 식물이었던 것이 이제 소모품이 된 것이다. 그리고 마침내 이런 꽃들을 일 년에 세 번 재배하는 데에 성공한다. 그래서 이제는 봄이 아니라 한 겨울, 성탄절이 지나고 나면 바로 봄꽃들을 판매하기 시작하게 된 것이다. 꽃이 핀 튤립과 수선화, 히아신스, 크로커스 등을 화분에 담아 마트에서도 팔고 주유소에서도 팔고 고속도로 휴게소에서도 판다. 물론 겨울에

파는 것이니 실내용이다. 이런 꽃들은 오래가지 못한다. 그래도 상관없는 것이다. 꽃이 지면 버리고 바로 다음 화분을 사서 다시 창가에 세워두면 되는 것이다. 이렇게 해서 이제는 푸성귀나 과일뿐 아니라 화분의 꽃도 사시사철 떨어지지 않고 창가에 두고 볼 수 있게 되었다. 모름지기 꽃의 인플레이션이 시작된 것이다. 튤립으로 인해 비롯된 일이다.

　네덜란드의 가장 중요한 시장은 역시 미국이었다. 이미 19세기 중엽부터 미국의 화훼상들이 신용 있는 네덜란드에 주문을 넣었다. 이에 힘입어 네덜란드의 해외영업이 시작되었다. 미국시장을 정복한 후 다른 국가로 범위를 확장시키는 건 시간문제였다. 20세기 초에는 일본까지 진출한다. 그들은 각 도시의 유명한 공원에 무상으로 튤립을 심어주는 것으로 거래를 텄다. 베를린의 티어가르텐, 포츠담의 쌍수시 정원, 파리의 튈르리 정원, 슈투트가르트, 부다페스트, 코펜하겐, 비엔나 등 거의 모든 유럽의 주요 도시에 수천 내지는 수만 개의 튤립을 서비

노란 튤립 "칸델라"

스로 심어주었다. 이보다 더 효과적인 마케팅 전략은 없었다. 어디선가 꽃박람회가 열린다는 소식이 들리기도 전에 그들이 먼저 가 있었다. 1932년, 뉴욕에서 열린 원예박람회에 참가하여 대성황을 이룬 뒤 다음 해에는 필라델피아, 그 다음해에는 휴스턴에 사십 종, 이만 본의 튤립을 기증했다. 물론 큰 투자였지만 결국 헛된 투자가 아니었음은 바로 그 다음해에 증명되었다. 뉴욕에서 큰 액수의 주문이 들어왔던 것이다. 물론 한국에서 열리는 각종 꽃박람회의 튤립도 대부분 네덜란드에서 공수되고 있음은 주지의 사실이다.

현재 해마다 세계적으로 유통되고 있는 튤립의 양은 어마어마하다. 절화 판매량이 가장 많고 봄마다 화분에 심긴 채로 팔려나가는 것, 구근으로 유통되는

봄이면 장터에서 흔히 볼 수 있는 유럽의 꽃가게 풍경이다. 온통 튤립만 가득하다.

가을이 되면 이렇게 거리마다 튤립 구근 시장이 선다. 제일 앞에 있는 키 큰 앵무새 튤립이 구근 당 약 이십 센트에 판매되니 환산하면 삼백 원 정도 될 것이다.

것들을 모두 합치면 수억 본에 달한다. 물론 네덜란드가 총 생산량의 칠십 퍼센트 이상을 차지하지만 중국, 러시아, 미국, 호주 등지에서도 많은 양이 생산되고 있고 일본 또한 중요한 생산국의 하나이다. 꽃에 대해 유독 까다로운 일본인들을 어떻게 유혹했는지는 튤립만의 비밀일 것이다.

튤립과 네덜란드와의 만남은 숙명적인 거였는지도 모르겠다. 여러 곳에서 튤립에 대한 정열을 불태웠지만 오로지 네덜란드만이 대량 생산에 성공했다. 이것이 네덜란드의 승리일까, 튤립의 승리일까.

튤 립 의 또 다 른 이 름 , 울 금 향

요즘은 한국에서 튤립을 울금향鬱金香이라고 부르는 모양이다. 내 어머니 정원에도 '튜립'을 위시해서 칸나, 달리아 등 '신식꽃'들이 많았지만 울금향이란 이름은 들어본 기억이 없다. 어떤 연유로 튤립을 울금향이라 부르게 된 것인지 궁금하지 않을 수 없다. 그래서 옛날 자료들을 뒤져보니 1920년대부터 1950년대 사이에 튤립을 울금향이라 불렀던 기록이 여러 개 발견되었다.[5] 아마도 울금향과 '튜립', 혹은 '쥬리프' 등을 함께 쓰다가 해방 후 '튜립'으로 정착되었던 것 같다. 그러던 것이 1990년대에 이르러 민족문학가들에 의해 울금향이란 명칭이 다시 발굴된 것으로 보인다. 중국에서도, 일본에서도 튤립을 울금향이라고 한다. 영어를 버리고 중국식 혹은 일본식 표기법을 복권시키는 게 꼭 민족적인지는 잘 모르겠다. 다만 울금향이라는 단어의 느낌이 좋은 것만은 사실인 것 같다. 혹시 튤립이 한국에 먼저 도입되어 울금향이라 불리다가 중국으로 넘어간 것은 아닐까? 그러지 말라는 법도 없다. 그런데 중국의 튤립은 1593년에 이르러 네덜란드의 사업가가 가지고 들어온 것이라고 주장하고 있다.[6] 일본의 경우

19세기 말에 도입되었으나 정착기를 거쳐 20세기 초에 이르러 널리 보급되기 시작했다고 전해진다. 아쉽게도 우리나라에 튤립이 언제 전해졌는지 그 기록을 찾을 수 없다. 다만 15세기에 집필된 세종대왕의 『향약집성방』이란 약재도감에 울금향이 등장하는 것이 관심을 끈다. 만약에 울금향이 튤립이라면 16세기 말에서야 튤립을 처음 본 중국보다 한국에 먼저 존재했었다는 말이 된다. 물론 국내 자생종 튤립*Tulipa edulis*이 있다. 까치무릇이라는 예쁜 이름으로 불린다. 주로 제주도, 전남 지역을 위주로 중부 이남에 분포되어 있는데 산야에 숨어 살기 때문에 쉽게 볼 수 있는 식물은 아니다. 얼핏 꽃만 보아서는 요즘 볼 수 있는 튤립과 전혀 관계가 없어 보인다. 크로커스를 닮은 흰색의 꽃이 귀엽고, 키 15~30센티미터의 그리 크지 않은 식물이다. 키르기스스탄이나 태산 유역에서 자생하는 야생튤립과 정말 많이 닮았다. 예부터 뿌리를 캐서 약재로 썼다고 한다. 허준 선생 말씀이 약재로 쓰일 때는 산자고라고 하고 민간에서는 꽃이 초롱같이 생겼다 해서 금등롱金燈籠이라 부른다고 했다.[7] 기왕 영어 이름을 버릴 거면 차라리 까치무릇을 취

까치무릇(*Tulipa edulis*). 꽃이 초롱같이 생겼다 해서 금등롱이라 불리기도 했고 약재로 쓰일 때는 산자고라고 했다.

하는 게 더 낫지 않았을까 하는 생각도 든다. 물론 여기에 문제가 없는 것은 아니다. 까치무릇은 야생종이고 튤립은 정원에 심기 위해 재배된 원예종을 일컫는 전 세계적인 공통 언어이다. 그러니 까치무릇이 변해서 울금향이 된 것도 아닌 성 싶다. 이렇게 이름에 각별히 신경이 쓰이는 이유가 있다. 튤립을 울금향이라고 부르는 경우, 울금이라는 식물과 혼동되기 쉽기 때문이다. 울금은 튤립과 아무 관계가 없는 전혀 다른 식물이다. 튤립은 백합과 식물이고 울금은 생강과 식물이니 아주 근본부터 다른 것이다. 카레의 노란 색과 독특한 향을 내는 것이 바로 이 강황, 심황 혹은 울금이다. 인도 원산의 더운 지방의 식물이기 때문에 국내에서는 남부지방 극히 일부, 특히 전라남도에서 재배했고 조선시대에 이미 수요가 무척 높았던 것 같다. 그 수요의 대부분은 일본에서 다량으로 진상을 받아 충족시켰던 것으로 짐작된다.[8] 문제는 바로 울금에서 나는 강한 향을 울금향이라고 부르기도 했다는 것이다. 그래서 울금향이라고 하면 그것이 울금에서 나는 향을 말하는 것인지 아니면 튤립을 말하는 것인지 혼란스러워진다. 『조선왕조실록』에

까치무릇을 닮은 키르키스스탄의 야생 튤립(*Tulipa tarda*)

울금은 생강과 강황속에 속하는 식물이다. 강황속은 현재 세계적으로 약 83종이 확인되었다고 한다. 조선시대에 썼던 울금이 이 83종 중 어느 것에 해당하는 것인지 확인하기는 쉽지 않다. 가장 흔한 것이 강황 (*Curcuma longa* L)이다. 사진은 *Curcuma purpurascens*의 덩이뿌리이다(ⓒBenoit Blanchard).

울금이 속하는 강황속 식물의 꽃. 강황속 식물은 자태도 아름답고 꽃도 멋지기 때문에 꽃꽂이용으로도 많이 쓰인다(ⓒNagarazoku).

도 울금 혹은 울금향이 여러 번 등장한다. 아마도 울금으로 술을 만들었었나 보다. 술을 빚을 때 울금을 넣으면 복숭아향이 나고 색이 노랗게 되어 진기한 술이 되었다고 한다. 조선시대 궁중에서, 특히 왕이 제를 지낼 때 울금향술을 썼다는 기록이 여러 번 나오는 것으로 미루어 보아 아마도 최고급술이었던 것 같다. 이 술을 울금술이라 하지 않고 울창이라고 했으며 실록의 주해에 보면, 울창은 "울금향 / 울금의 뿌리를 넣어 만든 향기 나는 술"이라고 설명하고 있다.[9] 그러니까 울금향이라고 했어도 튤립이 아닌 울금을 넣어 만든 술인 것이다. 이런 내막이 잘 알려져 있지 않기 때문에 요즘 튤립을 울금향이라 다시 부르기 시작하면서 울금주라는 것 역시 튤립을 넣어 만든 술이 아닐까라는 오해가 비롯되고 있는 것 같다. 울금이 한국에서 자라기 어려운 식물이기 때문에 실물을 보기 어려워 더욱더 오해가 빚어지는 것이다.

세종대왕과
울금향

술을 빚을 때 넣었던 것이 튤립이 아님은 확실해 진 것 같다. 그렇다면 『향약집성방』에 들어가 있는 울금향은 무엇인가. 이것도 울금과 혼동해서 쓰였던 것일까. 아니면 요즘에 부활한 이름대로 튤립을 일컬었던 걸까. 만약에 세종께서 그 옛날 도화서의 화원들에게 명해 식물 그림을 일일이 그리게 해서 그 야말로 도감을 만들어 주셨더라면 이런 혼란은 없었을 것이다. 향약이란 본시 국내에서 자생하는 약초들을 일컫는 것인데 처음 향약이란 말이 쓰이기 시작한 것이 아마도 고려시대였던 것 같다. 고려시대에 이미 의료제도가 많이 발달하여 지방에도 약점이 설치되었다고 한다. 그러나 약재를 거의 중국 등 외국에서 수입하는 상황인데다가 같은 약재라도 중국산을 더 즐겨 썼으므로 일반 서민들은 비싼 수입약재를 구입하기 어려웠다고 한다. 이에 한국에서 산출되는 약재, 즉 향약 180여 종을 선발하여 1236년에 책으로 엮어내었다. 이 책을 『향약구급방鄕藥救急方』이라고 하는데 현재까지 알려진 한국의 고유 의서 중 가장 오래된 것이라고 한다. 『향약구급방』의 1236년 원본은 분실되었고 1417년 중간본이 존재하기는 하지만 그나마 우리나라에는 없고 현재 일본 궁내청 서릉부에 1417년 인본 단 한 부가 소장되어 있다.[10] 그 후 조선시대의 세종대에 와서 『향약집성방』이라는 방대한 의약책이 다시 발간되었다. 일종의 약용식물 도감이라고나 할까? 기왕 도감을 만드신 김에 꽃그림까지 좀 그려 넣었다면 얼마나 좋았을까 하는 생각을 자주하게 되는 것이다. 세종대왕께 바라는 게 너무 많은 것일까? 대왕이 남긴 업적이야 이루 다 헤아릴 수 없지만 식물과 관련해서도 세 개의 중요한 유산을 남겼다. 위의 『향약집성방』이 하나이고, 그 식물들의 채집시기를 월별로 정리한 『향약채취월령』이라는 것이 둘이며, 종약색이라는 관리를 전국에 보내 각 지방별로 산출 혹은 재배되는 향약들을 정리하여 이를 토대로 만든 『지리지』가 셋이다. 이는 『세종실록지리지』로 더 잘 알려져 있는데, 국토의 지리적 특성만을 조사한 것이 아니라 지방별로 특산물과 자원을 함께 정리했다는 데에

한때 울금향이라 불리기도 했던 정원용 튤립. 다양한 색과 모양이 있어 일일이 분류하기도 힘든 상황이다. 이미 수백 년 전 야생종에서 갈라져 나와 거의 새로운 식물군을 이루었다고 해도 과언이 아닐 것이다.

그 의미가 크다고 보겠다. 우리의 식물을 연구하는 데에 더할 나위 없이 소중한 자료들이다. 사실 당시 약용식물들의 이름이 모두 한자나 혹은 한자의 음을 빌려 쓴 이두로 표기되어 있는데다가 또 수백 년의 세월이 흘렀으니 그 식물들을 찾아 나서고 싶어도 그게 쉽지가 않다. 후에 성종 대에 승지 이경동이 상소하여 그림을 그려 넣자고 하였고 임금이 '그러하라' 고 명하였다고 한다. 그러나 실제로 그림을 그려 넣은 책이 발간되었다는 흔적은 어디에도 없다.

그 후 수백 년이 지난 2006년, 드디어 그림, 즉 사진이 포함된 도감형 향약집성방이 새로 출판되었다. 성종 때 상소를 올린 것이 1479년의 일이었으니까 꼭 527년 만에 어명이 실행된 것이라고 봐야 할까보다.[11] 그런데 이 도감에 울금(강황, 심황), 까치무릇(산자고) 그리고 튤립*Tulipa gesneriana L.*이 모두 수록되어 있다.[12] 튤립의 경우 꽃과 구근을 약으로 쓴다는 설명과 함께 공원에서 흔히 볼 수 있는 튤립 사진이 실려 있고 튤립의 꽃과 뿌리를 말린 약재의 사진도 들어 있다. 이런 정황으로 보아 흔치는 않지만 튤립을 약으로 쓰고 있는 건 사실인 것 같다. 그런데 여기서 소개 된 튤립, 즉 Tulipa gesneriana라는 것이 현재 전 세계적으로 퍼져있는 정원용 튤립을 말하는 것이다. 네덜란드에서 재배되어 각국으로 수출되는 바로 그 튤립인 것이다. 위에서 말한 다윈 계열이라는 것은 그 중에서도 특별한 품종들을 묶어서 일컫는 것이다.[13] 향약본초도감에는 물론 『향약집성방』에 있는 약재들만 수록되어 있지만 최근의 연구결과를 적극 반영하였다는 것으로 미루어 보아 모던한 튤립이 흘러들어간 것이 아닐까 짐작된다. 그렇다고 착오가 생겨 울금 대신 자리를 차지하고 있는 것도 아니다. 그보다는 이미 세종대에 울금과 울금향을 혼동해서 썼던 것이 문제가 아닌가 싶다. 『지리지』에는 울금이라고 기록되어 있고[14] 『향약채취월령』에서는 울금향이라 했다. 그런데 여기서의 울금향은 또 『조선왕조실록』과는 달리 '울금의 꽃'이라고 설명하고 있다.[15] 게다가 16세기 말부터 중국에서 튤립을 울금향으로 부르기 시작했으니 혼란은 완벽해질 수밖에 없었던 것 같다. 여러 정황으로 미루어 보아 세종대에 우리가 지금 말하는 튤립은 아직 없었을 것이다. 『향약집성방』이 여러 세기에 걸쳐 재편된 데다가 『향약채취월령』 역시 인본印本이 없어 1722년의 필사본을 번역하는 등의 과정을 거치며 실제 세종대왕 당시의 약명이 아닌 후세에 통용되었던 명칭들이 흘러들어갔을 가능성을 배제할 수 없다. 이런 과정에서 튤립을 말하는 울금향도 끼어들었을 것이며, 최근에 와서 울금은 강황으로, 울금향은 튤립으로 분리되는 혼란이 빚어진 것일 게다. 책임은 중국에 있다. 왜 하필 튤립을 울금향이라고 불렀을까. 아무튼 이런 혼란을 틈타 정원용 튤립이 향약본초도감에 얌전히 들어가 앉게 된 것만은 사실이다. 역시 튤립은 보통내기가 아니다.

2

작전의 명수들

1499년 7월 10일 포르투갈의 리스본 항구.

코엘료 선장이 이끄는 베리오 호가 서서히 항구로 들어와 닻을 내렸다. 이윽고 선원들이 여러 척의 작은 보트에 나눠 타고 뭍을 향해 노를 젓기 시작했다. 제일 앞의 보트에는 코엘료 선장이 늠름한 모습으로 뱃머리에 서 있었다. 그의 등 뒤로 여러 개의 자루가 쌓여 있는 것이 보였다. 나는 아버지의 손을 잡고 이 장면을 내내 지켜보고 있었다. 내 옆에 우뚝 서서 선장에게 잠시 손을 들어 보인 아버지의 눈시울이 촉촉했다. 아버지가 눈물을 흘리는 모습을 처음 보는 나는 당황스러워 얼른 고개를 돌려 주변을 살폈다. 선착장은 몰려든 인파로 발 디딜 틈이 없었다. 리스본 시민이 모두 나온 것 같았다. 인도에서 돌아오는 선대를 구경하기 위해 낮잠도 거른 채 뜨거운 한여름의 태양이 작렬하는 항구로 모여든 것이다. 사람들은 흐르는 땀을 연신 씻어가며 흥분된 어조로 떠들어댔다.

인도가 어디에 있는지는 아무도 몰랐다. 바스코 다 가마 총독의 선대가 인도에서 그 비싼 후추를 가득 싣고 왔다는 소문만 떠들썩했다. 이제 후추 가격이 좀 내려가면 서민들도 그 황홀하다는 후추 맛을 볼 수 있을 것이라고들 했다. 죽은 자도 벌떡 일으키는 신통한 약이라고도 했다. 바스코 다 가마 총독은 중간에 병을 얻어 다른 항구에 머물고 우선 코엘료 선장을 앞세워 보낸 거라고 옆에서 누군가가 설명했다.

총독이 인도를 향해 떠나기 전날 저녁, 우리 집에 찾아왔었다. 아버지와는 형제와 같은 오랜 친구였다. 그날 밤, 인도에 대해 얘기할 때 불빛에 이글거리던 아버지와 선장의 눈빛을 잊을 수가 없다.

이제 그 눈에 눈물이 맺히고 있었다. 어린 나로서는 후추가 얼마나 값진 것인지 잘 모르지만 아버지가 이끄는 리스본 상단이 이번 항해에 거의 전 재산을 투자하다시피 했다는 소문이 도시에 파다했다.

이번 항해의 성패에 우리 포르투갈의 운명이 달려있다는 말도 떠돌았다.

어떤 책에서 인용한 대목이 아니라, 필자가 당시의 상황을 상상하며 가상의 장면을 그려본 것이다.

의 리   없 는
토 마 토

토마토가 남미에서 유럽까지 먼 길을 왔을 때, 비슷한 시기에 건너온 튤립처럼 여왕 대접은 못 받아도 의리 없는 친구란 소리를 들으리라 짐작이나 했었을까. 주로 독일에서 쓰는 말인데 친한 친구나 가족이 약속을 펑크 냈을 때 "너는 의리 없는 토마토다"라고 한다. 1차대전이 발발했을 때 이탈리아가 처음엔 독일 편에 섰다가 나중에 등을 돌렸다. 이탈리아 사람들은 토마토를 많이 먹는다. 그래서 토마토가 의리 없는 이탈리아 사람들을 대신해서 욕을 먹는 것이다.

처음엔 토마토를 황금사과라거나 페루에서 온 사과, 사랑의 사과, 심지어는 파라다이스의 열매라고도 불렀다. 예쁜 꽃을 모두 장미라고 불렀듯, 빨간 열매는 모조리 사과라고 불렀던 것이다. 한 때 아주 잠깐 튤립이 토마토를 질투할 뻔한 적이 있었다. 토마토가 유행을 타면서 사람들의 관심이 그 쪽으로 쏠렸기 때문이다. 18세기 초까지는 토마토를 관상용으로 정원에 심었다. 열매에 독이 있을 것으로 여겼기 때문이다. 그러다가 이탈리아에서 식용으로 쓰기 시작했는데 그것이 대박이 된 것이다. 아무래도 미모 면에서 토마토는 튤립의 적수가 아니다. 사람들의 관심을 끌기 위해서는 다른 요긴함이 있어야 했다. 피자는 고대 모든 문명권에서 고루 구워먹었던 넓적하고 얇은 빵에서 출발했다. 이탈리아에서 처음으로 그 빵에 올리브유를 바르고 토마토를 얇게 저며서 얹은 후 신선한 허브를 뿌려

토마토. 이름이 아직 없었던 시절, 한 입 깨물고 싶은 유혹이 사과를 방불케 한다고 하여 황금사과, 파라다이스 사과, 페루에서 온 사과 등으로 불렸다.

먹으면서 지금의 피자가 시작되었다. 토마토는 마치 피자를 발명하기 위해 유럽으로 건너온 것처럼 보인다.

감자의 경우는 더했다. 감자 꽃은 그런대로 예쁜 편이다. 그러나 감자 자체는 토마토의 경쟁상대가 못된다. 감자는 토마토보다 더욱 더 요긴함을 보여야 했을 것이다. 그래서 유일한 가능성을 택했다. 유럽 사람들의 주식이 되어버린 것이다. 감자 역시 남미 출신이다. 잉카인들은 감자를 잔인한 표범의 신과 짝을 지어주었다. 독일 아줌마들처럼 둥글둥글해 보여도 표범과 짝이 되었을 때에는 그럴만한 이유가 있었던 것 같다. 감자는 토마토보다 늦게 18세기에 유럽으로 건너갔지만 재빠르게 유럽의 주식의 자리를 차지했다. 유럽의 주식은 빵이 아니라 감자인 것이다. 그 뒤에는 식량 문제를 해결하기 위한 많은 군주들의 노력이 숨어있었다. 당시 유럽의 서민들은 배고픈 시절을 보내야 했다. 전쟁과 질병이 끊이지 않았던 시대였기 때문이다. 감자가 맛도 좋고 영양이 풍부하며 특히 토지면적 당 생산성이 높다는 사실이 알려지면서 프랑스, 스페인, 이탈리아, 독일, 러시아 등지에서 각 군주들이 배고픈 백성들에게 다투어 감자를 먹이고자 했다. 감자 재배를 종용하는 왕명에도 불구하고 처음에는 농부들이 말을 잘 듣지 않았다. 그러자 프리드리히 대제가 왕궁 앞에 감자를 심고 군인들로 하여금 철통같이 지키게 했다고 한다. 궁금해진 농부들이 밤에 몰래 와서 감자를 훔쳐갔다고 한다. 프랑스에서도 똑같은 일화가 전해진다. 이렇게 해서 감자가 유럽인들

감자꽃. 흰색 혹은 보라색으로 핀다. 실은 감자도 꽤 보기 좋은 식물에 속한다. 그래서 초기에는 감자도 토마토처럼 정원식물로 가꿔졌었다(ⓒ Keith Weller).

감자를 키우는 농부들과 대화하는 프리드리히 대제. 감자재배령을 내려 독일의 식량 문제를 해결하려 애썼다(로버트 바르트뮐러 그림, 1886년, 독일역사박물관 소장).

1885년에 세운 감자기념비. 독일에는 이런 감자기념비가 여러 곳에 존재한다. "이곳에서 1748년 감자를 처음으로 재배하기 시작했다"라고 쓰여 있다. 우리도 어딘가 벼 기념비라도 세워야 하는 건 아닌지 모르겠다.

의 주식이 되었던 것이다. 19세기 중반, 유럽에 커다란 기근이 왔다. 전 유럽의 절반 가량이 굶었던 엄청난 재앙이었는데 이 때 수백만의 농부와 노동자들이 감자의 원산지인 미대륙으로 이민을 갔다. 특히 아일랜드에서는 감자썩음병이 심하게 번져 인구가 거의 절반으로 줄었다. 그 당시의 아일랜드 농민들에겐 감자가 거의 유일한 식량이었기 때문이다. 당시 아일랜드는 영국의 속국이었고 곡식이나 축산물들은 영국에서 세금으로 걷어갔기 때문에 농부들의 식량으로 남은 것은 감자밖에 없었다. 이런 상황에서 감자썩음병이 번져 여러 해 먹을 것이 없었으니 그 때의 비참함은 이루 말로 다 표현할 수 없었던 것 같다. 이 때 아일랜드 인들이 미국으로 대거 이주한다. 지금 미국인의 대부분이 이때 감자를 찾아 이민 간 유럽인들의 후손이라고 해도 될 것이다.

유럽 이민사를 감자의 관점에서 해석해 본 것이다. 내 생각이 아니라 이런 식으로 인간사를 식물의 관점에서 해석하는 사람들이 있다. 그들의 이야기에 따르면, 인디언들이 몰살당해 미대륙이 텅 비자 다시 사람으로 채우기 위해 '감자의 신'이 개입한 것이라고 말한다. 말하자면 감자의 신이 유럽의 감자를 썩게 해서 굶주린 사람들을 미대륙으로 불러들인 거라는 이야기다. 그러기 전에 우선 감자가 유럽 사람들의 주식이 되어 절대 포기할 수 없는 중요한 작물이 되어야 했다. 이런 식으로 작은 식물 하나가 역사를 움직인 사례가 적지 않다. 온 세상 사람들의 옷을 만들어 입힌 목화가 그렇고 비단이 되어 중국과 유럽의 문화 교류에 앞장 선 뽕나무가 그렇다.

타 이 탄 들 의
후 추 전 쟁

그리고 작은 후추 한 알이 세상을 바꿨다. 후추는 더운 지방의 밀림에서 큰 나무에 기대어 살아가는 덩굴식물이다. 크게 눈에 띄는 식물은 아니다. 그럼에도 인도 사람들의 눈에 띄어 세상에서 가장 중요한 식물 중 하나가 되었다. 아주 오래 전, 기원전 이천 년 경부터 인도에서는 후추를 향신료와 약으로 썼다. 후추는 소화를 돕고, 땀을 내어 해열하는 데 효능이 있다. 기름진 음식에 후추를 넣는 것은 향도 좋아지거니와 소화를 돕는 탁월한 기능을 지니고 있기 때문이다. 거기서 끝났다면 식물의 신 운운할 필요도 없을 것이다. 관건은 확산이다. 처음 후추를 인도에서 유럽으로 전한 사람은 알렉산더 대왕이었다. 기원전 4세기의 일이었다. 그리고 15세기 말 바스코 다 가마가 희망봉을 돌아 인도 항해에 성공할 때까지 거의 이천 년 동안 후추는 유럽에서 최고가로 거래된 품목에 속했다. 금으로 값을 지불하기도 했고 한 알씩 세어서 팔았다고 한다. 상하지 않는 물건이기 때문에 비단처럼 교역품으로 그 가치가 높았고, 때로는 화폐처럼 거래수단으로 쓰이기도 했다. 소비자의 입장에서는 더운 여름에 육류를 저장하는 데 후추가 필요했다. 게다가 향이 좋다보니 와인이며 각종 음료에도 후추를

1497년 인도에 도착한 바스코 다 가마(알프레도 로케 라메이로 그림, 1900년경, 포르투갈 국립도서관 소장)

고대의 교역로

넣었다. 우리가 울금을 넣어 술을 빚었듯 후추를 넣어 빚은 술이 유행했었다. 서기 2세기 초에 로마 황제 루키우스 베루스가 파르티아 왕국[1])과 전쟁을 치른 이유가 인도와의 후추 교역로를 트기 위해서라는 해석이 있다. 몇 세기 후 무시무시한 훈족이 로마를 덮쳤을 때 로마 부자들이 후추 몇 자루를 내주고 로마의 방화와 약탈을 막았다는 이야기도 전해진다. 르네상스의 꽃이 화려하게 피어났던 도시들, 베니스, 플로렌스, 피사도 후추 교역으로 부를 축적했고, 그 부의 힘으로 예술과 문화를 키웠다. 후추향이 불어오는 방향으로 인도를 찾아서 떠났다가 미대륙을 발견한 콜롬부스는 엉겁결에 세계 역사를 바꾸게 된다. 그러나 정작 후추를 발견한 것은 바스코 다 가마였다.[2])

문제는 고대의 유일한 후추 생산지가 인도, 그것도 서부의 말라바라는 곳에 국한되어 있다는 점이었다. 알렉산더 대왕의 비호를 받은 페르시아 상인들이 인도 서해안에서 후추와 계피 등을 배에 잔뜩 싣고 페르시아 만을 따라 아라비아 반도까지 가서 육로로 바꾸어 타고 다마스쿠스나 알렉산드리아로 가지고 가 교역을 했다. 거기서 로마로 건너간 것인데 단번에 대박이 되어 귀족들의 향신료가 되었다. 아라비아 상인들은 후추의 원산지를 비밀에 붙였다. 이로 인해 아라비아가 수백 년 동안 후추시장을 독점할 수 있었다. 그러나 로마의 황제들도 만만하진 않았다. 결국 인도가 원산지임을 알아낸 것이다. 물론 후추 때문에 메소포타미아를 차지하려고 했던 것은 아니겠지만, 아우구스투스, 네로, 베루스에서 트라야누스까지 모든 황제들이 메소포타미아 점령의 염을 버리지 않았다. 메소포타미아를 차지한 후, 남으로는 페르시아 만을 타고 인도와, 북으로는 비단길을 통해 중국과의 교역이 훨씬 유리해진 것은 사실이었다. 메소포타미아를 다시 잃은 후에는 홍해를 지나 아라비아 반도를 빙 돌아 인도로 가거나 아니면 비싼 페르시아 상인들의 후추를 사야했다.

세상을 바꾼 작은 후추 알갱이들(ⓒRainer Zenz)

로마 제국이 멸망하면서 후추 교역의 중심이 베니스와 플로렌스로 넘어갔다. 이 때 베니스의 상인들은 열 배 정도의 이익을 남겼다. 중세에는 뉘른베르크의 상인들이 베니스의 후추를 사서 알프스를 넘어 유럽 내륙지방의 시장에 넘겼다. 뉘른베르크의 상인들은 거기서 또 여섯 배의 이익을 남겼다. 그래서 이때부터 부유한 상인들을 '후추자루' 라고 불렀다. 16세기까지 유럽 내륙에도 후추가 널리 퍼졌지만 비싼 건 마찬가지였다. 서

후추나무

민들은 후추향을 맡아 볼 염도 내지 못했지만 귀족들은 후추를 아끼지 않은 잔칫
상을 차려야만 행세를 할 수 있었다. 여러 나라에서 후추 교역로를 트기 위해 애
쓴 것은 당연했다. 그때까지만 해도 대부분의 유럽 사람들은 후추가 인도에서 오
는 것인지도 모르고 있었다고 한다. 바스코 다 가마가 인도 항해에 성공하면서 어
딘가 먼 나라에 후추 열매를 맺는 식물이 자라고 있다는 사실이 알려지게 된 것이
다. 이때부터 리스본이 후추 교역의 중심으로 급부상했다. 그것을 다른 나라들이
지켜만 보고 있을 턱이 있었겠는가. 발달한 항해기술에 힘입어 바야흐로 타이탄
들의 식민지 전쟁이 시작되었다. 영국은 아예 후추의 나라 인도를 통째로 삼켜버
렸다. 포르투갈, 스페인, 네덜란드 등은 다투어 남미, 동남아시아 등을 점령하고
식민지에 후추를 직접 재배하기 시작했다. 더운 지방에서만 자라는 것이 문제였
다. 이즈음 베니스는 서서히 몰락하여 바다에 가라앉는 듯 했다. 인도는 주생산국
의 자리를 내주었고 후추는 지구를 거의 한 바퀴 돌아 한국에도 상륙하여 불고기
양념에 빠질 수 없는 향신료로 자리잡았다.

후추도 그랬지만 목화도 뽕나무도 결코 눈에 띄게 아름다운 식물은 아니다.
사탕수수는 또 어떤가. 이 역시 인도 사람들이 가장 먼저 발견했다는데, 수수한
생김새와는 달리 그 맛이 황홀하여 아 이것이 바로 사랑의 맛이겠구나 생각한
인도사람들에게 사탕수수는 사랑의 신 카마로 숭배되었었다. 그들은 햇빛이 미
네랄 결정체로 변하여 설탕이 되었다고 믿었다. 그러니 설탕을 먹는 것은 햇빛
을 먹는 거였다. 어떤 의미로는 맞는 말이다. 이 역시 후추처럼 전 세계에 번져나
가 7세기에 이집트, 8세기에 스페인 그리고 16세기 무렵에는 미대륙에 전파되
었다. 미국을 통해 한국에 도입된 것은 20세기 초이다.

이 달콤한 행복을 생산하기 위해 많은 희생이 따르기도 했다. 아메리카 대륙에
진출한 유럽인들이 보니 카리브 해 유역이 사탕수수 재배지로 적지였다. 여기에
사탕수수 농장을 짓기 위해 일대의 인디언들이 몰살당하다시피 했고 애꿎은 아프
리카에 커다란 혼돈이 왔다. 무려 이천만 명의 아프리카 인들이 이리로 끌려와 농
장의 노예가 된 것이다. 카리브 해 지역의 삼분의 이가 사탕수수 재배지였다고 하

니 말이다. 누군가 계산을 해 보았는데, 설탕 넣은 차를 마시고 과자를 구워 먹는 영국인 이백오십 명에 흑인 한 명이 평생 일하다 죽은 꼴이었다고 한다. 프랑스, 네덜란드도 다투어 카리브에 사탕수수 농장을 짓기 위한 치열한 경쟁을 벌였다.

시니컬한 얘기지만 만약 설탕이 없었다면 쿠바 음악이 생겨났을까, 쿠바의 카스트로가 등장했을까, 케네디를 유명하게 만든 쿠바의 미사일 위기 같은 사건이 발생했을까, 해적들은 럼주 대신 무엇을 마셨을까, 코카콜라가 만들어졌을까, 치과 의사들이 굶어죽지 않았을까 등등의 연쇄 작용에 대해 생각해 볼 수 있겠다. 적당량을 섭취하면 설탕이 행복감을 주는 건 사실이다. 그런데 과량을 먹으면 오히려 반대의 현상이 일어난다고 한다. 단 것을 많이 먹는 아이들이 그렇지 않은 아이들보다 공격성이 강하고 늘 찌푸린 얼굴을 한다고 한다. 아마도 속이 좋지 않아서 그럴 것이다. 이렇게 '찬란한 햇빛의 결정체'인 설탕이 야누스와 같은 양면성을 가지고 있다는 거다.

베네수엘라에서 수확한 사탕수숫대. 이걸 씹으면 달콤하다. 현재 베네수엘라는 사탕수수를 가장 많이 생산하는 국가이다(ⓒRufino Uribe).

스페인 식물원에 서 있는 사탕수수. 야누스와 같은 양면성을 가지고 있는 '찬란한 햇빛의 결정체'가 바로 여기서 생산된다(ⓒH. Zell).

사랑의 신 카마가 시바에게 화살을 쏘려 한다.

일찍이 반짝반짝 빛나는 설탕의 신 카마가 사탕수수로 만든 사랑의 활과 화살로 사람과 동물, 심지어는 신들에게도 마구 화살을 쏘아댔는데, 그 결과 모두 사랑밖에는 나 몰라라 했기 때문에 세상이 혼란해졌다고 한다. 어느 날 카마는 겁도 없이 최고신이자 금욕의 신인 시바에게 사랑의 활을 쏘러 갔다. 거기서 오히려 시바가 던진 번개를 맞아 쓰러졌다고 한다. 시바는 설탕이 불러 올 괴로움을 알았던 모양이다.[3)]

식 물 은   세 상 의
은 밀 한   지 배 자 다

이렇게 식물의 혼이 혹은 신이 개입하여 세상의 역사가 움직여 질 수도 있는 것이라면 지금 지구상에서 벌어지고 있는 일에도 우리가 이해하지 못하는 영역에서 은밀한 작전이 펼쳐지고 있지 않을까. 두 가지 버전을 생각해 볼 수 있겠다. 하나는 긍정적인 것이고 다른 하나는 끔직한 것이다. 긍정적인 것부터 말하자면 원자력이 세상에서 내몰리고 식물이 낙원을 재현하는 것이다. 식물 없이 낙원을 만들 수 없다는 것은 누구나 인정할 것이다. 다른 하나는 그 반대로 원자력이 승리하여 지구가 잿더미로 변한 다음 먹지 않고도 스스로 존재할 수 있는 능력을 갖춘 사람들만 살아남는 것이다. 이런 사람들이 실제로 존재한다. 이들을 오토트로피Autotrophy라고 하는데 식량 없이 살아가는 기이한 인간들이다. 그 중 가장 유명한 사람이 인도 수도자인 프라라드 자니Prahlad Jani일 것이다. 팔십 세가 넘었는데 자그마치 육십 년이 넘도록 물 한 모금 마시지 않고 살고 있다고 한다. 최근 독일과 영국의 언론에 보도된 내용을 종합해 보면 현재 의학계에서 그에 대해 지대한 관심을 보이고 연구 중인 것 같다. 아예 실험인간처럼 이리저리 뜯어보고 분석하는 중이다. 그는 요가인으로서 세상에서 가장 오래 금식을 하고 있는 것이 아니다. 음식을 섭취할 필요가 없기 때문에 먹지 않는 거라고 한다. 신체의 일부 어딘가에서 영양소와 액체가 생산되고 있는 것으로 짐작되나 아직 정확한 비밀은 밝혀지지 않았다. 그 외에도 이렇게 몸속에서 필요한 양분과 에너지를 생산하여 스스로 존재하고 있는 사람들이 여럿 있는 모양이다. 이들이 세간의 눈에 뜨인 것이 십 년 정도 된다. 일부 학자들은 인류가 새로운 형태로 진화하고 있는 것이 아닌가라는 가설을 세우고 있는 듯하다. 무슨 말인가 하면, 앞으로 다가올지도 모를 '식량 없는 세상'에 대비하기 위해 인간이 식물처럼 스스로 양분을 만들어내는 오토트로피로 변할 수 있다는 뜻이다. 그러니까 호모 사피엔스의 시대가 가고 호모 오토트로피의 시대가 올 수 있다는 것이다. 그것이 유일한 인류 존속의 방법일 수 있기 때문이다. 자연재앙 등 극한 상황에서의 존속 방법, 달이나 화성 등 우주 공간에서의 생존 방법에 대해 연구하는 학자들이 지대한 관심을 보이고 있다고 한다. 한편 종교계의 일각에서는 인류가 땅을 일궈 경작해야 먹고 살 수 있던 오랜 저주가 드디어 거두어지고 태초의 에덴동산에서처럼 '신이 먹여주시는' 시대가 다시 오게 될 것으로 해석하고 있다.

그러나 우리 모두가 이런 오토트로피가 되는 날은 요원해 보인다. 당장은 세계 곳곳에서 먹고 살기 위한 치열한 싸움이 계속되고 있고, 가난한 나라들의 식량 위기는 점점 더 심각해지고 있는 것이 현실이다. 지금 세상에서 벌어지고 있는 일들을 보고 있노라면 호모 오토트로피보다는 식물의 신을 응원하고 싶은 생각이 든다. 그리고 혹여 사람이 오토트로피가 된다고 하더라도 식물 없는 세상은 상상하기가 어렵다. 무엇으로 지구를 아름답게 할 것인가.

식물에 혼이 있어 세상사에 개입한다고 보는 관점을 지지하는 사람들이 의외로 많다. 이 경우 식물에 대해 말할 때 '사람에게 이로운 식물 혹은 사람들이 좋아하는 식물'이라고 하지 않고 '사람을 좋아하는 식물'이라는 식으로 표현한다. 그게 그거인 것 같지만 사실 큰 차이가 있다. 사람이 아닌 식물이 주체가 되기 때문이다. 사람들이 식물을 '발견'한 것이 아니라 거꾸로 식물이 사람에게 '다가왔다'고 해석하는 것이다. 후추나 사탕수수, 목화, 각종 곡식과 채소 등 외모로 보아서는 사람들의 관심을 끌 수 없는 것들이 사람에게 유용하게 쓰일 수 있었던 것은 그들이 사람에게 "나를 이러 이러하게 써라"라고 속삭여 주었기 때문이라는 뜻이다. 이는 단순히 식물을 의인화하는 것과는 차원이 좀 다른 얘기다. 의인화하는 것이 아니라 신격화하는 것이다. 약초를 요즘은 "plant spirits medicine"이라고 칭하는 경우가 많다. 식물에 포함된 특정한 성분이 사람의 병을 치료하는 것이 아니라 식물의 혼 혹은 식물의 신이 치료를 담당하는 것이라는 거다. 얼핏 들으면 정신이 나갔거나 상상력이 지나치게 풍부한 사람들이 하는 말처럼 들린다. 그러나 곰곰이 생각해 보면 식물이 가지고 있는 온갖 신비한 성질을 한 방에 설명할 수 있는 간단한 방법이다.

  인간들은 인간에게만 혼이 있다고 생각한다. 그런데 그렇지 않다는 것이다. 사람의 혼과 식물의 혼이 교감하면서 인간사가 진행이 되는데 여기서 식물이 오히려 능동적인 역할을 한다는 이야기다. 움직이지도 않고 말도 하지 못하니 수동적일 것이라 생각하지만 실은 그들이 가지고 있는 엄청난 정보시스템을 통해 사람들을 '은밀히 지배'⁴⁾한다는 것이다. 이 정보시스템이 바로 신, 혹은 혼인 셈이다. 각 식물 속에 들어가 사는 이런 혼들은 나름대로 이유가 있고 목적이 있다. 그저 우연히 이런 식물이 되고 저런 식물이 되는 것이 아니라는 거다. 식물의 혼은 물론 자신의 목적을 달성하려고 한다. 그 목적이 늘 사람에게 이로운 쪽은 아니다. 사탕수수나 감자의 사례에서 보는 것처럼 식물이 개입하는 양상이 그리 단순하지가 않다. 그저 좋다, 그저 나쁘다로 가를 수도 없고 예측도 불허한다. 이 은밀한 지배자들은 인간사 전체에 영향을 주지만 개인과 특별한 친분관계를 맺고 그 개인의 삶을 지배하기도 한다. 커피, 담배, 아편과 같은 중독성 식물이 그 대표적인 예일 것이며 사람에 따라 선호하는 차나 과일이 다른 것이나 같은 식물이라도 중독이 되는 사람과 그렇지 않은 사람의 차이가 있는 것도 사람이 식물을 선택하는 것이 아니라 식물이 사람을 선택하기 때문이라고 설명한다.

바 흐 의   음 악 은
커 피 나 무   혼 이
함 께   작 곡 했 다

바흐는 커피칸타타를 작곡했을 정도로 커피를 좋아했다. 라이프치히에 최초로 커피하우스가 문을 연 1685년에 바흐도 태어났는데, 식물의 관점에서 보면 이는 결코 우연이 아닐 지도 모른다. 식물영혼론자들 말대로 커피나무의 혼이 인류에게 위대한 음악을 선사하기 위해 차곡차곡 준비를 해 둔 것이라고 보면 일이 재미있어진다. 바흐는 라이프치히에서 평생 일하고 거기서 생을 마감했지만 출생지는 아이제나크라는 도시였다. 라이프치히에서 그리 멀리 떨어져 있지 않은 곳이다. 아이제나크는 큰 특색이 없는 소도시이지만 라이프치히는 중세 이전부터 북동 유럽의 교역중심지였고 15세기말에 이미 박람회의 도시로 성장했다. 1685년에 커피하우스가 생겼을 정도로 바흐 시대의 라이프치히는 세련된 문화의 도시였다. 바흐는 아마도 태어나면서부터 라이프치히에서 풍겨오는 커피향을 맡았었나 보다. 커피하우스 때

라이프치히의 커피하우스. 여기서 바흐가 매주 실내악을 연주했다(© Rufino Uribe).

커피칸타타 앨범 표지. 농부칸타타도 함께 수록되어 있다.

엘살바도르 지방의 커피나무와 커피 따는 여인(ⓒ Rainforest Alliance)

커피나무

커피나무 꽃(ⓒH. Zell)

문에 라이프치히로 간 것은 아니지만 커피나무신이 바흐의 손을 잡고 라이프치히로 인도하는 장면을 상상해 볼 수 있다. 바흐를 좋아하는 사람들이 말하기를 바흐의 음악은 진한 커피 한 잔을 마시며 들어야 제대로 음미할 수 있다고 한다. 바흐 자신이 커피를 마시며 작곡했기 때문이다. 그는 커피하우스에서 일주일에 한 번씩 실내악을 연주했었다. 박람회 기간 중에는 일주일에 두 번 커피하우스 정원에서 "커피칸타타" 혹은 "농부칸타타" 등의 유머러스한 음악도 연주했다. 이러니 바흐의 음악에 커피향이 배어 있는 것은 너무 당연한 것 아닐까. 커피 문화가 꽃을 피우자 도자기 산업도 덩달아 부흥했다. 심지어는 동독이 무너진 데에 결정적인 역할을 한 것이 작센 지방의 커피 값 폭등이었다는 농담 아닌 농담도 떠돌고 있다. 지금 한국에서 커피 문화가 번지고 있는 속도를 보면 커피나무 혼의 포스가 대단한 것임에는 틀림없어 보인다.

한국에서 커피를 마시기 시작

베토벤 역시 커피를 좋아했는데 마실 때마다 커피콩 육십 알을 세서 갈았다고 한다. 커피는 귀한 거였다(왼쪽: 커피나무 열매(ⓒFernando Rebelo), 오른쪽: 볶은 커피콩(ⓒJi-Elle)).

한 것은 한국전쟁 때부터라고 한다. 미군들이 인스턴트커피를 가지고 온 것이 발단이었던 것 같다. 예전에는 '다방'에서 멀건 인스턴트커피를 마셨었다. 그러다 고급 호텔에 커피숍이 생겨났고 상견례를 하거나 지금 식으로 소개팅을 할 때 호텔 커피숍에서 만나는 것이 유행이 되었다. 그러나 그 뿐이었고 커피가 멀겋기는 호텔 커피숍도 매일반이었다. 지금과 같은 커피 문화는 알지 못했다. 원두커피를 처음 본 것이 1970년대 후반이었지만 그 역시 멀겋게 우려 마셨었다. 지금 생각하면 커피나무신이 모멸감을 느꼈을 수도 있겠다 싶다. 그래서 보다 못한 커피나무신이 스타벅스를 한국에 상륙시켰나 보다. 1999년 이화여대 앞에 스타벅스 1호점이 생겼고 5년 만에 이태원에 100호점이 문을 열었으며 지금은 커피 전문점만 이천 개가 넘는다고 한다. 전 세계적으로는 석유에 이어 교역량 2위를 차지하는 것이 커피라 하니 식물의 신 중에서 현재 가장 우세한 것이 커피나무신인 셈이다.

모든 강한 것이 그렇듯이 이로움을 주는 한편 지배하려는 속성을 가지고 있기 마련이다. 그래서 지배, 피지배의 관계를 극복하고 형평성을 유지하려면 식물 신과의 씨름이 필요하다고 말한다.

천 사 와 의
씨 름

인디언들 사이에 이런 이야기가 전해진다. 아주 옛날, 먹을 것이 부족하였던 시절 한 청년이 신을 찾아 길을 나선다. 청년의 이름은 분츠였다. 분츠는 아무도 없는 험한 벌판으로 나가 금식을 하며 신이 나타나기를 기다렸다. 사흘째 되는 날 허기와 목마름을 이기지 못한 분츠는 그만 잠이 들었다. 그 때 꿈인지 환각인지 녹색과 금색의 옷을 입고 머리에 깃으로 만든 관을 쓴 젊은이 하나가 그에게 다가왔다. 그리고 분츠에게 말하기를 "모든 만물을 창조한 큰 신이 나를 네게 보냈다. 내 이름은 몬더민이라고 해. 그리고 앞으로 내가 네 스승이 될 거야. 그런데 조건이 있어. 내게 배우려면 우선 나와 싸워 이겨야 해. 그러니 그렇게 누워있지 말고 일어나서 나와 싸우자"라고 했단다. 분츠는 몸도 가누기 어려웠지만 혼신의 힘을 다해 몬더민과 씨름을 했다. 결국 지쳐 쓰러지긴 했지만. 그러자

옥수수밭. 그 안에 신전을 꾸며도 좋을 만큼 공간이 넉넉하다(ⓒFreestyle nl).

멕시코 옥수수의 신. 실제로 남미에는 수많은 옥수수신 형상이 존재한다(ⓒMR-FILM).

몬더민은 "오늘은 이만하면 됐다. 내일 다시 오마" 하면서 구름 속으로 사라졌다. 다음 날 몬더민은 약속대로 나타났고 또 분츠가 지쳐 쓰러질 때까지 씨름을 했다. 그 다음날도 마찬가지였다. 그 날, 즉 사흘 째 되던 날 씨름이 끝난 후 몬더민은 이렇게 말했다. "네 노력이 정말 가상하구나. 상을 줄만 하다. 큰 신의 뜻이 그러하니 오늘은 내가 너랑 싸우다가 죽을 것이다. 내가 죽으면 내 녹색 옷과 관을 벗기고 시신을 땅에 묻어줘라. 그리고 내 무덤을 자주 찾아와 잡초를 뽑아 다오. 그러면 몇 달 후에 내가 다시 살아 날 것이다" 라고 했다. 그리고 모든 것이 그가 말한 대로 되었다. 몬더민이 묻힌 자리에서 식물이 하나 높다랗게 자라기 시작했으며 몇 달 후 황금색의 깃털 달린 기다란 열매가 달렸다. 몬더민이 식물이 되어 다시 살아난 것이다. 분츠가 아버지에게 이 식물을 소개하며 말하기를 "이건 내 친구 몬더민인데요. 얘가 앞으로 우리를 먹여 살릴 겁니다. 내가 금식기도로 얻은 것이고요" 라고 했단다.[5] 몬더민mon-daw-min은 그 후 인디언어로 옥수수란 뜻이 되었고 옥수수는 인디언의 귀중한 식량이 되었다. 지금 옥수수는 식용보다는 가축의 사료로 더 많이 재배되고 있다. 그러나 옥수수를 먹인 가축을 사람들이 먹는 것이니 옥수수가 사람에게 귀중한 식물임에는 변한 점이 없다.

　그런데 이 이야기에는 성서 속의 이야기들과 놀랍도록 닮은 점들이 있다. 예수가 광야에서 금식기도를 한 것이 분츠와 같고, 큰 신 창조주가 몬더민을 보냈으니 이는 천사와 같은 것이며, 몬더민과 분츠가 씨름한 것과 야곱이 천사와 씨름을 한 것이 같고 다시 살아남, 즉 부활에 대한 이야기가 같다. 그리고 몬더민이 죽어서 '식량'으로 다시 살아난 것과, 예수가 제자들에게 와인과 빵을 나누어 주며 '내 피와 살'이라고 한 것에서도 유사점을 발견할 수 있다. 선사시대로부터 신에게 제물을 바치고 그것을 다시 나누어 먹음으로써 신의 축복을 받고자 했던 점은 우리의 제사 풍습과도 크게 다르지 않다. 이 때 제물로 바쳤던 것이 비단 추수한 곡식이나 어린 양 정도가 아니었다. 켈트 족의 경우 실제로 사람을 제물로 바쳤다는 것이 입증된 지 오래이다. 기독교도 곰곰이 따져 보면 예수를 제물로 바친 데에서 출발한 종교이다. 독실한 기독교 신자들에게 몰매 맞기에 딱 알맞은 말이지만 사실은 사실이다. 성경엔 그 외에도 제물에 대한 얘기가 많이 나온다. 이참에 성경을 제물의 관점에서 한 번 바라보면 어떨까.

　우선 카인과 아벨의 일화가 그 시작일 것이다. 그리고 아브라함이 자기 아들을 제물로 바치려 했던 것도 있다. 그러나 클라이맥스는 예수인데, 예수는 아예 제물이 되기 위해 이 세상에 보내진 존재다. 예수의 '피'로 사람들의 죄가 '씻겼다'고 말한다. 너무 많이 들어서 무감각해졌지만 곰곰 생각해 보면 끔찍한 이야기다. 예수가 신의 아들인 것을 전제로 한다면 신을 죽여 살아남은 것이 인간들이다. 천사 몬더민을 죽여서야 비로소 살게 된 인디언들 이야기와 뿌리가 같은 곳에 있음을 본다. 사실 '피로 씻는' 것 혹은 피로 제사를 지내는 것들은 고대에 늘 행해지던 의식이었다. 게르만의 영웅 지그프리트가 용의 피를 뒤집어쓰고 불사의 힘을 얻었다는 이야기도 그렇다. 이런 의식들은 죽음을 위한 것이 아니라 생명을 위한 것이다. 예수의 부활이 그렇다. 죽는 것으로 끝나는 것이 아니라 다시 살아나는 것으로 끝나는 것 역시 전설과 신화에서 흔히 볼 수 있는 현상이다. 고대에 해마다 같은 시절에 같은 의식이 행해졌던 것과 마찬가지로 지금의 종교에서도 해마다 의식이 반복되고 있다. 매년 크리스마스가 되면 예수는 태어나고 봄에 제물로 바쳐진 후 부활했다가 하늘로 올라간다. 간접적이나마 이렇게 사람과 천사 혹은 신과의 씨름은 오늘도 계속되고 있다.

식물의 길을 따라가다 보니 어느 새 신화의 세계 속에 깊숙이 들어와 버렸다. 역시 식물은 작전의 명수인 것 같다. 우리를 여기까지 끌고 온 것을 보면 무언가 의미가 있는 듯하다. 내친 김에 신화의 세계 속을 조금 더 살펴보는 것도 나쁘지 않을 것 같다. 신화와 식물은 어떤 관계에 있었던 것일까.

작전의 명수들

3

아름다운 저승, 서천꽃밭

새로 지은 사슴가죽 옷을 입고 반듯하게 누운 아이는 마치 깊이 잠든 것만 같다.
곱게 다듬은 편편한 돌 위에 아이를 눕히고 머리를 빗길 때 저절로 눈물이 흘러내렸다.
이제 아이의 웃음소리를 다시는 들을 수 없을 것이다.
곧 아이와 꽃사슴 사냥을 나갈 수 있으리라 믿었었는데……
사람들이 노란 국화꽃을 한 아름씩 안고 동굴로 들어오고 있다.
제일 앞에 선 아이의 누이가 낮은 소리로 노래를 부르기 시작한다.
동굴에 모인 사람들이 소리를 맞추며
아이의 시신 위에 꽃을 뿌린다.
나는 한 줌의 국화를 아이의 가슴에 문지른다.
국화의 향이 아이의 혼을 멀리 서천꽃밭으로 인도해 갈 것이다.
거기서 아이는 다시 살아날 것이다.
아이 할머니가 지난 봄에 따서 말려 둔 진달래 잎과 쑥을 한줌 쥐어 모닥불에 던져 넣는다.
곧 달콤하고 신선한 향이 동굴에 가득 찬다.
진달래 향은 저쪽 세상에서 아이의 심장을 다시 뛰게 하고 피를 돌게 할 것이다.
언제가 아이가 다시 태어날 때 또 내 아들로 태어나게 해달라고 지신에게 빌어본다.

- 사만 년 전 흥수아이의 장례식에서

위의 내용은 '흥수아이의 장례식' 이란 글에서 인용한 것이 아니라,
장례식 장면을 상상하며 필자가 새롭게 쓴 것이다.

아 름 다 운
저 승

신화의 세계로 접어들면 필연적으로 저승세계를 거치게 된다. 죽음은 인간들에게 가장 큰 골칫거리였다. 신과 사람을 가르는 경계가 바로 죽음이었기 때문이다. 그래서 간간히 죽지 않고 신선이 되어 하늘로 올라갔다는 사람들의 이야기가 전해진다. 누군들 신선이 되어 하늘로 올라가고 싶지 않겠는가. 그런데 가만히 보면 식물도 죽지 않는다. 아니 죽지 않는 것처럼 보인다. 나무를 보면 몇백 년 정도는 가볍게 넘긴다. 때로는 수천 년을 살아가는 나무도 있다. 꽃과 풀은 또 어떠한가. 겨울에 꼭 죽은 줄 알았는데 봄이 되면 어김없이 다시 살아난다. 우리도 이처럼 죽어서 땅에 묻히면 다시 살아날 수 있을까. 이런 생각을 왜 안했겠는가. 그 꽃과 풀을 먹으면 그들처럼 다시 살아나지 않을까? 이런 생각도 했을 것이다. 어딘가 영원한 생명을 주는 약초가 있을지도 모르겠다. 이렇게도 생각했다. 동서를 막론하고 사람들은 이 묘약을 찾고자 했다. 그런데 이 묘약이 어디에선가 자라고 있다고 믿고 이를 찾아 헤매는 사람들이 있었던 반면 이 약을 직접 만들겠다고 나선 사람들도 있었다.

묘약을 직접 만드는 것보다는 우선 그 약초가 자라고 있는 곳을 찾아보는 것이 쉽지 않을까 싶다. 우리의 신화 속에서는 그곳을 서천꽃밭 혹은 서천서역국이라고 한다. 멀리 서천서역국에 가면 꽃밭이 있는데 거기 환생의 꽃이 자라고 있다는 것이다. 이 서천꽃밭에 대한 신화는 여러 형태로 나타나고 있다. 그 중 가장 대표적인 것이 아마도 바리공주 이야기일 것이다. 그 외에도 서사무가가 전하는 신화 속에서 비교적 자주 만날 수 있는 것이 서천꽃밭이다. 여러 문맥으로 보아 서천꽃밭은 이승에 있는 것이 아닌 듯하다. 신화 전문가들은 서역국 혹은 서천이 다름 아닌 저승을 말하는 것이라고 설명하고 있다. 서쪽은 해가 지는 곳이니 죽음의 나라를 뜻하는 것이다. 전문가들의 해석이 아니라도 바리공주 이야기를 읽어보면 서천이 사람의 세상이 아님을 잘 알 수 있다. 혹시라도 서쪽으로 한참 가다보면 그 어딘가에, 예를 들어 티베트 정도에 생명꽃이 실제로 자라고 있을 것이라 믿고 싶은 사람들에게는 적잖이 실망할 이야기이다.

암튼 죽은 사람을 다시 살리려면 서천꽃밭, 즉 저승으로 가야한다. 거기서 환생꽃을 꺾어가지고 다시 인간 세상으로 돌아 올 수 있다면 죽은 사람을 다시 살릴 수도 있다. 다만 이건 자연의 섭리를 거역하는 것이 되겠고 하늘의 허락과 도움 없이는 할 수 있는 일이 아니다. 그래서 바리공주처럼 저승의 서천꽃밭을 다녀 온 사람들은 모두 신이 된다. 사람 세상에 그대로 두었다가는 기밀이 누설될 우려가 있었기 때문일까? 바리공주는 망인들을 저승으로 안전하게 인도하는 저승신이 되었다. 그런데 서천꽃밭에서 자라는 꽃은 두 가지 기능을 가지고 있다. 하나는 바리공주 이야기에서처럼 죽은 자를 살리는 꽃이고 다른 하나는 장차 아기가 될 꽃들이다. 이 서천꽃밭을 애초에 만든 이는 명진국 따님이라고 한다. 명진국 따님의 임무는 아이를 점지해 주는 거였다. 그래서 사시사철 따뜻한 극락땅을 찾아 잡초를 베어낸 후에 다듬은 돌로 대를 쌓고 서천꽃밭을 만들었다는

독일의 뒤셀도르프에서 공연되었던 바리공주 무용극의 한 장면(2011년 9월, 독일 뒤셀도르프, ⓒYoung Mo Choe)

것이다. 옥황상제에게 꽃씨를 얻어 삼월 삼짇날에 오색꽃을 심었다고 한다. 그리고 이 꽃이 번성하는 대로 인간에게 아기를 점지해 주었다는 것이다. 그러니까 바리공주가 죽은 자들을 서천꽃밭으로 인도해 가면 이들이 거기서 다시 꽃으로 태어나고 이 꽃들이 어느 정도 자라면 명진국 따님이 이 꽃들을 가지고 세상에 나가 아이로 태어나게 한다는 결론이 내려진다. 이렇게 바리공주가 세상에서 서천꽃밭으로, 명진국 따님이 서천꽃밭에서 세상으로 부지런히 오가는 사이에 몰래 들어와 꽃을 훔쳐가는 사람들이 생겼다. 그래서 꽃밭을 지키는 이가 채용되었는데 이를 꽃감관이라고 했다. 이 꽃감관은 사라도령이라고도 하고 이공이라고도 하며 김정국이었다는 여러 버전이 있다. 아마도 세 분이 교대 근무를 했을지도 모르겠다.

이 서천꽃밭의 신화는 사후세계에 대한 신화, 그리고 생명의 유래에 대한 신화 중 가장 아름다운 신화가 아닌가 싶다. 식물과 사람과의 관계를 규명하기 위해 여러 문명의 신화를 탐색해 왔지만 서천꽃밭처럼 아름다운 저승 이야기 혹은 생명순환 신화는 들어 본 적이 없다. 꽃을 통한 영원한 생명의 순환을 이야기하고 있는 것이다. 다만 어째서 이렇게 아름다운 신화가 우리의 생명 기원 신화로 '정식' 채택되고 있지 않은지 이해가 가지 않는다. 물론 서천꽃밭 이야기에는 여러 종교의 요소가 혼합되어 있다. 그 중에서도 불교와 도교적 요소가 가장 많이 녹아들어가 있다. 순수하게 우리 것이 어떤 것인지 가려내기는 쉽지 않을 것이다. 단군 시대 이전의 종교적 정체성이 어떤 것이었는지 확실히 아는 사람은 극히 드문 것 같다. 물론 오랜 인류의 역사 속에서 문화가 서로 융합되는 것은 지극히 당연한 일이다. 이제 와서 우리 것 남의 것 따지기도 쑥스러운 일이지만 그럼에도 신화를 접하다 보면 빨간 신호등처럼 시선이 가서 꽂히는 곳이 있다. 마치 세계 모든 인종이 모여드는 유명 관광지에서 한국 사람을 대뜸 알아볼 수 있는 것과 같은 이치인지도 모르겠다. 그런 의미에서 저승 신화 속, 극락이니 옥황상제니 하는 다른 종교의 요소들을 모두 제거하고 나면 꽃밭이 남는다. 그리고 꽃으로 다시 태어나는 것이 남는다. 한국의 저승은 독특한 저승이다. 한 번

불구덩이에 떨어지면 다시는 돌아올 수 없는 지옥도 없고 천국이나 극락에서의 영원한 삶도 없다. 저승은 수시로 드나들 수 있는 곳이며 마치 뒷동산 꽃밭같이 편안한 곳으로 그려지고 있다. 바리공주가 그녀의 부모를 다시 살린 곳도 뒷동산의 꽃밭이었다. 눈을 뜬 어머니가 대뜸 묻는 말이 "어디 꽃놀이 왔느냐" 였다. "한국인은 죽어 그 본향꽃밭에 다시 살아나는 것"으로 믿어 왔다고 한다.[1] 그럴지도 모르겠다. 나는 이런 저승이 좋다. 거기서 꽃으로 다시 살아간다면 더 좋을 것 같다.

지 중 해 의
서 천 꽃 밭

그런데 서천꽃밭에는 어떤 꽃들이 자라고 있나. 궁금하지 않을 수 없다. 그걸 알아야 어떤 꽃으로 태어날지 상상이라도 해 볼 수 있지 않을까. 아니면 뒷동산에 피어 있는 어떤 꽃이든 맘에 드는 대로 다 고를 수 있는 것인지. 유감스럽게도 우리 조상님들은 그림을 많이 남기지 않았다. 그래서 그런지도 모르겠지만 우리는 저승이라는 말을 들으면 향기로운 꽃밭보다는 우선 그림에서 본 여러 끔찍한 장면들을 연상할 수밖에 없다. 고대로부터 지금까지 그려지고 조각된 신화 이야기들이 전 세계 박물관을 그득하게 채우고 있으니 본 것을 연상할 수밖에 없는 것이다.

고대 그리스 역시 지옥과 천당을 따로 구분하지 않았다. 사람이 죽으면 자동적으로 지하세계로 갔다. 이 지하세계는 또 두 종류가 있었는데 하나는 보통 망자들이 가는 곳이고 다른 하나는 신들에게 불경죄를 범한 특수범들만 가는 철통감옥이었다. 일반 망자들이 지하세계에 가기 위해서는 일단 세상 끝으로 가야한다. 그곳에 가면 지하의 여신 페르세포네가 관리하는 숲이 있고 이 숲에는 버드나무, 오리나무, 포플러가 자라고 있다. 이 중 버드나무를 기억에 담아두는 것이 좋겠다. 숲을 지나면 큰 강이 나오는데 여기서 배를 타야 한다. 저승으로 데려가는 배라도 뱃삯은 내야 한다. 그렇기 때문에 망자들 혀 밑에 미리 동전을 넣어주는 것이다. 이 동전으로 뱃삯을 치른 뒤 배를 얻어 타고 한참 가다보면 갑자기 천길 낭떠러지로 떨어지게 되는데 그 낭떠러지가 지하의 세계로 연결된다. 마침내 지하세계에 도착한 망자들은 그림자 같은 존재가 되어 영원히 살아간다. 살아간다는 표현이 맞지는 않지만 하여간 그림자와 같은 존재성이 지속된다는 거다. 저승을 지키는 신은 하데스인데 제우스의 동생이다. 그러니까 형제가 천상의 세계와 지하의 세계를 각각 지배했던 것이다. 하데스는 이따금 죽은 자를 돌려보내기도 하고 산 사람을 납치해 오기도 했다. 오르페우스가 죽은 아내 에우리디케를 살려나오다가 아슬아슬하게 실패한 이야기가 전해지고 헤라클레스도 지하세계에 감금당한 동무를 구출해 낸 적이 있다. 특수범들의 감옥은 제우스가 친히 관리하는 곳이다. 그 유명한 시시포스가 큰 바위덩어리를 언덕으로 굴려 올리는 영원한 벌을 받고 있는 곳이 바로 이곳이다. 이곳은 하늘과 땅을 합친 거리만큼 먼 곳에 있는데다가 도저히 넘을 수 없는 성벽과, 불이 훨훨 타는 강으로 겹겹이 둘러싸여 있기 때문에 아무도 빠져나오지 못한다. 이 장면 역시 좀 기억해 둘 필요가 있다.

오르페우스가 아내를 데리고 나올 수 있었던 것은 제우스가 특별히 허용을 했기 때문이다. 그런데 감히 사람이 바리공주처럼 죽은 사람을 다시 살려낸 경우도 있다. 아스클레피오스라고 해서 아폴로와 사람의 여자 사이에 태어난 반신반인이 있었다. 우리로 말하자면 허준 쯤 되었던 것 같다. 약초로 사람을 고치는 능력이 뛰어나다 못해 다 죽어가는 사람도 살리더니 급기야는 죽은 사람을 다시 살려냈다. 그러자 지하의 신 하데스가 제우스에게 고자질을 했다. 죽은 사람은 엄연히 하데스의 소관인데 이를 살려냈으니 그런 불경이 없었다. 이에 제우스가 대노하여 아스클레피오스에게 번개를 던져 죽였다. 감히 신이나 할 수 있는 일을 했기 때문이다. 그러자 이번에는 아들을 잃은 아폴로 신이 분개하여 제우스의 번개를 만드는 장인들을 모조리 죽여 버렸다. 그 벌로 아폴로는 일 년간 소떼

그리스 신화 속 저승으로 데려가는 스틱스 강(구스타프 도레 판화, 1861년)

를 지키는 목동 노릇을 해야 했다. 이렇게 고대 그리스에서는 죽은 사람을 살리
는 것이 허용되지 않았고 사람의 삶은 일회적이라는 생각이 유효했지만, 나중에
피타고라스가 나타나 영혼의 윤회사상을 이야기하며 변화가 오기 시작한다. 로
마 시대로 들어가면서 이 윤회사상을 바탕으로 한 오비디우스의 "변신 이야기"
가 탄생한 것이다. 오비디우스는 기원전 1세기 전후에 살았던 로마의 시인이었
는데 고대로부터 내려오는 그리스와 로마의 신화를 집대성하여 『변신 이야기』
라는 책으로 남겼다. 사실 지금 우리가 알고 있는 그리스 로마 신화의 대부분이
오비디우스의 『변신 이야기』에 기인한다고 해도 과언이 아니다. 물론 그리스의
호메로스나 여러 시인들, 그리고 로마의 베르길리우스 등도 많은 신화 이야기를
전하고 있지만 오비디우스의 공헌은 이를 정리하여 무려 이백오십 개의 재미있
는 이야기로 한데 엮어냈다는 데 있다. 총 열다섯 권의 책으로 이루어져 있는데
이 책의 이름이 변신 이야기인 까닭은 이야기 속의 주인공들이 마지막에 꼭 동

물이나 식물, 돌, 혹은 별자리로 변하기 때문이다.

피타고라스의 윤회사상에 의하면 사람의 영혼은 나그네와 같아서 이 세상을 영원히 떠도는데 가끔씩 형태를 바꾸어 산다는 거였다. 피타고라스 자신도 예전에 오이포르보스라는 영웅이었지만 지금은 철학자가 된 사실을 똑똑히 기억하고 있다고 했다. 우주는 네 개의 요소, 즉 물, 불, 흙, 공기로 이루어져 있는데 이들이 수없이 합쳐지고 갈라지면서 음과 양의 두 극을 이루고 이 두 극 역시 밤이 낮으로 변하고, 빛이 어둠으로 변하는 것처럼 늘 합쳐지고 변화하는 것이라 하였다. 태어난다는 것은 이 요소들이 합쳐서 새로운 형상을 지니는 과정이며 죽는 것 또한 이 요소들이 서로 갈라져 다시 다른 것으로 재조합되는 과정이라고 설명했다. 사계절이 그러하듯이 모든 생명도 늘 새로워진다고 했다.

푸생이라는 화가가 그린 "플로라의 왕국"을 보면 그림 속에 그려져 있는 형상들은 모두 죽어서 꽃으로 환생한 존재들이다. 죽은 사람들과 죽어서 변한 꽃

"천사의 눈물" 계열 중에서도 완벽하게 흰 수선화 탈리아이다.

들이 같이 그려져 있어 마치 지중해성 서천꽃 카탈로그 같다고나 할까. 그림 한 가운데에서 명랑한 모습으로 꽃을 뿌리는 여인은 왕국의 주인 플로라, 즉 꽃의 여신, 혹은 봄의 여신이다(1). 좌우로는 왕국의 주민들이 배치되어 있다. 왼쪽부터 오른쪽으로 가면서 보면 가장 왼쪽에 검에 찔린 채 서 있는 것이 아이아스 장군이다(2). 그는 트로이 전쟁에서 혁혁한 공을 세운 영웅이었다. 아킬레우스 다음으로 용감했다고 전해진다. 아킬레우스가 죽었을 때 목숨을 걸고 그의 사체를 지켜낸 것도 아이아스였다. 당시에는 한 장수가 죽으면 남은 장수들이 서로 논쟁을 하여 이기는 쪽이 갑옷을 물려받는 풍습이 있었다. 아킬레우스 같은 영웅의 갑옷과 무기를 물려받는 것은 크나큰 영예가 아닐 수 없었을 것이다. 더욱이 그의 갑옷과 무기는 신들이 만들어 준 것이기 때문에 누구든 탐을 냈을 것이다. 장수들이 무술 실력을 겨룬 것이 아니라 논쟁을 벌여 승부를 갈랐다고 하니 다분히 그리스다운 방법이었던 것 같다. 아이아스와 오디세

"플로라의 왕국"(니콜라 푸생 그림, 1631년, 드레스덴 미술관 소장)

1.플로라 2.아이아스 3.클리티아 4.헬리오스 5.나르시스 6.에코 7.스밀락스 8.크로쿠스 9.히아킨토스 10.아도니스

우스 사이에서 경쟁이 붙었는데 물론 지혜롭기로 알려진 오디세우스가 이겼다. 이에 아이아스는 정신을 잃을 만큼 격분하였고 그 상태에서 오디세우스의 양떼를 모두 죽였다. 트로이 전쟁이 근 10년 진행되었으므로 그리스 연합군은 트로이 성 앞에 무작정 진을 치고 있을 수만은 없었으므로 양도 기르고 장을 열어 외국에서 물자도 조달하는 등 아예 살림을 차리고 있었다. 그런 양떼를 모조리 죽였으니 오디세우스에게는 커다란 타격이었을 것이다. 나중에 정신이 돌아 온 아이아스는 자기가 한 행동을 부끄러워 한 나머지 스스로 검에 몸을 던져 자살했다. 영웅의 삶치고는 어처구니없는 죽음이었다. 그의 피에서 아이리스가 자랐다는 설도 있고 흰 패랭이꽃이 피어났다는 설도 있지만 오히려 유력한 것이 그의 이름이 들어가 있는 투구꽃Consolida ajacis일 것이다. 그러나 푸생은 흰 패랭이꽃을 택했다. 아이아스의 검에서 흰 패랭이꽃이 커다랗게 피어나는 것이 보인다.

그의 옆에 앉아서 하늘을 바라보고 있는 요정 클리티아(3)는 황금마차를 타고

수선화가 들려주는 신화 이야기에 귀를 기울이고 있는 것일까?

요정 스밀락스의 가시 나팔꽃 열매
(ⓒHans Hillewaert)

아이아스 장군의 투구꽃(ⓒStickpen)

날아가고 있는 태양, 헬리오스(4)와 쌍을 이룬다. 헬리오스는 간혹 아폴로와 혼동되기도 한다. 아폴로가 빛을 관장하는 신이며 음악과 예언 등 여러 역할을 담당한 것에 비해 헬리오스는 오로지 황금 사두마차를 타고 하늘을 날아다니는 태양의 화신이다. 그런 그의 빛나는 모습에 반한 요정 클리티아는 종일 하늘만 바라보다가 결국 해바라기로 변했다. 그녀 옆에 놓여 있는 바구니 속의 해바라기가 이를 말해준다. 그런데 사실 해바라기는 16세기에 미대륙에서 유럽으로 넘어 온 꽃이다. 고대 그리스에 해바라기가 있었을 리 없다. 클리티아가 변해서 된 꽃은 헬리오트로피움이라는 꽃이라는 주장도 있다. 이 꽃은 해바라기와는 전혀 다른 식물이다. 사실 오비디우스는 꽃을 묘사만 했을 뿐이지 꽃 이름까지는 밝히지 않았다. 그렇기 때문에 정확히 어떤 꽃으로 변했는지 말하는 것 자체가 문제가 좀 있기는 하다. 클리티아의 경우 헬리오스가 그녀의 사랑을 받아주지 않자 땅 위에 앉아 맨발로 머리를 풀어헤친 채 9일 동안 먹지도 마시지도 않고 이슬과 자신의 눈물로만 연명했다고 오비디우스는 말하고 있다. 그러다가 그만 땅에 뿌리를 내려 급기야는 식물로 변했다는 거였다. 그런데 이 식물이 느낌은 좀 건조하고 색이 바랜듯하면서도 약간 붉은 기가 도는데다가 꽃은 또 제비꽃을 빼 닮았다고 했다.[2] 사실 헬리오트로피움이라는 꽃이 이 묘사에 어느

베를린 브리츠 공원. "꽃의 축"을 마감하는 정방형의 초원. "기억의 장(Tableau of Rememberance)" 이라는 이름이 붙어 있다. 1985년 이곳에서 정원박람회를 개최할 때 "우주, 대지, 자연" 이라는 키워드를 가지고 공간예술작품을 조성했었다. 긴 축의 형태로 만들어졌으며 좌우에 꽃을 심어 꽃의 축이라 불리기도 한다. 기억의 장은 바로 이 축의 끝점 혹은 시작점에 놓여 있다. 해마다 봄이 되면 십만 송이의 튤립과 수선화 그리고 포도히아신스(무스카리)를 심어 인간의 모태로서의 자연을 기억하는 의식의 장소이다. 서천꽃밭의 또 다른 개념일 수 있다.

정도 근접하는 것은 사실이다. 보라색이나 흰색, 연분홍 등의 잔잔한 꽃이 피며 실제로 햇빛을 따라 돈다. 해따르기라 해야 할까. 해바라기는 헬리안투스라고 해서 이름이 비슷하기는 하다. 아마 화가 푸생이 혼동했던 것 같다. 아니면 의도적이었을까?

누구나 짐작하겠지만 물속에 비친 자신의 모습을 보고 있는 나르시스(5)와 그런 그를 측은하게 바라보는 요정 에코(6)도 보인다. 그들 사이에 흰 수선화, 즉 나르시스가 피어 있다. 그림의 가장 오른쪽 아랫부분에 또 한 쌍의 연인이 있다. 청년 크로쿠스(8)와 요정 스밀락스(7)이다. 크로쿠스는 스밀락스의 사랑을 받아주지 않았다. 이를 알게 된 비너스가 괘씸해하며 청년을 크로쿠스 혹은 크로커스 꽃으로 변하게 했고 요정 스밀락스는 나팔꽃이 되게 했다는 이야기가 전해진다.

마지막으로 뒤편에 청년 둘이 서 있는 것이 보인다. 그 중 머리에 손을 얹고 있는 것이 히아킨토스이다(9). 그는 아폴로 신의 총애를 받았는데 어느 날 아폴로가 잘못 던진 원반에 머리를 맞아 죽는다. 이를 안타깝게 여긴 신이 그를 히아신스 꽃으로 다시 태어나게 한다. 파란 히아신스를 손에 들고 바라보고 있는 모습이 안타까워하는 것도 같고 어처구니없어 하는 것도 같다. 마지막으로 히아킨토스 옆에 서서 긴 창을 든 채 자기 옆구리를 바라보고 있는 청년이 미모의 아도니스다. 그와 비너스 사이의 염문은 아마도 클레오파트라와 안토니우스 사이의 이야기만큼이나 유명할 것이다. 질투에 불탄 비너스의 남편이 멧돼지로 변신해서 그의 옆구리를 들이받아 붉은 피를 흘리며 죽었다. 옆구리에서 흐르는 피가 꽃으로 변하고 있는 모습이 보인다. 그 꽃이 아네모네인지 아니면 붉은 복수초인지 그림만으로는 확실히 분간하기가 어렵다. 아도니스의 피가 아네모네가 되었다는 말도 있고 붉은 복수초가 되었다고 하기도 한다. 그러나 그리 중요한 것은 아니다. 여기서 중요한 것은 일단 여신 플로라와 아도니스라는 미소년의 정체이다. 아도니스의 정체는 나중에 밝혀보기로 하고 우선 여신 플로라와 그녀 왕국의 이야기를 먼저 해야 할 것 같다.

페르시아의 시인들이 여인의 아름다운 눈에 비교했던 "시인의 수선화(Narzissus poeticus)". 가장 오래된 원조 수선화이기도 한데 노란 데포딜에 밀려서 자주 못 보는 게 아쉽다. 흰 바탕에 가운데 꽃눈이 다른 수선화와는 달리 종 모양으로 돌출되어 있지 않고, 주홍빛 테두리를 두르고 있는 것이 특징이다.

아도니스의 붉은 피가 변해서 꽃이 되었다는 아네모네가 장관을 이루고 있는 어느 숲 속의 정경(ⓒCC-BY-2.5)

플 로 라
반 정 反正

🌿　이 그림은 몇 가지 흥미로운 사실을 감추고 있다. 일단 여기 나온 식물들을 다시 한 번 열거해 보자. 수선화, 흰 패랭이꽃, 히아신스, 크로커스, 나팔꽃, 해바라기, 복수초(아네모네) 등이다. 왜 푸생은 하고 많은 그리스 신화 속의 식물들 중 이들을 선택했을까. 예를 들면 '올림포스 신들의 꽃밭'에서 자라는 식물들이 플로라 왕국에 더 어울리지 않았을까. 그리스에도 서쪽 하늘 아주 먼 곳에 신들의 전용 꽃밭이 있었다. 물론 인간들의 접근이 금지된 곳이다. 이곳을 헤스페리데스 정원이라고 했는데 바로 여기서 일찍이 제우스와 헤라가 결혼식을 했다. 결혼식 날 대지의 여신이며 모든 신의 어머니인 가이아가 불멸의 황금사과 한 그루를 선물했다. 또한 그날 정원의 풀밭이 일제히 꽃밭으로 변했다고 한다. 신들은 이 보석 같은 꽃들을 꺾어 화관을 만들어 쓰고 결혼식에 참석했다. 세 명의 님프가 정원을 돌보고 있고 머리 백 개 달린 용이 황금사과나무를 지키고 있다.

이 헤스페리데스 정원이 에덴동산과 닮았다는 생각을 하는 건 그리 어렵지 않다. 서쪽 끝에 있는 꽃밭이라니 혹시 이곳이 서천꽃밭인가. 그런데 아니다. 이곳에 피어 있는 꽃들은 사람이 죽어서 된 것들도 아니고 나중에 사람으로 다시 태어날 꽃들도 아니다. 오로지 신들을 즐겁게 하기 위해 존재하는 꽃들이다. 아스클레피오스가 여기서 자라는 꽃을 꺾어다 사람을 살렸다면 모를까. 그런데 그렇지 않았다. 그는 메두사의 피로 죽은 사람을 살려냈다. 그러므로 그리스 신들의 서천꽃밭은 우리의 서천꽃밭과 성격이 달랐다.

그에 반해 플로라 왕국의 꽃들은 사람이 죽어서 된 꽃으로만 이루어져 있다. 그런데 왜 하필이면 플로라일까. 물론 꽃의 여신이긴 하지만 꽃과 관련해서 연상되는 비너스도 좋지 않았을까. 플로라는 그리스 신화에서는 찾아볼 수 없고 로마 시대에 탄생한 여신이다. 말하자면 차세대 여신이었다. 플로라가 비너스의

아폴로 신의 총애를 받았던 히아신스

자리를 차지한 건 아마도 이 그림이 17세기 중반에 그려졌다는 것과 관계가 있어 보인다. 이 무렵에는 플로라 왕국의 크로커스, 히아신스, 수선화 등이 튤립과 함께 유럽 전역에서 정원 식물로 인기를 끌기 시작했었다. 다만 이 그림에 튤립이 등장하지 않은 이유는 튤립 자체가 늦게 알려진 탓에 그에 얽힌 신화가 없기 때문이었다. 그럼 푸생은 당시 유행하던 꽃만 그렸던 것일까. 그것을 판단하기 위해서는 푸생이라는 화가와 그의 시대에 대해서 약간 설명이 필요하다. 17세기는 이미 살펴본 바와 같이 북에서는 네덜란드가 남에서는 로마가 양 축을 형성하던 시대였다. 예술사적으로 보면 르네상스의 성기였으나 이미 바로크의 조짐이 보이던 시대였다. 정치적으로는 곧 절대왕정이 닥칠 것 같은 예감이 공기

히아신스는 향기가 무척 강한 꽃 중의 하나이다.

중에 떠돌고 있었다. 프랑스 출신인 푸생은 누구보다도 이런 흐름을 먼저 읽었다. 물론 여러 해석이 가능하겠지만 비너스를 제치고 꽃들의 여왕으로 자리 잡은 플로라의 세대교체는 권력의 역행을 암시한다. 누가 뭐라고 해도 비너스는 올림포스의 일급 여신이었다. 푸생은 그의 그림에 막강한 일등급 신들을 내쫓고 플로라나 판 같은 이급의 신들을 등장시켰다. 이들은 자연신들이었다. 푸생은 자연 경관을 주로 무대로 삼아 이야기를 그려냈는데 유독 플로라를 주제로 비슷한 그림을 두 번이나 그렸다. 먼저 그린 그림에는 "플로라의 승리"라는 제목을 주었다. 이렇게 힘없는 꽃의 여왕에게 왕국을 만들어주고 그 왕국의 승리를 암시하여 '플로라 반정'을 이끌어낸 것이다.

푸생은 평생 프랑스를 벗어나 로마에서 살기를 원했다. 여러 번 시도 끝에 마침내 로마에서 자리를 잡고 화가로서 명성을 날린 것이다. 그 당시 프랑스에서는 리슐리외 추기경과 루이 13세 사이에 권력투쟁이 심화되고 있었다. 삼총사와 달타냥의 시대였다. 그에 반해 로마는 오랜만에 어진 교황 우르바노 8세를 만나 문화의 꽃을 활짝 피우고 있었다. 예술가라면 누구든 로마로 가고 싶어 했다. 17세기는 셰익스피어의 시대였고 갈릴레이와 뉴턴의 시대였으며, 코페르니쿠스의 태양중심설이 정설로 받아들여지면서 세계관이 뒤집기를 하던 때였다. 존 밀턴의 『실낙원』이라는 책이 베스트셀러가 되며 천국과 지옥에 대한, 신과 악마와 인간의 관계에 대한 생각을 근본적으로 뒤집어 놓기 직전이었다. 세상에서 한다하는 사람들이 로마로 몰려들었다. 1633년, 로마에서 작은 책자가 하나 출판되었다. 지금의 who's who라고나 할까. 이 책자 속에는 당시 로마에서 명성을 날리고 있던 지식인과 예술가들의 이름이 총망라되었었다. 적어도 두 가지 조건을 충족해야 이 책에 이름이 실릴 수 있었다. 우선 책을 한 권이라도 출판하여 지적 능력을 증명해야 했으며 1630년에서 1632년 사이에 로마에 거주했어야 했다. 일종의 지식인 서클 명단이었다. 그 책자에는 갈릴레이와 나란히 푸생의 이름이 들어있었다.[3] 이들이 추구하던 것은 고대였다. 요즘 한국에서도 앤틱이라고 해서 유럽의 고가구가 유행하듯 그들도 고대의 가구며 소품들을 모았다. 그러나 물론 가구를 모아서 인테리어를 꾸미는 데 목적이 있는 것이 아니라 고대의 신비에 도달하려는 데 목적이 있었다. 그들은 모여서 고대 이상사회에 대해 많은 토론을 했다. 새 시대를 꿈꾸었던 거였다.

그러던 차에 프랑스 궁정에서 푸생을 불러들였다. 궁정화가의 직책을 준 것이다. 이 핑계 저 핑계대어 귀국을 늦췄지만 어차피 피할 수 없었다. 프랑스 궁정으로 가서 일을 시작했으나 권력투쟁, 시기와 음모로 썩은 내가 가득한 궁정을

크로쿠스가 죽어서 이 꽃이 되어 영원히 살아간다. 검은 흙 속에서 어떻게 이렇게 희고 깨끗한 꽃이 나올 수 있는지 볼 때마다 신기해지는 꽃이다. 흰색, 노란색, 보라색이 있다.

붉은 아네모네와 흰 아네모네. 이 코로나리아 계통은 색이 다양해서 보라색, 흰색, 빨간색이 번갈아가며 거의 일년 내내 폈다지기를 반복한다. 물론 지중해 유역에서 가능한 일이다(ⓒMath Knight).

한시바삐 빠져나올 궁리만 했다. 결국 아내를 데리러 가야겠다는 핑계를 대고 휴가를 얻어서 로마로 돌아간다. 그리고 다시 파리로 가지 않는다. 때마침 파리에서는 실세를 장악하고 있던 리슐리외 추기경이 죽고 바로 그 다음해 루이 13세 역시 사망했다. 당연히 궁정은 혼란스러웠고 그 틈을 타 아주 로마에 눌러앉은 것이다.

이런 관점에서 그림 속의 꽃들을 다시 한 번 살펴보면 재미있는 사실이 드러난다. 나르시스와 크로쿠스는 신의 벌을 받아 죽어서 꽃으로 변했다. 뭐 큰 죄를 저지른 것도 아니다. 님프들의 사랑을 받아주지 않은 값을 죽음으로 치러야 했던 거였다. 그것이 사형을 받을 만한 큰 죄라면 살아남을 사람이 몇이나 되겠는가. 아이아스 장군 역시 아킬레우스와 오디세우스를 편애한 신들 덕에 비극적으로 최후를 맞았다. 클리티아는 신에 대한 상사병으로 죽었다. 히아킨토스는 신이 던진 원반에 맞아 죽었고 아도니스는 신의 뿔에 받쳐죽었다. 모두 직접 간접으로 신에 의해 죽음을 당한 존재들이다. 꽃으로 다시 태어나 영원한 생명을 살

수선화와 히아신스, 플로라 왕국의 주인공들

고 있다는 아름다운 이야기 뒤에는 신의 임의로 죽임을 당한 가여운 중생들의 모습이 숨어 있는 것이다. 그리스 신들이 서로 사랑하고 배반하고 질투하는 것이 꼭 사람 같아 보이지만 사실 인정머리라고는 눈꼽만큼도 없는 존재들이었다. 공평하지도 않았다. 그리고 막강했다. 이쯤 되면 푸생의 의도를 어렵지 않게 짐작할 수 있다. 신들이 상징하는 권력구조, 그들의 임의에 의해 외면당하고 받쳐 죽고 맞아죽는 가여운 중생들. 플로라는 이들을 구제하기 위해 신선한 봄처럼 등장한 여신이다. 그러므로 비너스여서는 안됐던 거였다. 플로라가 꽃을 들고 돌아다니며 위로하려 애쓰는 모습이 보이지 않는지. 고대로부터 내려오던 아르카디아에 대한 전설, 인간의 황금기, 생로병사가 없는 세상, 공평한 세상, 자유로운 세상, 그리고 그런 세상이 곧 오리라는 예언이 이 그림 속에는 들어 있다. 앞으로 백오십 년 후에 일어 날 프랑스 혁명을 앞당겨 그린 그림인 것이다. 그러고 보면 들라크루와의 "민중을 이끄는 자유의 여신"이 어쩐지 플로라와 닮아 보인다.

이 그림은 푸생이 유명세를 타기 전에 그린 것이다. 당시 푸생은 생사를 오갈 정도의 중병에 걸렸다가 오랜 투병 끝에 간신히 회복된 후였고 자신을 헌신적으로 간호했던 약혼녀와 결혼하여 새 삶을 시작했던 때였다. 그의 개인적인 체험도 상당히 녹아들어가 있을 것이다. 그가 생사의 기로에서 그렸던 플로라의 왕국은 다름 아닌 우리의 서천꽃밭이었다.

서천꽃밭이 이런 곳이었을까(ⓒLuu).

4

진달래가 피어야 봄이 온다

수로부인이 강릉으로 부임해 가는 남편 순정공을 따라 길을 가다가
바닷가에서 점심을 먹게 되었다.
그 곁에는 돌산이 천 길 높이로 두르고 있었는데
산꼭대기에 진달래꽃이 만발했다.
수로부인이 그것을 보고 좌우에게 말하기를
"꽃을 꺾어다 줄 사람이 누가 없을까?" 라고 하였다.
종자들이 말하기를 "사람이 발 붙여 올라갈 데가 못 됩니다"라고 하면서
모두들 못 하겠다고 하였다.
곁에 웬 늙은 노인이 새끼 밴 암소를 몰고 지나다가
부인의 말을 듣고는 그 꽃을 꺾어다 바치고 또 노래까지 지어 바쳤으나
그 늙은이가 어떤 사람인지 알 수 없었다.

자줏빛 바위 끝에
손에 잡은 암소 놓게 하시고
나를 아니 부끄러워하시면
꽃을 꺾어 바치오리다.

- 삼국유사 2권 수로부인 편, 『교감 역주 삼국유사』, 하정룡, 시공사, 2003.

겨 울
이 야 기

몇 해 전부터 겨울이 유난스러워졌다. 강추위라는 말이 마구 나돌고 눈도 많이 내린다. 한 이십 년가량 눈 없는 따스한 겨울을 지냈던 터라 즐거운 면도 없잖아 있다. 눈이 많이 내리면 설경이 장관이고 겨울 햇살에 보석처럼 반짝이는 눈꽃이 즐겁다. 그러다 문득 이거 지구에 빙하기가 다시 닥치는 것 아냐 하는 노파심이 들기도 한다. 마침내 버드나무에 물이 오르기 시작하면 봄을 향한 마음이 성급해진다. 겨울이 오면, 그 순간부터 사람들은 봄을 기다리기 위해 산다. 왜 우리는 봄을 기다릴까. 겨울이 뭐 어때서. 난방도 잘되고, 따스한 외투도 있는데 무엇이 걱정인가. 겨울에 먹을 것이 없던 시절도 있긴 했다. 그러나 지금은 장에 가면 사시사철 신선한 채소와 과일 그리고 여문 곡식을 살 수 있는데 무엇이 걱정인가. 식량이 걱정이 되어 봄이 오기를 초조히 기다리던 농부의 마음 같은 건 잊은 지 오래다. 봄의 꽃이 곧 가을 열매에 대한 약속이라는 연관성을 아무도 기억하고 있지 않다. 농부들조차도 이제는 '하우스'에서 사철 채소와 과일을 수확할 수 있고 지하공간에서 벼도 기를 수 있는 '기술혁신의 시대'이므로 아무 것도 절실하지 않다.

그럼에도 우리는 봄을 기뻐한다. 그러나 누구나 그러는 것은 아닌가 보다. 예를 들어 스밀라 양은 눈과 얼음만을 좋아한다. 1990년 대 초에 『스밀라의 눈에 대한 감각』이라는 소설이 베스트셀러가 된 적이 있다. 나중에 영화로도 만들어졌다. 한국에서는 2005년도에야 번역본이 나온 것으로 알고 있는데 덴마크 출신 페터 회라는 독특한 작가가 쓴 것으로 이야기가 거의 설경 속에서 전개되어 기억에 남아 있다. 주인공 스밀라 양은 그린란드에서 태어났는데 어머니는 원주민인 이뉴잇 족이고 아버지는 덴마크 출신의 의사였다. 나중에 성장해서 어머니가 돌아가시자 아버지의 나라 덴마크에서 살게 된다. 어느 추운 겨울날 우연히 이뉴잇 족 소년 하나가 옥상에서 떨어져 죽은 것을 목격하면서 이야기가 시작된다. 눈 속에서 태어나 얼음과 함께 자란 스밀라 양은 눈에 대한 감각이 뛰어나 눈의 흔적에서 소년의 죽음이 사고가 아닌 살인이었음을 짐작한다. 그리고 사건의 진실을 캐려다가 엄청난 모험에 휘말리게 된다는 이야기이다. 책을 너무 재미있게 읽은 터라 내친 김에 영화도 보았는데 책에서 느꼈던 이야기의 밀도와 섬세함의 근처에도 가지 못하는 범작이었던 것으로 기억하고 있다. 범죄 소설의 형식을 빌었지만 결국은 스밀라 양과 이뉴잇 족의 정체성에 대한 이야기였다. 그리고 그 정체성이 바로 눈▩과의 관계에서 드러나고 있다. 특히 인상 깊었던 것은 책의 제목처럼 스밀라의 눈▩에 대한 뛰어난 감각이었다. 평범한 사람들의 눈에는 그저 하얗게 보이는 눈에 실은 수십의 색의 변화가 있고 눈이 쌓인 모양이나 빙판의 결에서 흔적과 이야기를 읽어내는 '전문성'이 존재한다는 것이 상당히 흥미로웠다. 그래서 스토리는 다 잊었어도 설경 속에서만 제대로 숨을 쉴 수

설경이 아무리 근사해도 봄이 올 것을 알기 때문에 겨울을 견딜 수 있다.

있고 고향을 느낄 수 있다는 놀라운 스밀라 양을 기억하고 있는 것이다. 그러나 치명적인 것은 스밀라 양이 식물을 좋아하지 않는다는 거다. 식물로 이루어진 세상은 낯설고 번거로운데 눈과 얼음의 세상은 순수하고 익숙하다고 했던 것 같다. 그럴 수도 있겠다 싶었다. 그린란드나 알라스카의 얼음 세상에서도 사람들은 살아간다. 그러니 봄을 기다리는 설렘을 스밀라 양은 알지 못할 것이다. 그런데 대부분의 사람들은 반대로 스밀라 양의 얼음 세상에서 어떻게 살아가야 하는지 그 방법을 알지 못한다. 그래서 봄을 기다린다. 스밀라 양의 얼음 세상 바깥에서 사는 우리들에게 겨울은 목적지가 아니라 봄에 도달하기 위해 거쳐 가야 하는 여정일 뿐이다. 아무리 설경이 아름답다고 해도 언젠가 얼음이 녹고 진달래꽃이 필 것이라는 확신이 없다면 상황은 달라질 것이다. 비록 늘 의식하고 있지 않다 하더라도 누구나 겨울이 끝나기를 기다리고 있다. 만약 어느 날, "방금 기상청에서 들어온 소식입니다. 앞으로는 지구가 빙하기에 접어들어 겨울이 계속된다고 합니다." 이런 뉴스를 듣는다면 우리들은 모두 패닉 현상에 빠질 것이다. 겨울이 뭐 어때서. 스밀라 양은 이렇게 말할지도 모르겠다. 그러고 보면 스밀라 양은 신화에 등장하는 "겨울여신" 의 또 다른 모습일지도 모르겠다.

겨 울 의
쇼 다 운

농경사회에서 겨울은 가장 무서운 적이었다. 차가운 눈길 한 번으로 모든 것을 얼어붙게 만드는 매서운 겨울의 여신은 곧 죽음의 여신이기도 했다. 그래서 씩씩한 영웅이 겨울여신을 용감히 무찌르는 이야기를 들으면서 긴 겨울밤을 견뎌냈을 것이다. 북유럽의 유명한 영웅 서사시 지그프리트 이야기는 이렇게 단순하게 출발한 것이다. 누구나 한 번쯤 들어 본 적이 있을 것이다. 영원한 겨울의 나라 아이슬란드의 여왕 브륀힐데를 지그프리트가 정복하는 이야기이다. 이 얼음장같이 차갑고 눈처럼 아름다운 브륀힐데는 말할 것도 없이 겨울의 여신이다. 게다가 그녀는 무술이 뛰어난 여장부여서 당할 장사가 없었다고 한다. 마법의 허리띠에서 그 힘이 나왔다. 감히 도전했다가 비명에 간 장수들이 몇 명이었는지 모른다. 그래서 세상에서 가장 용감할 뿐 아니라 역시 마법의 도움을 받고 있는 지그프리트가 나서야했던 거였다. 그런데 재미있는 것은 지그프리트로 상징되는 봄의 승리가 곧 브륀힐데의 죽음이 아니라 혼인으로 이어진다는 것이다. 사람들은 이야기 속에서도 겨울을 영원히 제거하지 못하고 혼인을 시켰다. 때가 되면 일단 물러갔던 겨울이 어김없이 다시 온다는 사실을 알고 있기 때문에 죽여 봐야 소용없기도 했겠다. 또 그럴 수도 없는 것이 겨울이 비록 흉악하기는 해도 나락을 제대로 여물게 하기 위해서는 꼭 필요했다. 종자가 땅 속에서 충분히 휴식을 취하고 힘을 모아야 발아할 수 있는 것이다. 그래서 겨울이 '봄을 잉태' 해야 한다고 생각했다. 그리스 신화에서는 겨울의 여신이 없는 대신 지하의 여신이 있었다. 그리고 하필 그 지하의 여신 페르세포네의 상징물 중 하나가 잘 여문 나락이었다. 겨울 동안 지하에서 이 나락을 좀 잘 지켜달라는 염원을 바친 것이다. 청동기 시대에 시작된 농경문화의 신화에는 겨울신이 봄여신을 납치하여 지하세계로 데려간다거나 하는 유형의 이야기가 자주 등장한다. 위의 페르세포네도 지하세계의 대왕 하데스에게 납치당했던 거였다. 페르세포네는 제우스가 중재를 하여 일 년에 석 달만 지하에서 보내고 나머지 기간은 지상에서 보낼 수 있게 되었다.

켈트 족들은 아예 납치극이 벌어지는 날짜까지 정해놓고 있다. 십일

그리스 신화의 지하세계를 관장하는 페르세포네와 하데스. 나락과 꽃 그리고 닭, 즉 봄과 새벽을 지키고 있다.

월 초하룻날이 그날이다. 그 전 날 그러니까 시월 마지막 날 사람들은 분주히 움직였었다. 겨울신이 작물의 여신을 납치하여 지하로 내려가면 세상은 겨울신의 지배하에 들어가게 된다. 그러므로 겨울은 살아있는 것들의 세상이 아니라 죽은 것들과 정령들의 세상이라고 믿었다. 그러므로 이제 세상을 겨울에게 내주어야 하니까 사람들이 할 일이 많았던 것이다. 추수는 물론이고 마지막 약초도 캐서 말려두고, 땔감도 넉넉하게 장만하였고, 창고에 곡식도 쌓아두었으니 마지막으로 가축을 축사에 몰아넣으면 준비는 끝났다. 그날 저녁, 해가 지면 지하세상의 문이 열리고 귀신과 정령들이 일제히 쏟아져 나왔다. 사람들은 정령들이 길을 잘 찾을 수 있도록 호박으로 만든 등불을 세워놓았다. 그리고 들판에 나가 짚이나 버드나무 가지로 만든 허수아비를 태웠다. 이 허수아비는 한 해 동안 지은 죄를 상징하는 것이라고 한다. 이렇게 죄를 말끔히 태우고 집으로 돌아 와서는 집 안을 또 말끔히 치웠다. 이 날은 조상신들도 집으로 오는 날이기 때문이었다. 벽난로에 불을 지피고 의자와 테이블을 앉기 편하게 배치해 둔다. 그리고 맛난 음식을 차려놓고 자러갔다. 한국과는 달리 유럽의 조상신들은 자손들이 자고 있는 사이에만 다녀가기 때문이다. 그 날은 오리, 칠면조 등 날개 달린 짐승의 고기나 물고기를 먹는다. 지상의 것은 먹지 않는다.

삼하인.
지금의 할로윈은 겨울제에서 출발했다.

다음 날 새벽, 겨울이 정식으로 시작되면 삼하인이라고 불리는 겨울신 神의 세상이 된다. 사나운 사냥의 신이기도 한데 바로 이날 여름 동안 세상을 지배했던 신성한 사슴을 죽이고 작물의 여신을 납치하여 지하의 세계로 데려가는 거였다. 지하에서 작물의 여신은 죽음의 여신으로 탈바꿈한다. 죽음의 여신이란 모든 것을 죽이기 때문에 죽음의 여신이 아니고 죽은 것들을 지키기 때문에 그리 불리는 것이다. 죽은 이들의 혼을 지키고 종자와 동물들의 겨울잠을 살핀다. 이 때 그녀는 늙고 구부러진 마녀와 같은 모습으로 변한다. 그녀가 가끔 지상으로 나와 마른 풀이나 나뭇가지들을 살피는데, 눈이 밝은 사람들, 신기神氣가 있는 사람들은 그녀를 알아 볼 수 있다고 한다. 새들도 이미 남쪽으로 날아갔으니 세상은 텅 빈 죽음의 세상이 된 것이다. 지금의 할로윈이 바로 여기서 유래한다.

물론 그리고 나서 봄이 올 때까지 얌전히 기다리기만 하는 것은 아니다. 밤의 길이가 가장 긴 동짓날, 사실상 겨울신의 통치기간이 끝난 것으로 보았다. 그렇다고 봄의 여신이 갑자기 튀어나오는 것은 아니다. 이날 땅 속 깊은 곳에서는 죽음의 여신이 태양의 아이를 낳는다. 이 아이가 성장할 때까지 조금 더 기다려야 하지만 이제 사람들은 안도의 숨을 내쉬고 봄 준비를 시작한다. 이 동짓제는 꼬박 12일 동안 지속된다. 촛불을 켜놓고 소나무 가지, 겨우살이, 호랑가시나무 등 푸른 식물을 모아서 집안 여기저기에 장식해 놓는다. 그리고 지난 한 해 동안 모아서 말려둔 아홉가지 약초를 유향과 섞어 쇠향로에 넣고 태운다. 그들이 쓰던 쇠향로는 손잡이가 달려있어서 들고 다닐 수 있게 만들어졌다. 이것을 들고 집안을 다니며 구석구석 향을 쏘이기를 12일 동안 하는 것이다. 그리고 마지막 날 저녁이면 마을 사람들이 모두 모여 떠들썩하게 축제를 벌인다. 사람들이 과일나무 주변을 춤추며 돌면서 나무에 맥주를 뿌리면 이제 사슴으로 분장한 사람이 나타나 사슴춤을 춘다. 이 춤의 요지는 땅을 발로 굴러 지하에 묻혀 있는 신들과 교신하는 거였다. 무전을 치는 것이다. 쿵쿵 쿵쿵쿵, 쿵쿵 쿵쿵쿵. 빨리 나와라, 빨리 나와라. 뭐 이런 리듬이었을지도 모르겠다. 이제 봄의 신으로 거듭나서 세상에 나올 준비를 하라는 뜻이다. 우리가 정초에 행하는 지신밟기와 똑같다. 그런데 요즘은 사슴신들이 산타할아버지의 썰매를 끌고 세상을 돌아다니며 선물

손잡이 달린 향로. 이걸 들고 온 집안에 12일 동안 약초를 태워 잡귀를 몰아낸다.

을 전해준다. 바로 동짓제에서 성탄절과 연말연시 두 개의 명절이 갈라져 나온 것이다. 겨울을 보내고 봄을 맞이하기 위해 사람들은 이렇게 모닥불을 환하게 피우고 소리 지르며 요란하게 발을 굴러 겨울세상을 지배하고 있던 귀신과 정령들을 완전히 내몰고자 하였다. 농경사회를 멀찍이 뒤로 한 지금에도 이 의식은 어김없이 치러지고 있다.

독일에서 생활하며 가장 의아했던 것이 그들의 축제 모습이었다. 그 중에서도 특히 십이월 말일에 치르는 연말 축제가 유독 낯설었다. 평소에는 심각하고 조용하던 사람들이 그 날이 되면 모두 광인들로 변한다. 말일을 며칠 앞두고 폭죽 소리가 여기저기서 들리면 아 또 다시 연말이 다가오는구나 알게 된다. 주로 청소년들이 성급하게 폭죽을 터뜨리는데 그 때문에 정확하게 12월 27일 이후부터 폭죽을 판매하는 제도가 마련되었다. 십이월 말일 자정에 폭죽을 터뜨리지 않는 사람들은 간첩이다. 남녀노소, 교수부터 노동자까지 모두 쏟아져 나와 골목에서 폭죽을 터뜨리고 발코니에서 라켓을 쏘는 통에 온 도시가 전쟁터를 방불케 하는 아수라장이 된다. 폭죽이 터질 때마다 모두 "Happy New Year"라며 고래고래 소리를 지른다. 그리고 자정이 되면 모두 한 목소리로 카운트다운을 하고 샴페인 잔을 부딪친다. 와인이나 맥주가 아닌, 병을 따면 펑 소리가 나는 샴페인을 마셔야 한다. 그리고 밤새도록 춤을 춘다. 성탄절이 철저히 가족과 지내는 날이라면 연말 축제는 철저히 친구들과 함께 노는 날이다. 될수록 시끄럽게,

될수록 요란하게 춤을 추며 망가지는 날이다. 연초에 사흘간 공휴일이 잡혀 있는 것은 연말의 광휴을 잠재우기 위해 시간이 필요하기 때문이다. 조용히 한 해를 돌아보고 새 해의 계획을 짜고…… 이런 건 아무도 하지 않는다. 하도 궁금해서 물어보았다. 꼭 명상의 시를 쓰며 한 해를 보낼 것 같은 사람들이 어찌 그리 시끄러운가. 대답은 간단했다. 그래야 귀신들이 놀라서 도망친다는 거였다. 처음엔 농담인 줄 알았었다. 그러나 시간이 흐르고 그들을 좀 더 깊이 이해하게 되면서 그것이 진심임을 알았다. 월력이 일력으로 바뀌고 기독교의 도입으로 전통적인 계절제가 교회의 각종 명절로 탈바꿈하면서 날짜에 조금 혼선이 빚어지기는 했지만 이렇게 각자 자신들의 신년 굿을 행하는 거라고나 할까. 아직도 대지의 죽음과 부활을 굳게 믿는 것 같고, 때맞추어 의식을 치르지 않으면 안 된다는 생각이 깊이 뿌리내려 있는 거다.

에드워드 번존스의 그림, 사계절을 그린 사부작 중 "겨울". 여성으로 의인화된 겨울이 불을 쬐며 독서에 열중해 있다. 겨울의 삭막한 모습을 휘장으로 가려 보이지 않고 읽고 있는 책의 표지에 꽃이 그려져 있어 봄을 암시하고 있다(1869년 작, 밴쿠버 맥밀런 앤 패린 미술관 소장).

봄
이 야 기

월력으로 2월 1일이 되면 드디어 성급한 봄의 축제날이 온다. 이 날엔 지하에 머물던 여신이 드디어 빛의 여신으로 새로 태어나 지상에 나타나는 날이다. 얼마나 기다렸던가. 빛의 여신은 죽음의 여신이 낳은 태양의 아기이기도 했다. 그러니까 자신이 스스로를 낳은 것이다. 이제 그녀는 화사하게 빛나는 모습으로 사슴을 타고 나타나 세상을 돌아다니며 땅 속의 씨앗을 깨우고 나무를 흔들어 즙이 다시 흐르게 한다. 그리고 곰과 혼인을 한다. 이 곰은 다름 아닌 겨울의 신 삼하인이 변신한 것이다. 이제 여신은 풍만한 작물의 여신이 되고 태양신은 재주가 많은 농사의 신이 된다. 겨울이 오면 다시 사냥의 신 삼하인이 되어 작물의 여신을 지하로 데려간다는 식의 순환을 계속하는 것이다. 계절은 네 번이지만 여신은 봄, 여름, 겨울 이렇게 세 번 변신한다. 순결한 처녀의 모습으로 태어나 어머니가 되었다가 늙은 죽음의 여신으로 변신하는 과정. 이것을 삼여신일체Tripple Goddess라고 한다. 그 중 봄의 여신을 브리지트라고 했는데 아마도 가장 많은 이야깃거리를 낳은 여신의 모습일 것이다. 게르만 족은 같은 여신을 프라이아라고 불렀고 로마에서는 플로라가 되었다. 그런데 정작 신화가 많기로 유명한 그리스 신화에서는 특별하게 브리지트에 대응하는 여신을 꼽기가 어렵다. 올림포스의 신들은 계절에 따라 변신하는 자연 신들이 아니라 마치 자리 잡힌 관공서 공무원들처럼 각자 맡은 부서가 따로 있었다. 그래서 여러 신들이 서로 협업하여 식물을 키우고 여물게 했다. 그것을 로마에서 받아들인 후 꽃의 여신 플로라를 탄생시켜 복잡한 이야기를 만들어 냈는데 요약해 보면 이렇다.

신들의 왕 제우스, 즉 로마의 주피터는 천둥과 번개를 일으켜 날씨를 관장했다. 그의 아내는 그리스에서는 헤라라고 했고 로마에서는 주노라고 했는데 역할로 보아서는 우리의 삼신할머니와 흡사하다. 아이를 점지해 주고 가정을 보호하는 것이 주노 여신이었다. 게다가 여러 여신들을 거느리는 내명부 대장이기도 했다. 주노는 플로라 여신에게 꽃과 곡식을 자라게 하라는 명령을 내린다. 그런데 꽃과 곡식이 너무 많다보니 플로라 혼자 감당하기가 어려웠다. 그러므로 일을 도와주는 요정들이 필요하였다. 요정들은 상당히 세분화된 임무를 수행했다. 샘물의 요정, 강의 요정, 호수의 요정, 바다의 요정 등 물을 담당하는 요정들만 해도 꽤 많다. 그리고 숲과 나무의 요정이 있었으며 산과 동굴을 관리하는 요정도 있었다. 물론 초원의 요정도 있었고 골짜기를 담당하는 요정, 비를 담당한 요정이 각각 따로 지정되었고 일곱 개의 행성을 관리한 요정도 있었다. 이들이 모두 분주하게 움직이긴 했지만 한 가지 이들이 할 수 없는 일이 있었다. 봄바람이었다. 지중해에서는 봄바람이 서쪽에서 불어온다. 해마다 부드러운 서풍이 불어야 식물이 긴 겨울잠에서 깨어날 수 있었다. 이 서풍의 신은 제피로스라고 했다. 그러므로 서풍의 신 제피로스는 플로라에게 없어서는 안 될 존재였다. 이들은 봄마다 만나 사랑을 나누는 사이가 되었다. 샘의 요정들이 미처 적시지 못한 땅에는 제우스 혹은 주피터가 친히 번개를 던지고 천둥을 보내 큰 비를 내리게 했다. 이것이 바로 최고신의 본업이었던 것이다. 달의 여신 루나도 한 몫을 했다. 밤마다 식물에게 단 이슬을 내려주는 것이 그녀의 사명이었다. 루나는 오빠가 있는데 매일 황금의 사륜마차를 타고 하늘을 도는 태양신 헬리오스였다. 해바라기로 변한 요정이 사모하던 바로 그 헬리오스였다. 그는 햇빛을 듬뿍 내려주어 식물이 무럭무럭 자라게 했으며 여름 내내 땀 흘리며 열매를 영글게 하는 것은 농사와 수확의 여신 케레스의 임무였다. 그녀의 딸 프로세르피나, 즉 그리스의 페르세포네는 지하세계에서 초조한 심정으로 겨울을 보내며 초봄에 종자를 발아시키는 책임을 맡았다. 식물은 이렇게 거의 모든 신들이 총동원되어 합심으로 정성스레 키우고 가꾼 귀한 존재였다. 이를 위해서 어두운 지하세계로 내려가는 것조차 마다하지 않았다. 그 일이 얼마나 힘겨웠으면 신들조차 혼자 감당을 못해 여럿이 힘을 합쳤겠는가.

플로라와 제피로스의 이야기를 그린 그림이 많지만 그 중 보티첼리의 "봄"이라는 그림이 많이 알려져 있다. 이야기가 펼쳐지는 곳은 오렌지나무 숲이다. 공

보티첼리의 "봄"(Primavera, 1482~1487년, 피렌체 우피치미술관 소장)

중에 떠도는 귀여운 큐피드가 막 화살을 쏘려고 하고 있다. 사랑의 계절, 봄이 시작됨을 알리는 것이다. 이 그림은 오른쪽에서 왼쪽으로 가면서 보는 것이 좋다. 제일 오른쪽에 어두운 푸른빛으로 볼을 볼록하게 부풀이고 있는 것이 서풍 제피로스(1)이다. 지금 막 플로라(2)를 덮치려하고 있는 장면이다. 어떻게든 둘의 사랑이 이루어져야만 한다. 그래야 플로라가 우아하고 산뜻한 봄의 여신으로 다시 태어나게 되기 때문이다. 꽃을 뿌리는 아름다운 여신(3)의 모습이 바로 다시 태어난 플로라이다. 그 다음, 즉 그림의 중앙에 서 있는 여인이 바로 비너스이다. 다른 그림에서와 달리 여기서 비너스는 플로라에게 주인공 자리를 내어주고 자신은 좀 뒤로 물러나 있다. 그 다음 세 명의 여인들이 그룹을 이루고 서 있는 것은 말할 것도 없이 그 유명한 "세 명의 미녀"들이다. 주노, 미네르바 그리고 비너스이다. 이들은 비너스를 그릴 때면 종종 함께 그려지곤 한다. 이 세 명의 미녀 중 한 명이 비너스이니 이 그림에는 플로라만 두 번 등장하는 것이 아니라 비너스 역시 두 번 등장하는 것이다. 이런 식으로 같은 인물을 한 그림에서 여러 번 그려 이야기를 전개시키는 것이 중세에 시작된 기법이다.

마지막으로 제일 왼쪽에 서있는 청년이 메르쿠리우스이다. 상업, 교역의 신이기도 하고 집을 지켜주는 수호신이기도 하다. 잘 알아보기 어렵지만 지팡이를 치켜들고 다가오는 검은 구름을 막고 있는 것을 알 수 있다.

이 그림에 대해서는 다양한 해석이 있다. 그 중에서 가장 흥미로운 것이 아마도 이 그림의 삼중구조일 것이다. 표면적으로 보면 꽃이 피어나는 사랑의 계절, 봄을 노래한 것으로 보인다. 다른 한편 오른쪽에서부터 제피로스는 3월을, 플로라는 4월, 비너스는 5월 이런 식으로 가다가 가장 왼쪽의 메르쿠리우스에 와서 9월이 된다는 점성학적 해석도 있다. 그러나 다시금 자세히 들여다보면 또 다른 흥미로운 이야기를 읽을 수가 있다. 그 열쇠를 쥐고 있는 것이 바로 비너스이다. 그녀는 뒤로 비껴서있을 뿐 아니라 평소와는 달리 조신하게 의복을 갖춰 입고 있다. 그녀는 여기서 또 다른 역할―그리 잘 알려져 있지 않은― 부부애의 수호여신으로서 임무를 수행하고 있는 것이다. 마치 결혼식의 주례를 서는 것 같은 포즈를 취하고 있음에 주목해야 할 것이다. 약간 치켜 든 오른손은 축복을 내리는 것 같다. 시선은 왼쪽에 두고 있다. 이로써 그림의 오른쪽과 왼쪽을 연결해 주는 매체 역할도 하고 있는 것이다. 여기서 세 명의 미녀들은 각각 사랑, 아름다움, 정절이라는 개념의 삼위일체를 나타낸다.

르네상스 시대에는 세력 있는 집안에서 혼사가 있을 때 기념으로 이런 유형의 그림을 그리게 했다. 이 경우 혼인한 사람이 그 유명한 메디치 가문의 로렌초 1세였음도 알 수 있다. 배경으로 그려진 오렌지나무 숲과 월계수가 그 사실을 알려주고 있다. 오렌지나무는 메디치 가문의 가목이며, 월계수는 로렌초 개인의 상징목이다. 로렌초는 르네상스 예술사에서 적지 않은 비중을 차지한다. 플로렌스의 군주로 군림하며 휴머니즘에 바탕을 둔 정치를 펼치려 애썼고 특히 예술을 사랑하여 후원을 아끼지 않았다. 그의 후원을 받은 대표적인 예술가들이 바로 보티첼리와 미켈란젤로였다. 이 그림은 로렌초가 혼인할 때 기념으로 그리게 한 것이었다. 온갖 신들을 죄다 동원하여 다복하고 번창할 것을 기원한

소년 시절의 로렌초 메디치 1세(메디치 가문의 행렬을 그린 그림 중 일부). 그의 머리 뒤에 후광처럼 올리브나무가 받쳐주고 있다(베노초 고촐리 작, 연대 미상, 피렌체 리카르디 메디치 빌라 소장).

것이다. 그러나 보티첼리쯤 되면 청탁을 받은 결혼식 그림이었더라도 남모르는 다른 의미를 새겨 넣었을 가능성이 크다. 대가들의 작품이 이렇게 다중구조를 가지고 있는 것은 흔한 일이다. 알브레히트 뒤러 역시 그만이 알고 있는 깊은 이야기들을 늘 어딘가 감춰두곤 했다. 대개는 연금술이나 밀교와 관련된 얘기들이었다. 보티첼리의 "봄"은 그리스 철학 자체에 대한 알레고리로 해석되고 있다. 플라톤이 얘기한 우주의 정신이 지상에 내려와 우주적 사랑, 절대적 아름다움과 에로틱이 되었다가 이것이 다시 우주로 되돌아가는 순환체계를 묘사하고 있다는 것이다. 이런 복잡한 삼중구조를 창작해내면서 보티첼리는 홀로 많은 정신적 쾌감을 느꼈을 것만 같다. 혹시 잘 찾아보면 네 번째 의미가 숨어있을지도 모를 일이다.

아 도 니 스 의 정 체

미소년의 대명사로 일컬어지는 아도니스의 정체를 밝혀낼 순서인 것 같다. 그는 특이하게도 나무에서 태어났다. 그 사연은 이렇다. 키프로스 섬의 왕 키니라스에게 공주가 있었는데 누구든 한눈에 반하게 할 만한 미모를 가졌다. 공주의 이름은 뮈라였다. 그녀의 어머니가 자신의 딸이 비너스보다 아름답다며, 딸의 미모를 찬양하였고 뮈라 역시 자만심에 빠져 비너스에게 충분한 경의를 표하지 않았다. 이를 괘씸하게 여긴 비너스가 뮈라에게 자신의 아버지를 사랑하도록 하는 저주를 내렸다. 뮈라는 정체를 숨기고, 아버지와 동침하여 잉태하게 된다. 나중에 그 사실을 안 키니라스 왕은 격노하여 칼을 들고 딸을 죽이겠다고 달려들었다. 뮈라는 도망 다니며 신들에게 도움을 요청하였고, 신들은 그녀의 간청을 들어 나무로 변신시켰다. 열 달이 지나자 나무가 갈라지면서 그 속에서 아기 아도니스가 나왔다. 비너스가 해산의 여신도 겸임했으므로 이를 지켜보았고 태어난 순간부터 아기가 너무 예뻐서 비너스의 눈에 들었다. 어머니가 나무로 변했기에 돌봐줄 사람이 없었으므로 비너스가 양육을 맡았다. 여신이 직접 아이를 기를 수는 없었으므로 요정들에게 돌보게

아도니스의 어머니가 변해서 된 머틀 나무의 꽃 (*Myrtus communis*). 가장 향기로운 꽃 중 하나로 고대에 향수의 원료로 널리 쓰였다. 해리포터에도 등장한다. 여학생 화장실에 출몰하는 여학생 귀신의 이름이 바로 이 머틀이었다(© Forest Starr & Kim Starr).

했다. 어느 날 지하의 여신 프로세르피나(페르세포네)에게 잠시 맡겼는데 그녀 역시 아기가 예뻐 다시 내어주려고 하지 않았다. 그래서 결국 주피터에게 고하게 되었고 주피터가 판결을 내리기를 아이가 일 년에 석 달은 지하에서, 여섯 달은 지상의 비너스에게서 시간을 보내고 나머지 석 달은 자유라고 했단다. 아도니스는 이 석 달도 비너스 곁에서 보낸다. 그는 장성하여 결국 비너스의 연인이 되고 비너스의 남편에게 죽임을 당하게 되는 것이다. 이 이야기는 수많은 작가들의 상상력을 자극하였던 것 같다. 그림도 수없이 그려졌지만 시인들이 꾸준히 노래로 지어 불렀기 때문에 이야기에 살이 붙고 성형이 가해져 아도니스의 정체를 알아보기 어렵게 되어 버렸다.

비너스와 아도니스 이야기가 우리의 관심을 특별히 끄는 것은 아도니스의 죽음과 연관되어 세 개의 꽃이 탄생했기 때문만은 아니다. 사실 비너스와 아도니스의 관계는 꽤 복잡하다. 비너스의 화려한 전력으로 볼 때 이렇게 출생부터 사망까지 한 생명을 지극정성으로 챙겼다는 것부터가 비정상적인 일이다. 그러나 이 복잡한 관계에 대한 규명은 일단 뒤로 미루고 아도니스와 관련된 세 개의 꽃들부터 살펴보면, 우선 양귀비가 있고, 아네모네와 붉은 복수초가 있다. 양귀비는 아도니스가 죽자 비통해하면서 흘린 비너스의 눈물이 변해서 된 것이다.[1] 한쪽에서 그녀의 아름다운 눈물이 한 방울 한 방울 양귀비꽃으로 변하고 있는 동안, 그녀는 아도니스가 흘린 피에 향료를 뿌렸다. 그러자 핏방울이 핏빛의 아네모네로 변했다고 한다. 그런데 여기서 좀 혼선이 생긴다. 아네모네가 아니라 붉은 복수초로 변했다는 설도 있다. 그래서 복수초의 학명도 아도니스인 것이다. 그것이 아네모네로 변한 것은 오비디우스라는 시인 덕분이다. 그의 책 『변신 이야기』에서 아도니스의 피가 "바람처럼 덧없는 붉은 꽃"[2]으로 변했다고 했다. 바람은 그리스어로 아네모스라고 한다. 그래서 바람처럼 덧없는 붉은 아네모네가 된 것이다. 아네모스는 거센 폭풍도 아니고 산들바람도 아니고 그저 어느 새왔다가 덧없이 지나가는 바람이다. 이 바람의 이름을 딴 아네모네는 미소년의 죽음처럼 허무하게 빨리 지는 꽃이며 바람에 실려 꽃잎도 씨앗도 멀리 멀리 날

비너스의 눈물이 양귀비로 변했다.

아테네의 폐허에서 사는 비너스 혹은 아프로디테의 눈물, 바로 양귀비 꽃이다.

아가 버리는 꽃이다. 너무 멀리 날아가 온 세상을 다 돌아다녔는지 지구 어디에고 온난한 기후대에 아네모네가 자라지 않는 곳이 없다. 그리고 그 가녀린 모습으로 가는 곳마다 많은 사람들의 심금을 울렸다. 그래서인지 어느 새 예수 그리스도와 성자 성녀들을 상징하는 꽃이 되었다. 그러고 보면 그리 덧없는 꽃은 아닌 성 싶다.

비너스와 아도니스의 이야기는 예술가들의 상상력을 자극하기에 충분한 요

좌: 붉은 복수초(*Adonis annua*). 아도니스의 붉은 피가 변해서 되었다는 꽃 중의 하나이다.
우: 붉은 아네모네(*Anemone coronaria*). 아도니스의 붉은 피가 변해서 되었다는 또 하나의 꽃이다. 붉은 복수초와 몹시 흡사하지만 꽃잎이 둥글고 짧으며 서로 붙어 있는 점이 다르다. 실물을 보면 식물 자체의 모양에서도 쉽게 구분이 된다.

소들을 갖추고 있다. 오비디우스 뿐 아니라 수많은 시인들이 노래를 지어 불렀고 그림은 또 얼마나 많은지. 셰익스피어 역시 여기 가담하여 "비너스와 아도니스"라는 제목의 장편서사시를 지었다. 그리고 스스로 가장 잘 된 작품이라고 말했다 한다. 그래서 시간이 흐르며 부풀려질 대로 부풀려진 이 이야기에서 바람을 다 빼고 단순하게 해석하면 이렇다. 비너스는 본래 모든 문명권에서 공유하던 대지의 여신, 생산의 여신에서 출발하였다. 대지의 여신은 모두의 어머니이기도 했다. 어미가 없는 아도니스의 양육을 맡은 것이 바로 그 증거이다. 이런 관점에서 바라보면 아도니스도 그저 미소년이 아닌 것이다. 나무에서 태어나서 죽어 꽃으로 환생한 아도니스, 지하의 여신에게 석 달을 맡겨졌다가 다시 지상으로 와서 여섯 달을 지내는 동안 대지의 여신으로부터 듬뿍 사랑을 받다가 결국은 비명에 죽어간다는 이야기는 더도 덜도 아닌 식물의 일대기인 것이며 아도니스는 결국 작물의 신이었음을 알게 된다. 실제로 아도니스는 청동기 시대 시리아와 페니키아를 중심으로 널리 숭배되었던 작물신의 한 전형으로 취급되고 있다. 미소년이란 명망을 얻은 후에도 작물의 신이라는 직책은 놓친 적이 없다. 이미 고대 그리스에서 아도니스 제라고 하여 해마다 가장 더운 한여름에 그의 죽음을 애도하며 제를 지냈다. 여인들만 지내는 제사였다. 그런데 그 진행과정이 몹시 특이했다. 우선 축제일 여드레 전, 납작한 접시 모양의 토기에, 될수록 깨진 접시나 깨지기 쉬운 접시에 밀, 보리, 순무, 회향 등의 씨앗을 뿌려 어두운 지하실에서 발아를 시킨다. 막상 축제일은 시리우스 별, 즉 천랑성天狼星이 높이 뜨는 날로 연중 가장 덥다는 날이다. 우리의 복날인 것이다. 이날 여인들은 갓 발아한 어린 싹들을 뜨거운 옥상에 올려다 놓는다. 그리고 머리를 풀어헤친 채 종일 그리고 밤새 춤을 추었다. 그러다 날이 밝으면 어린 싹들이 더위를 이기지 못하고 다 죽어있게 마련이었는데 이들을 접시 채 물가로 가지고 가서 물속에 던져 넣는 것으로 끝났다. 일년생 꽃을 화분에 담아 기르는 풍습이 여기서 유래되었다고 전해진다. 그래서 지금도 이런 한해살이 꽃들을 여름꽃이라고 부르기도 하고, 화분에서 차차 정원의 화단으로 옮겨가면서 여러 여름꽃을 심은 정원을 아도니스 정원이라고 부르기도 한다. 한편, 여인들의 그 요란했던 축제가 무엇을

프랑스 한 농가의 아도니스 정원. 이렇게 '깨진' 화분을 일부러 만들어 꽃을 심어 풍요를 바라는 전통이 지금도 이어져오고 있다.

의미하는지 의견이 분분한 것은 당연하다. 단순히 아름다운 아도니스의 죽음을 애도한 것으로 보는 시선보다는 여인들의 성적인 자유를 뜻한다는 해석도 있고, 쉽게 끓어올랐다가 쉽게 사라지는 남자들의 열정을 풍자하는 제사라는 해석도 있다. 어찌되었건 아도니스는 늘 화제의 대상이었다. 플라톤까지도 아도니스 정원을 들먹이며 말과 글의 차이점에 대한 무궁한 철학을 펼쳐내었던 것이다. 플라톤은 소크라테스를 빌어 이렇게 얘기한다. 글이란 마치 아도니스 정원 같아서 여드레 만에 싹이 터 사람들을 솔깃하게 만들지만 그만큼 또 빨리 시들어버리는데, 그에 반해 말이란 농부가 땅에 뿌린 씨앗과 같아서 여덟 달이 지나면 풍부한 열매를 맺는 것과 같다고 말한다. 그래서 아마도 그 수많은 책은 쉬이 사라져갔어도 말로 전해지는 신화는 영원히 시들지 않고 해가 갈수록 더욱 풍부한 예술과 문화의 꽃을 피우는 것인지도 모르겠다.

처음에는 밀과 보리 같은 작물을 심었지만 시간이 지나면서 점점 수선화, 히아신스 같은 아름다운 꽃들을 토기에 심기 시작했다. 그것이 지금까지 남아 화

2009년도 프랑스 낭트에서 열린 국제 화훼박람회에 출품된 작품. 아도니스 정원의 화분이 와인병으로 대체된 것인지.

일년초와 작물을 섞어 대위법으로 엮어낸 바로크식 아도니스 정원(프랑스 빌랑드리 작물 정원)

분에 수선화, 히아신스, 크로커스와 물론 튤립을 섞어 심는 것은 바로 아도니스제에서 비롯되었던 것이다. 그래서 이런 아도니스 정원에 심을 구근들을 암스테르담 공항에서 패키지로 묶어 파는 것이다.

노인이
건넨 꽃

나는 우리의 수로부인에게서 플로라의 모습을 본다. 물론 우리의 신화는 그리스 신화처럼 격정적이지 않고 많은 이야기로 부풀리고 덧대지 않았다. 그러나 수로부인과 노인의 짧은 이야기에서 많은 상징성을 볼 수 있다. 이 노래는 노옹이 젊고 아름다운 수로부인에 반해서 쓴 연가가 아닌 듯하다. 그렇게 보

아도니스 정원에서 출발한 일년생 꽃들로 이루어진 화단. 소위 여름꽃정원이라고도 한다. 정원박람회의 필수 항목으로 원예업체의 품종들을 소개하는 기회가 되기도 한다(2010년 독일 빌링엔 정원박람회의 한 장면).

기에는 석연치 않은 구석이 너무 많다. 신라 성덕왕 때였으니 8세기 초의 일이었다. 아름다운 수로부인水路夫人에게 암소를 끌고 가던 노인이 절벽 끝에서 자라고 있는 꽃을 꺾어 바친다. 젊은 시종들도 마다하는 험준한 봉우리까지 가뿐하게 올라갔다 온 것은 물론, 노래까지 지어 바칠 여유가 있었던 것으로 미루어 예사 노인이 아니었던 것 같다. 그런데 왜 하필 노인이었을까. 그리고 이 노인은 왜 새끼 밴 암소를 끌고 갔을까. 그것도 바닷가에서. 대체 어디로 가던 길이었을까. 그리고 멀쩡한 남편을 두고 왜 길 가던 행인이 꽃을 꺾어 주어야 했을까. 조선시대 양반이었다면 모를까. 신라 고급 관리였으니 아마도 화랑 출신이었을 텐데, 그깟 절벽을 오르지 못해서? 이 허수아비 같은 남편은 나중에 수로부인이 해룡에게 납치되었을 때도 발만 동동 구르고 있다. 그리고 수로부인은 왜 하필 수로부인인가. 이런 의문들이 떠오른다. 수로는 물길이라는 뜻이다. 전설적 미모를 가진 여인의 이름치고는 '독특' 하다고 할 수 밖에 없겠다. 그러니까 수로부인은 어떤 식으로든 물과 관련이 있어 보인다. 봄의 물길이라……. 이런 의문들이 중요치 않다고 할 수도 있겠다. 그러나 이 헌화가는 4구체 향가로 되어 있다. 긴 소설도 아니고 몇 자 되지도 않는 노래에 쓸데없는 내용을 넣었을 까닭이 없다. 우선 진달래로 상징되는 봄이 있다. 옛 사람들의 봄을 기다리는 마음이 절실했음을 상기해야 할 것 같다.

봄이 오면 각종 제사와 의식이 치러졌다. 이 때 물론 귀한 소를 잡아 제물로 바쳤을 것이다. 옛날에만 그런 것이 아니다. 재작년이었나. 한 해 겨울에 무려 삼사백만 마리의 소와 돼지를 잡아 지신에게 바치지 않았던가. 앞으로 수백만 년은 더 풍요를 기대해도 좋은 것인가. 그러고 보니 암소의 고삐를 끌고 가는 노인이 다시 생각난다. 그 암소는 새끼를 배고 있었다고 하니 이보다 더 노골적인 생산과 풍요의 상징은 없을 것이다. 봄과 암소, 노인과 젊고 아름다운 여인, 이쯤 되면 노인이 누구인지 알 듯도 싶다. 한 때 서슬이 퍼랬던 동장군, 이제 늙어버린 겨울을 의인화한 것이었을 것이다. 그리고 그는 무슨 담보라도 되듯 암소의 고삐를 놓지 않고 있다. 계절이 바뀔 때는 늘 두 계절이 실랑이를 벌이기 마련이다.

고삐를 잡고 있는 동장군의 늙은 손은 봄을 가로막으려는 마지막 노력인 것처럼 보인다. 아마도 암소를 겨울 나라로 납치해 가려던 중이었을지도 모르겠다. 이 것을 본 수로부인이 기지를 발휘한다. 절벽 위의 꽃을 꺾어달라고 한 것이다. 꽃 을 꺾으러 가려면 어쩔 수 없이 암소의 고삐를 놓아야 한다. 노인은 수로부인에 게 묻는다. 암소를 잡고 있는 이 손을 놓게 하시면 꽃을 꺾어 바치겠노라고. 어찌 들으면 내가 암소를 놓아주어야 꼭 속이 시원하겠느냐는 투덜거림처럼 들리기 도 한다. 겨울신과 봄의 여신만이 알아들을 수 있는 암호인지도 모르겠다. 손을 놓는 순간 동장군은 암소를 잃게 된다. 항복하는 것이다. 그리고 항복의 제스처 로 진달래꽃을 꺾어 수로부인에게 바친다. 그러니 수로부인은 봄의 여신일 수밖 에 없는 것이다. 그래야만 수로부인의 이상스런 이름이 이해가 되는 것이다. 진 달래는 봄을 여는 열쇠이다. 그러니 진달래꽃으로 만든 화전은 아마도 봄의 직 인일 수도 있겠다. 열쇠를 건네주고 노인은 이제 빈손으로 쓸쓸히 돌아간다. 이 제 봄이 오는 길에 거칠 것이 없어 보인다.

헌화가는 오히려 수로부인 모험담이라고 불러도 될 듯싶다. 노옹이 진달래꽃 을 바치고 사라진 뒤 이번엔 해룡이 수로부인을 납치해 간다. 관문이 하나 더 남 아있었던 것이다. 사람들이 막대기로 언덕을 두드리며 노래를 하여 간신히 돌려 받았다. 요즘 같으면 꽹가리를 치고 북을 울렸을 것이다. 이 때 바다에서 다시 나 온 "부인의 옷에서는 기이한 향기가 풍겼는데 이 세상에서는 맡아보지 못한 향 내였다"고 『삼국유사』는 전하고 있다. 이제 수로부인은 완벽히 봄으로 거듭난 것이다. 수로부인이 어떤 모습을 했었는지 그림으로 전해져 내려오지는 않지만 아마도 수만 개의 진달래꽃잎으로 만든 날개옷을 입고 있지 않았을까 상상해 본 다. 이렇게 향기로운 봄으로 다시 태어난 수로부인은 보티첼리의 "봄"에서 묘사 된 플로라 여신을 꼭 닮지 않았는지. 수로부인이 해룡의 납치극을 극복해야 했 듯이 플로라 역시 해마다 봄이 되면 서풍과 사랑을 나눠야 했다. 그래야만 우아 한 봄의 여신으로 다시 태어날 수 있었다. 겨울이 봄을 잉태해야 한다는 공식이 여기도 성립되는 것이다. "수로부인이 미색이 뛰어나 깊은 산이나 큰 물을 지날

적마다 여러 번 신물에게 납치당했다"고 하는 대목에서 우리는 어렵지 않게 봄과 빛의 여신 브리지트를 연상하기도 한다. 이런 식으로 신들이 서로 혼인하거나 신과 인간이 혼인하여 인간에게 풍요를 선사하는 것을 성혼聖婚이라고 하며 이는 거의 모든 신화에서 볼 수 있는 공통적인 요소 중 하나이다. 메소포타미아 지역에도 널리 퍼져있었으며 그리스의 제우스가 수도 없이 여인들을 겁탈한 것도 같은 맥락에서 볼 수 있다. 제우스의 사랑 이야기는 단순한 염문이 아니라 그의 사랑을 받은 여인들이 아들을 낳고 이들이 한 국가의 왕이 되거나 새로운 부족을 탄생시켰다는 건국신화로 반드시 연결되기 때문이다. 어느 왕인들 제우스의 아들이고 싶지 않았겠는가. 그건 동양도 마찬가지여서 왕들은 모두 하늘의 아들이었고, 최고의 신으로부터 족보가 시작되었던 것 아닌가.

이렇게 서로 닮은 신화들을 보면 어디가 먼저였을까 라는 물음이 저절로 떠오른다. 물론 크게 의미는 없을 것이다. 이미 청동기 시대 이전부터 북쪽의 초원을 경유하여 동서의 부족들이 교류했다는 것은 잘 알려진 사실이다. 헤로도토스가 기원전 440년경에 쓴 역사책에 이 교역로를 소상히 묘사하고 있다. 그에 의하면 중국 북서부에 위치한 간쑤성에서 이 교역로가 그치는 것으로 되어 있다. 그리고 바로 이 간쑤성에서 흉노족과 만나게 된다. 어떤 사연인지 이 흉노족이 김일제라는 이름으로 신라의 왕족이 되어 한반도에 불쑥 나타나는 것이다. 서기 1세기를 살았던 천문학자겸 지리학자 프톨레마이우스의 묘사를 바탕으로 작성한 실크로드 지도가 있다. 이를 보면 당시의 교역로가 한반도를 통과했음을 알 수 있다. 삼국시대에 고구려 사신들이 서역을 오고갔었다는 사실은 이미 잘 알려져 있다. 신라에서도 서역과의 교역을 증명하는 많은 유물들이 발견되었다. 유리잔이 그렇고 서구인들을 묘사한 각종 조각품이 그렇다. 그렇다고 한다면 신화인들 전해지지 않았을 리 없다. 우리 신화가 그 쪽으로 간 것인지 그쪽 신화가 우리에게 온 것인지 밝혀내는 건 쉬운 일이 아닐 것이다. 중요한 것은 지금의 몽골이나 타클라마칸 사막, 파미르 고지대 등을 분기점으로 해서 동서로 문화가 퍼져나갔다는 사실이며 이들이 각자 발전되고 변화되어 교역로를 통해 서로 다시 만났다는 재미있는 현상이다.

신윤복의 "연소답청" (18세기경, 간송미술관 소장). 절벽에 무심한 듯 피어있는 진달래. 수로부인의 진달래도 이렇게 피어있지 않았을까?

진 달 래

노인이 건넨 꽃이 철쭉이었다고도 하고 진달래였다고도 한다. 문헌에 따라 조금씩 다른데 어느 모로 보나 진달래가 맞다. 이는 후세에 신윤복이 그린 "봄나들이" 혹은 "연소답청"이라는 그림을 보아도 알 수 있다. 절벽에 붙어서 아련하게 서 있는 꽃은 진달래다. 비록 사촌지간이라고 하더라도 진달래와 철쭉은 느낌이 많이 다르다. 철쭉이 요염하며 땅에 단단히 붙어사는 꽃이라면 진달래는 마치 선녀가 되려다가 꽃나무가 되었다는 듯, 곧 날아갈 듯 한 꽃이다. 진달래는 잎보다 꽃이 먼저 핀다. 이는 한 해 전에 이미 꽃피울 힘을 저장해 놓았다는 뜻이다. 새 잎이 나와서 양분을 만들어줄 때까지 기다리지 않아도 되는 것이다. 진달래 외에 목련이 그렇고, 개나리도 그렇다. 아마도 마음이 약한 식물들이지 싶다. 온갖 꽃들이 일제히 피어나며 치열한 경쟁이 붙었을 때 양보하기 싫으면 싸워야 한다. 이도 저도 싫으니 한 해 전에 미리 준비했다가 다들 겨울잠에서 깨어나기 전에 부지런히 꽃부터 피우고 보는 것이다. 나름대로의 생존 전략일 것이며 이는 차라리 외로운 길을 가겠다는 은근한 도도함일 수도 있다. 이것이 진달래가 그저 정겨운 식물만은 아닌 이유이다.

진달래의 가장 큰 특징은 식물의 모양새와 연분홍 꽃잎의 투명함이다. 진달래는 줄기와 가지와 잎이 모두 가늘고 길고 성글다. 이는 버드나무, 물푸레나무, 자작나무 등 물과 달의 영향을 받는 식물들의 공통적인 특색이다. 이들은 버티지 않는다. 아주 미세한 에너지의 흐름을 읽고 이를 따라 같이 흘러가는, 마치 물 같고 공기 같은 나무들이다. 그래서 지구 중력보다는 천체의 흐름에 더 민감하

잎이 나기 전에 꽃을 먼저 피우는 진달래. 지난해부터 넉넉하게 힘을 저장해 둔 덕이다.

다. 지구에 속할지 우주에 속할지 아직 결정을 내리지 못하고 있는 것처럼 보인
다. 느티나무나 상수리나무가 세상의 일을 담당하는 지상의 왕이라면, 이들은
초자연적인 일을 담당하는 무녀나 마술사 같은 나무들이다. 그렇기 때문에 소위
샤먼의 나무는 '늠름한' 기상을 보이는 나무들이 아니라 물푸레나무나 느릅나
무 같이 중력을 거스르고 길게 뻗어가는 나무들이었다. 이런 나무들과 어깨를
나란히 하는 것이 진달래다. 생육조건이 좋으면 3미터 정도까지 큰다. 이른 봄
산 속을 헤매다 보면 이따금 아직 벌거벗은 큰 나무들 사이에 연분홍으로 홀로
서있는 진달래를 만나는 경우가 있다. 멀리서 바라보고 있으면 금방 사라져버릴
것 같은 느낌이 든다. 어딘가 신기루 같은 데가 있는 나무인 것이다. 그리고 꽃잎
이 분홍에서 연한 보랏빛으로 넘어가는 색이다. 붉은색인지 보라색인지 결정하
지 못하는 경계의 꽃인 것이다.

아마도 이런 이유로 서정주 시인은 서역 삼만 리에 진달래 꽃비가 내린다고 했
을 것이다. 서역 삼만 리면 서천꽃밭이다. 그리고 김소월 시인의 가시는 님 발길
에 뿌려졌을 것이다. 아마도 김소월 시인의 가시는 님은 마음이 변한 것이 아니라
죽어서 가시는 건지도 모르겠다. 잃어버린 나라를 슬퍼하여 지었다는 해석이 있

진달래꽃의 투명함. 수로부인의 날개옷을 수만 개의 진달래 꽃잎으로 만들지 않았을까.

붉은 목련, 석양빛을 받아 불타는 것 같다.

튤립목련(Magnolia x soulangeana)

는 것을 보면 진달래는 그런 꽃인 것 같다. 어딘가 우리의 심금을 울리는 꽃. 시인들은 진달래의 비밀을 알고 있었던 것일까. 충청도 두루봉 구석기인들의 동굴 앞에서 진달래 꽃가루가 발견된 것은 이런 사실을 뒷받침해준다. 그런데 문제가 없는 것은 아니다. 두루봉 유적조사와 관련하여 발표된 자료들을 두루 읽어보면 진달래꽃이라고 하는 경우도 있고 진달랫과 꽃이라고 하는 경우도 있다. 진달랫과에 속한 식물이 한국에만도 9속 23종이 있다. 그러니까 진달래 가문이 23항렬로 나누어져 있다는 뜻이 된다. 그 중에서 가장 대표적인 것이 진달래와 각종 철쭉이다. 그러니까 두루봉 동굴 앞에서 발견된 꽃이 진달래꽃일 수도 있고 철쭉꽃일 수도 있으며 만병초나 참꽃일 수도 있는 것이다. 그 당시 연구보고서에 틀림없이 기재되어 있을 식물종 목록을 볼 수 있다면 궁금증이 해소되겠지만 이미 삼십 년이 지난 일인데다가 대개는 식물이름을 정확하게 밝히지 않고 '개암나무속 식물, 국화과 식물' 이런 식으로 같은 항렬의 식물들을 집합시켜 발표하기 때문에 백퍼센트 확인이 가능하지 않다. 사실은 꽃마다 독특한 꽃가루를 가지고 있어서 철쭉과

초봄의 산 속에서 문득 만난 진달래. 어딘가 범접하기 어려운 느낌을 전한다. 멀리서 바라볼 때 진달래가 가장 진달래답다고나 할까.

진달래를 구분하는 것은 기술적으로 아무 문제가 되지 않는다. 다만 전문가들이 말을 아끼고 있을 뿐이다. 그러나 지난 삼십 년간 두루봉 유적을 연구한 이융조 교수가 2006년에 발표한 논문 "두루봉 연구 삼십 년"을 자세히 읽어보면 그저 진달랫과 식물 중 어느 하나가 아니라 바로 진달래를 말하고 있음을 알 수 있다. 진달래는 이런 꽃이다. 헌화가에서도 그렇고 두루봉 동굴에서도 마찬가지로 자신의 정체를 확실히 밝히지 않는다. 철쭉으로 오해를 받아도 몇백 년이고 가만히 있는 것이다. 생과 사를 초월한 꽃이던가.

구석기인들이 동굴 입구에 진달래꽃을 심은 것은 아름답게 꾸미기 위한 것이 아니었다. 주변 천지가 아름다운 자연으로 이루어져 있는데 유독 진달래를 많이 모아놓은 것은 아마도 봄의 의식을 치르기 위함이었을 것이다. 구석기시대 한반도의 기후는 지금보다 훨씬 따뜻했었다. 코끼리, 순록, 원숭이가 살았었단다. 식물의 세계도 물론 지금보다 다양하고 풍성했을 것으로 믿어도 되겠다. 그리고 꽃도 더 일찍 피었다. 그러므로 다른 꽃도 피었을 텐데 하필 진달래였던 것은 짐작컨대 진달래의 주술적인 힘을 믿었기 때문이었을 것이다. 요즘 삼짇날에 진달래꽃을 따다 화전을 만들어 먹는 풍습이 다시 유행하고 있는 듯하다. 특히 젊고 멋진 어머니들이 이런 아름다운 풍습을 재생시키고 있는 듯하여 마음이 훈훈해진다.

삼월 지나면서 핀 아아 늦봄의 진달래꽃이여
남이 부러워할 모습을 지니셨구나.

- 동동 3월, 『악학궤범』

천사 혹은 봄의 여신이 열쇠로 봄을 열고
있다(에드워드 번존스 그림, 19세기).

5

분홍의 힘, 복사꽃

임금은 이레 동안 그곳에 머물렀는데, 항상 오색구름이 지붕을 감싸고 방 안에 향기가 가득하였다. 그런데 이레 후 왕은 갑자기 종적을 감추었다. 도화녀가 이로 인해 임신하여 달이 차 곧 해산하려고 하자 천지가 진동하였다. 한 사내아이를 낳으니 이름을 비형(鼻荊)이라 하였다. 열다섯 살이 되더니 밤마다 황천 기슭에서 귀신들을 거느리고 놀았다. 날랜 병사들이 숲 속에 숨어서 엿보니, 귀신들이 여러 절의 종소리를 듣고 각기 흩어지자 비형랑 역시 돌아오는 것이었다. 군사들이 와서 이런 일을 아뢰니, 왕이 비형랑을 불러 물었다. "네가 귀신들을 거느리고 논다는 것이 사실이냐?" 비형랑은 대답하였다. "그렇습니다." 왕이 말하였다. "그렇다면 네가 귀신들을 시켜 신원사 북쪽 시내에 다리를 놓거라." 비형은 왕의 명령을 받들어 귀신들에게 돌을 다듬게 하여 하룻밤 사이에 큰 다리를 놓았다. 때문에 그 다리를 귀교(鬼橋)라고 불렀다. 왕이 또 물었다. "귀신들 중에서 인간 세상에 나와 정치를 도울 만한 자가 있느냐?" 비형이 대답하였다. "길달(吉達)이란 자가 있는데 나라의 정사를 도울 만합니다." 왕이 말하였다. "데려오너라." 이튿날 비형이 길달과 함께 나타나자, 그에게 집사의 벼슬을 내렸다. 길달은 과연 충직하기가 세상에 둘도 없었다. 이때 각간(角干) 임종(林宗)이 자식이 없었으므로 왕은 길달을 대를 이을 아들로 삼게 하였다. 임종이 길달에게 흥륜사 남쪽에 누문(樓門)을 짓게 하자, 길달은 매일 밤 그 문 위로 가서 잤다. 때문에 이름을 길달문(吉達門)이라 하였다. 하루는 길달이 여우로 둔갑해 도망치자 비형은 귀신을 시켜 붙잡아 죽였다. 그래서 귀신들은 비형의 이름만 듣고도 무서워 도망쳤다. 그때 사람들이 노래를 지어 불렀다. "성스러운 임금의 넋이 아들을 낳았으니, 비형랑의 집이 여기로세. 날뛰는 온갖 귀신들이여, 이곳에는 함부로 머물지 말라." 민간에서는 이 가사를 써 붙여 귀신을 쫓곤 한다.

- 『교감 역주 삼국유사』 기이편(紀異篇), 하정룡, 시공사, 2003.

봄 을
먹 다

진달래가 신기루처럼 덧없이 사라지고 나면 벚나무가 도시를 환하게 한다. 그리고 매일매일 조금씩 세상이 밝아진다. 그 봄의 빛과 색과 따스함은 영양소와도 같다. 특히 벚꽃이 피기를 기다렸다가 쏜살같이 날아오는 악귀와 같은 황사로 인해 봄의 따사로움이 단번에 냉기로 변하는 것을 보면 봄의 햇빛 영양소가 얼마나 귀한지를 새삼 느끼게 된다. 빛을 받은 식물을 먹는 것은 마치 빛을 섭취하는 것과 같다. 이렇게 간접적으로라도 온몸 가득 햇빛을 받으면 몸속의 세포가 나른한 겨울잠에서 깨어나 기지개를 켜는 소리가 들리는 것만 같다. 이렇게 봄빛에 취할 수 있는 것만으로도 봄을 기다리는 충분한 이유가 될 것이다. 벚나무가 도시의 여신이 되어 그 은은한 연분홍 꽃잎들을 흩뿌릴 때, 그 사이에 끼어 크게 부각되지 않으며 다만 벚나무에 명암을 주기 위해 존재한다는 듯

연분홍 등불 같은 벚나무. 요즘은 전국 어디서나 봄이면 꽃비가 내린다.

복사꽃, 벚꽃 못지않은 등불이다. 복사나무, 살구나무는 벚나무에 비해 키가 작은 것이 흠이라면 흠이 될 것이다. 그래서 가로수나 공원을 밝히는 역할을 벚나무에게 내줄 수밖에 없었을 것이다. 그러나 그 열매로는 이들을 따를 나무가 별로 없다.

조촐하게 조금 진한 빛깔로 서 있는 나무가 있다. 복숭아나무다. 지금은 벚나무의 승승장구에 밀려났지만 예전에는 입장이 달랐었다. 분홍빛 유혹을 담당하던 것은 단연 복숭아꽃, 살구꽃이었다. 이 둘은 마치 쌍둥이 자매처럼 늘 함께 다녔다. 늦어도 고조선 시대부터 궁에 심었던 나무였고, 옛적 어딘가에 꽃을 심었다는 기록을 보면 어김없이 복숭아꽃, 살구꽃이 끼어있다.

이 두 쌍둥이 자매는 아주 먼 옛날 중국 상인의 말에 실려 멀리 서역까지 건너간 적이 있다. 지금은 그 후손들이 전 세계에 퍼져 살고 있는데 특히 살구나무는 미국에서 큰 인기를 끌었다. 지금 세계에서 살구를 가장 많이 생산하고 있는 나라가 미국이다. 살구나무와 복숭아나무는 거의 모든 면에서 유사한 나무다. 우선 나무의 생김새가 그렇고 꽃도 비슷하여 혼동하기 쉽다. 얼핏 보기에 복숭아꽃이 살구꽃보다 색이 진하다는 정도의 차이밖에는 눈에 띄지 않는다. 자세히

아주 가끔씩 도시에서도 이렇게 오래된 살구나무를 만날 수 있다.

살펴보면 살구꽃이 조금 더 둥글고 복숭아나무는 잎이 더 좁고 길며 뾰족한 편이다. 과일로서의 살구는 복숭아만큼 보편적이지 않다. 과육이 비교적 단단한 편이고 당도가 그다지 높지 않아 사과나 자두처럼 파이로 만들어 먹으면 오히려 더 맛이 좋아지는 과일이다. 그래서 파이를 만들어 먹는 미국이나 유럽 사람들에게 인기가 좋다. 살구의 핑크빛이 살짝 도는 주황색은 입맛을 돋우기에 충분하다. 이런 색은 당근이나 토마토에서 볼 수 있는 것처럼 비타민 A가 풍부하다는 증거이다. 이것이 인체에서 프로비타민A의 효능을 나타내며 항암 작용을 한다고 한다. 최근에 살구나무나 매화나무의 항염, 항암 작용, 즉 항산화활성에 대한 연구논문이 많이 발표되고 있다. 매실의 뛰어난 효능은 이미 잘 알려져 있지만 살구나무는 이제 막 부각되기 시작하는 것 같다.

이런 살구나무가 당연 의사라는 직업의 상징이 된 것은 그리 놀랄 일이 아니다. 오히려 놀라운 것은 이런 사실을 옛 사람들이 이미 다 알고 있었다는 사실이다. 옛날 중국 오나라에 동봉이라는 도인이 있었다. 만년에 그는 산 속에 은둔하며 살구씨로 사람들의 병을 고쳐주며 살았다. 치료비 대신 사람들에게 살구나무를 심어 달라고 했기 때문에 몇 년 뒤 동봉의 집은 울창한 살구나무 숲으로 둘러싸였다고 한다. 그러자 사람들이 이제는 그 살구를 사러 왔다. 동봉은 각자 알아서 곡식 한 그릇을 놓고 살구를 맞바꿔 가도록 했다. 살구로 얻은 곡식은 또 모두 가난한 사람들에게 나눠 주어 의술과 구빈을 베풀었으며 나중에 신선이 되었단다. 그때부터 살구나무 숲을 행림杏林이라고 하여 의사를 아름답게 부르는 이름이 되었다.[1]

살구나무 숲이 행림이라면 살구씨는 행인杏仁이라고 하는데 한방에서 만병통치약으로 통한다. 그도 그럴 것이 동봉이 살구씨로만 병자를 치료했다는 것으로 미루어 보아도 그 높은 효험을 능히 짐작할 수 있지 않겠는가. 그래서 동양에서 살구는 한 때 그 위상이 꽤 높은 나무였다. 그동안 많이 잊혔다가 최근 르네상스를 맞고 있는 것 같다. 씨에서 추출한 기름으로 화장품도 만든다. 복숭아씨와 살

가까이에서 본 살구꽃. 꽃잎이 동글동글하고 빛깔이 좀 연한 것이 복사꽃과 구분된다(ⒸIbrahim).

구씨는 약이기도 하지만 독성이 강한 것들이다. 독성과 약효 사이에는 특별한 함수관계가 있다. 그래서 과량을 섭취하면 혈압상승, 복통, 어지럼증 등의 부작용이 따를 수 있다고 한다. 살구씨 기름으로 피부 마사지를 할 경우 바른 뒤 30분 이내에 닦아내지 않으면 발진이 생길 수도 있다. "살구열매가 많이 달리는 해에는 병충해가 없어 풍년이 든다"라거나 "살구나무가 많은 마을에는 역병이 못 들어온다"라는 말이 있는 것으로 미루어 보아도 살구의 성질이 대단히 강하다는 것을 알 수 있다.

예쁘고 향기롭고 맛난 나무들, 그래서 사람들에게 가장 사랑받는 매화, 벚나무, 복숭아, 살구들은 모두 벚나무와 사촌지간이다. 이들을 벚나무속이라고 하며 세계적으로 벚나무속에 속하는 나무는 약 200종인데 한국에서 볼 수 있는 것만도 무려 40종이 넘는다. 이들은 함경도부터 제주도까지 전국에 분포되어 있을 뿐 아니라 우리의 정원을 장식했던 가장 오래된 나무들이기도 하다. 모든 벚나무속의 나무들이 거의 그렇듯이 복숭아나무와 살구나무 역시 열매를 얻기 위한 것과 꽃을 보기 위한 정원수가 별도로 재배되고 있다. 도시에서 볼 수 있는 복숭아나무와 살구나무는 물론 꽃을 보기 위해 개량된 것들이다. 수형도 비교적 깔끔한 편이고 성장이 빠르며 병해충에 강해서 정원 수목으로 많이 쓰이고 있다. 지난 몇 해 동안 부지런히 심었으므로 앞으로 이들이 성장하면 도시의 모습이 더욱 더 환해질 것이라는 기대를 갖게 한다. 더불어 도시를 떠도는 온갖 잡귀도 같이 쫓아 줄 것이다. 식물학적인 관점에서 보면 벚나무속의 나무 중 가장 복스럽고 탐스러운 열매를 맺는다는 것 외에 큰 특징이 없는 복숭아나무가 어쩐 일인지 이미 오래 전부터 귀신 쫓는 능력이 가장 탁월한 나무로 알려져 있기 때문이다. 어디 그뿐인가. 먹으면 죽지 않는다는 불사의 열매이기도 했다.

귀신도 두려워한 복숭아의 위력

의사의 대명사로 '존경' 받는 살구나무는 그 명성에도 불구하고 불로장생 명약의 자리와 귀신 쫓는 벽사의 역할을 모두 복숭아나무에게 내주었다. 두 자매의 성격이 서로 달랐다. 둘 다 성질이 강한 나무임에는 틀림없지만 살구나무가 이지적인 의사의 상징으로 발전해 갔다면 복숭아나무는 감성적이고 귀기서린 나무로 성장해 갔다. 복숭아나무와 살구나무의 결정적인 차이점은 열매에 있는 것 같다. 작고 단단한 살구는 어딘가 조신해 보인다. 그에 비해 잘 익은 복숭아는 탐스러운 아기와 풍만한 여인을 동시에 연상시킨다. 여성들은 복숭아에서 아기를 볼 것이고 남성들은 여인을 볼 것이니 남녀가 다 탐내는 열매가 되지 않았을까 싶다. 사실 복숭아처럼 순수하면서도 육감적인 느낌을 주는 열매를 찾기란 쉽지 않다. 무화과처럼 칙칙하지 않고 석류처럼 화려하지 않으면서 원시적인 분홍의 유혹이었던 복숭아. 사람의 최고의 행복을 남녀 간의 결합과 그 결

복숭아. 복스러운 아이 같기도 하고 육감적인 여인 같기도 한 묘한 열매이다(ⓒTomo.Yun(www.yunphoto.net/ko/)).

과로 탄생하는 어린 생명 그리고 이 행복의 영원함으로 여겼던 고대인들의 개념 체계에 가장 부합하는 열매였던 것 같다. 복숭아나무는 버릴 것이 하나도 없었다. 그 열매가 불로장생을 약속하였다면 나뭇가지는 귀신을 쫓아주었고 나머지는 모두 약으로 쓰였다. 나무에 달린 채로 마른 복숭아, 복숭아에 난 털과, 심지어는 복숭아에 깃든 벌레까지도 약으로 쓰였으며 복숭아나무의 흰 껍질, 복숭아나뭇잎, 복숭아나무 진 등 복숭아의 모든 것이 약이었다.

아마도 세월이 흐르며 죽은 사람들이 점점 많아지다 보니 미처 서천꽃밭으로 돌아가지 못한 혼들이 늘어갔던 것 같다. 인간 세상에서 서성거리는 귀신들도 많아지고 종류도 다양해졌다. 그 중에는 족보를 가지고 있는 공인된 귀신들도 있었지만 잡귀도 생기고 역신도 생기고 악귀도 생겼다. 이들은 정신병과 전염병 등 몹쓸 병을 가져왔다. 잡귀는 복숭아나무 가지로 만든 빗자루로 싹싹 쓸어냈다. 몹쓸 병이 든 사람은 무녀가 굿을 하면서 복숭아나무 가지로 환자를 때려 비명을 지르게 했다. 그러면 악귀가 놀라 도망갔던 거였다. 꽃은 또 어떤가. 도교에 바탕을 둔 의학서인 『동의보감』에서는 이렇게 말하고 있다. "복숭아꽃은 삼시충을 밀어내며 시주, 즉 죽은 사람의 넋으로 생긴 병을 고치고 악귀를 죽여 얼굴빛을 좋게 하는 약이고……."[2] 여기서 삼시충이란 것이 흥미롭다. 삼시충은 보통 벌레가 아니다. 사람이 태어날 때 하늘에서 몸에 박아 놓은 세 종류의 벌레다. 이들이 몸속에서 수명을 갉아먹는다고 한다. 이는 도교의 교리에서 전하는 것으로 사람이 늙고 병드는 것이 근본적으로 이 시충 때문이라고 설명한다. 이 삼시충은 각각 뇌, 명치 그리고 뱃속에서 사는데 경신일이 되면 사람이 자는 사이에 몸에서 빠져나와 하늘로 올라가서 그 사람이 행한 나쁜 행동을 하늘님께 모두 고해바친다고 한다. 그러면 죄의 가볍고 무거움에 따라 수명이 단축된다. 경신일은 물론 도교의 개념인데 60일 만에 한 번씩 돌아온다. 수양을 게을리 하지 않고 마음을 곱게 쓰면 되는데 그렇지 못한 사람은 삼시충이 빠져나가면 곤란하니까 경신일에 잠을 자지 않거나 부적을 쓰거나 약을 쓴다는 것이다.[3] 복숭아꽃이 이런 삼시충을 밀어낸다고 하니 왜 복숭아가 불로불사의 명약인지 그 단서가 여기 있는가 보다. 물론 이런 복숭아의 효험에 대한 믿음은 도교에서 기인한 것이

겹꽃 원예종 복숭아. 꽃을 보기 위해 심는다.

다. 도교라는 것이 이미 오래전부터 존재하고 있던 민간신앙에서 출발한 것이고 보면 그 뿌리는 오히려 더 깊다고 보아야 할 것이다. 복숭아 신화나 민속의 본거지는 역시 중국이라고 해야 맞겠지만 중국에서 유래했다고 해서 한국의 민초들이 무조건 받아들였던 것은 아니었다. 우리 민요에 가장 자주 등장하는 꽃의 일순위가 복사꽃이라고 한다.[4] 우리의 심금을 울리지 않았다면 그리 자주 부르지는 않았을 것이다.

여기서 좀 더 확실히 짚고 넘어가야 할 것이 있다. 보통 복숭아라고 하면 열매로서의 복숭아, 복숭아나무, 복사꽃이 다 한가지일 것으로 생각하기 쉽다. 그런데 역할의 분담이 명확하다. 열매는 장수, 나무 혹은 나뭇가지는 벽사, 꽃은 도교의 무릉도원, 이런 식으로 분리되어 있다. 도교가 시작되기 이전, 전설의 시대에 이미 복숭아나무는 벽사의 능력을, 복숭아 열매는 불로장수를 각각 담당했었다. 그러던 것이 복숭아나무, 그 중에서도 꽃이 피어있는 상태의 복숭아나무가 낙원의 상징이 된 것은 도교의 영향이었던 것이다. 물론 불로장수의 열매나 벽사의 능력이 뭉뚱그려져서 무릉도원이 시작된 것으로도 볼 수 있겠다. 차근차근 살펴보면 다음과 같다.

혼들이
드나드는 문

복숭아나무의 벽사 능력의 기원에 대해선 다음과 같은 얘기가 전해진다. 중국을 세운 최초의 군주였다던 전설의 황제 시절의 신화에 의하면 인간세상을 떠도는 귀신들이 드나드는 통로가 바로 '복숭아나무의 동북쪽 나뭇가지 사이'에 있다고 한다. 이 정도 디테일한 설명이면 한 번 확인해 볼 수도 있겠다 싶다. 이를 귀문이라고 했고 여기서 드나드는 귀신을 검열하는 일종의 관리들이 있었던 모양이다. 이 검열관은 신도와 울루형제라고 해서 이름까지 알려져 있다.[5] 귀신들이 어떤 식으로 검열을 받았는지는 모르겠다. 짐작컨대 신분증이 있는 귀신들, 즉 자신의 제삿날에 자손들을 방문하기 위해 드나드는 혼들이나 마을신, 서낭신 등 단체 집회에 참가하러 가는 혼들만 통과했을 것이다. 그 외에 원귀라거나 요귀, 잡귀 등 질병과 재해를 초래하는 혼들은 통과시키지 않았을 것이다. 그렇기 때문에 역신이나 악귀를 걸러내는 나무가 되었을 것이다.

복숭아 열매, 꽃, 씨를 한 번에 볼 수 있도록 묘사한 그림 (19세기)

물론 다른 설도 있다. 옛날 중국에 태양을 쏘아 떨어뜨릴 정도로 활의 명수였던 예라는 사람이 있었는데 이 이가 복숭아나무로 만든 몽둥이에 맞아서 죽었다고 한다. 그러니 귀신이 되어서도 복숭아나무를 두려워했을 것이고 거기서 복숭아나무의 귀신 쫓는 이력이 시작된 것이라고도 한다.[6] 물론 이 이야기는 위의 검열관 이야기보다 설득력이 적다. 그럼에도 활의 명수 예의 이야기는 계속된다. 한 때 태양이 열 개 떠있던 적이 있었는데 그 중 아홉 개를 쏘아 떨어뜨린 공으로 서왕모가 불사의 복숭아를 선사했다고 한다. 그것을 먹지 않고 아껴 두었는데 그의 아내인 항아가 이를 훔쳐서 달 속으로 도망갔기 때문에 불사신이 되지 못했다. 그러니 여러모로 복숭아를 두려워 할 이유가 많았던 귀신이었던 것 같다. 아마도 아홉 개에서 그쳤으면 문제가 없었을 텐데 홧김에 마지막 태양도 쏘아버렸던 모양이다. 그래서 결국 복숭아나무 몽둥이로 맞아죽은 것이 아닌지 그저 짐작할 따름이다.

서 왕 모 의
변 신

그럼 서왕모의 역할은 무엇일까. 서왕모는 먼 서쪽하늘 곤륜산에 사는 여신이다. 물론 곤륜산이 실존한다고 믿고 그 산에 가서 사진을 찍기도 하는 모양이지만 곤륜산은 엄연히 전설의 산이다. 거기 가면 서왕모의 정원이 있는데 이 정원에 복숭아나무들이 자라고 있으며 이 나무들은 삼천 년에 한 번씩 열매를 맺는다는 것이다. 물론 이 열매를 먹으면 죽지 않는다, 혹은 삼천 년을 산다는 말도 있다. 서왕모는 종종 아름다운 선녀 같은 모습으로 묘사되곤 한다. 그러나 처음부터 그랬던 것은 아니다. 본래는 "전체적으로 사람의 모습이지만 꼬리는 표범 같고, 이는 범같이 날카롭고 산발을 한 채 옥의 머리꽂이를 하고 있는" 무서운 죽음의 여신으로 그려져 있다. 왜 죽음의 여신이 생명을 지키고 있을까. 그건 아마도 저승에 생명의 꽃이 피어있는 것과 같은 원리일 것이다. 죽음을 통해서만 생명에 이를 수 있다는 목사님들의 설교와도 일맥상통하는 것이리라. 서왕모의 신화가 처음 기록으로 알려진 것이 『산해경山海經』이라는 중국 서적이다. 이 책은 신화집이며 지리서이고 만물백과사전이다. 춘추전국 시대에 처음 집필된 것을 그 때부터 한대漢代에 걸쳐 많은 사람들이 각자 이야기를 보태어 지금의 형태를 이루었다고 한다. 그러므로 발생시기가 기원전 770~200년 정도일 것으로 추정되고 있다. 산해경은 중국신화 뿐 아니라 동양 신화를 연구하는 데 중요한 자료로 여겨지고 있다. 그리고 어쩌면 동양과 서양의 신화가 어떤 식으로 서로 융합되었는지를 살필 수 있는 중요한 자료일 수도 있다. 메소포타미아의 길가메시 신화를 보면 길가메시 왕 역시 천신만고 끝에 불사의 약을 얻었지만 불사신이 되지 못한 운 나쁜 영웅이었다. 길가메시에게는 형제처럼 사랑했던 친구가 있었는데 그 친구가 죽자 충격을 받고 삶과 죽음의 근원을 탐색하고자 했다. 그러던 중 친구를 살릴 수 있는 불사약이 있다는 말을 듣고 먼 나라로 가서 약을 얻어가지고 돌아왔다. 물론 쉬운 여정은 아니어서 수없는 모험을 겪어야 했다. 불사약을 구한 것이 너무 기뻐서 시원하게 목욕이라도 할 셈으로 연못에 들어간 사이에 뱀이 나타나 약을 홀랑 먹어버린 것이다. 길가메시와 예라는 운 나쁜 두 영웅, 불사의 복숭아와 에덴동산의 사과, 이브와 항아와 뱀. 이런 공통적인 신화적 요소들을 어렵지 않게 찾을 수 있다.

서왕모의 흉악한 옛날 모습(ⓒdashuhua)

이는 서왕모의 곤륜산에 대한 묘사를 보면 더욱 분명해 진다. 곤륜산에 대한 초기 묘사는 상당히 극적이다. 산 밑에는 약수라는 큰 물이 두르고 있는데 그 폭이 삼천리에 달한다고 했다. 그리고 그 바깥쪽에는 불타는 산이 있다고 했다. 그러니 바깥에서 접근하려면 우선 불타는 산을 넘고, 삼천리에 달하는 약수를 건너야 한다. 이 불은 물을 부으면 오히려 더 잘 탔다고 했으니 곤륜산은 아마도 석유가 나는 지방에 있었던 모양이다. 어쩐지 제우스가 특수범들을 가둬둔 감옥의 묘사와 닮지 않았는지. 그리고 창세기의 에덴동산 역시 아담과 이브가 쫓겨난 뒤 불로 지키게 했다지 않는가.

후기에 발생한 무릉도원의 개념은 이런 극적인 요소들을 거부한다. 그렇다고 현실적이 된다는 것은 아니다. 오히려 신선적인 성격으로 변해갔기 때문에 관점에 따라서는 도달하기가 더 어려워졌다고 볼 수도 있겠다. 불타는 산이나 건널 수 없는 강 같은 모험을 요구하는 영웅서사적 장애물이 아니라 시공의 경계를 넘어야 도달할 수 있는 그런 곳이다. 그곳에 다녀왔다는 사람들의 증언에 의하면 다들 우연히 발견했는데 나중에 다시 찾으려 하니 이미 사라지고 없거나 도저히 찾을 수 없다고 했다. 무릉도원에서 불과 며칠을 보냈는데 돌아와 봤더니 수백 년의 세월이 흘렀더라는 식의 마법적인 요소를 가지고 있는 것이다.

그러나 가장 중요한 것은 무릉도원의 묘사에서 서왕모가 사라진 것이다. 신이라는 절대적인 존재가 보이지 않는 것이다. 그리고 신과 함께 복숭아 열매도 사라졌다. 남은 것은 아름다운 복사꽃뿐이었다. 그러므로 무릉도원은 전지전능한 우주의 신이 떠난 후의 '사람들이 만든 낙원' 개념을 보이고 있는 것이다. 그래서 속세를 떠난 이상향이라거나 꿈의 세계라고 해석되고 있다. 이런 개념의 변화는 청동기, 철기 시절 무력으로 천하를 평정하고 국가를 세우던 시대가 가고, 문화를 만들어 가는 시대로 전이해가는 과정에서 나타나는 변화일 것이다. 영웅의 시대가 가고 시인의 시대가 왔다고 해석할 수도 있다. 그래서 서왕모도 변화해 간다. 이 변모하는 과정이 상당히 재미있다. 우선 불과 물로 겹겹이 둘러싸인 곤륜산에서 복숭아를 지키고 있던 무섭게 생긴 서왕모가 일 년에 한 번씩 칠월 칠석에 연회를 베푸는 너그러운 선녀로 변해갔다. 말하자면 마케팅 전략을 바꾼 것이다. 사람들이 떠나가는 것을 감지했던 모양이다. 그래서 그녀의 연회

서왕모가 아름다운 선녀로 묘사되고 있다. 손에 영지버섯을 들고 있고 그 옆의 사슴이 복숭아를 입에 물고 있다 (드레스덴 도자기 박물관 소장).

에는 신선들만 초대받은 것이 아니라 인간들 중에서 공이 큰 사람도 초대해서 신의 복숭아를 나누어주는 아량을 베풀었다. 그러다가 급기야는 복숭아를 들고 사람들을 직접 방문하기 시작했다. 기원전 9세기에 주나라의 목왕은 곤륜산으로 가서 서왕모를 알현했지만 기원전 1세기에는 서왕모가 한무제를 방문했다고 하니 팔백 년 사이에 신의 위치가 하강하고 왕의 위치가 상승한 힘의 변화를 이 이야기가 전하고 있는 것이다. 서왕모는 한무제에게 복숭아를 무려 일곱 개나 가지고 와서 사이좋게 나눠드셨다고 한다. 불산을 넘고 삼천리 약수를 건너야하던 시절에 비하면 세월이 정말 많이 변했던 거였다.

서 왕 모 와
마 고

한 십여 년 전인가. 독일 책방에서 『중국의 새해맞이 그림』[7]이라는 책을 보게 되었다. 중국이 아니라 러시아 상트페테르부르크의 예르미타시 미술관에서 발간한 거였다. 일종의 카탈로그였다. 서문을 들쳐보니 예르미타시 미술관에서 1920년부터 수집해왔던 중국 그림들을 모아서 설명을 곁들여 책으로 출간한 것인데, 유명 작가의 산수화가 아니라 장수와 구복을 위해 신년이면 판화 식으로 찍어서 파는 '일반 가정용' 그림들만 수집한 것이라 했다. 동독에서 독일어로 번역한 것이 통일과 함께 서쪽으로 흘러들어와 내 손에까지 오게 된 것이다. 그 때 마침 처용처럼 벽사의 역할을 하는 신의 형상들을 찾고 있던 중이었다. 실은 친구들과 할로윈 파티를 하기로 했는데 동양에서는 어떤 식으로 귀신들을 쫓는지 친구들이 무척 궁금해 했고, 그 궁금증을 풀어주기 위해 참고 서적이 필요했다. 인터넷 검색이 아직 보편화되기 전이었으므로 책방을 뒤지다가 위의 책을 발견한 것이다. 그 책 속에 마침 무서운 처용 형상의 그림이 많았으므로 구입했다. 그리고 동서양 귀신이 혼합된 가운데 할로윈 파티를 무사히 치른 후 책은 책꽂이에 꽂아 두고 잊어버렸다.

　그러다 최근 식물 이야기를 연재하며 복숭아와 서왕모에 대해 조사하던 중 문득 그 책이 생각났다. 책 속에 벽사의 신들 외에도 복숭아 같이 복스러운 아기들과 복숭아를 들고 있던 여인들의 모습이 가득했던 것이 기억난 것이다. 책을 꺼내 먼지를 털고 좀 찬찬히 살펴보았다. 이 책 속에는 선녀로 보이는 한 여인이 여러 모습으로 반복되어 등장한다. 설명을 보니 그 선녀 이름이 바로 마고麻姑였다. 이 마고에겐 마치 그리스 여신이나 기독교의 성자들처럼 신분증명을 위해 특정한 물건들이 주어져 있다. 우선 복숭아 혹은 영지버섯, 혹은 둘 다를 들고 다닌다. 동자와 함께 혹은 사슴 같은 신령한 동물들과 함께 등장하는 경우가 많다. 그리고

약초를 캐는 데 쓰는 호미를 늘 들고 다니는데 이 호미는 손잡이가 창처럼 긴 것이 특징이다. 그리고 망태나 바구니에 꽃과 약초, 복숭아가 들어있다. 가끔 손에 먼지떨이 같은 것을 들고 있는데 설명에 의하면 이것이 날아다닐 때 필요한 소도구라고 한다. 의상 또한 특이하다. 어깨에 나뭇잎으로 된 솔 같은 것을 걸치고 있는 거다. 문득

중국의 마고 선녀. 어깨와 허리에 각각 나뭇잎을 두르고 있고 옆의 동자도 마찬가지로 나뭇잎으로 만든 옷을 입고 있다. 바구니 속의 꽃, 복숭아 등 거의 전형적인 마고 선녀의 모습이라고 해도 될 것이다(러시아 상트페테르부르크의 예르미타시 미술관).

어디선가 본 단군님의 영정이 생각났다. 거기도 단군님 어깨부분이 나뭇잎으로 덮여있었다. 그 나뭇잎은 또 새의 깃털 같기도 했다. 마치 조선왕들 용포 어깨에 붙였던 원보 같아 보였다. 그러니 좀 혼란스러울 수밖에 없었다.

간송미술관 소장품 중 마고 여신을 그린 그림이 최근에 전시되었다고 한다. 한국 최초의, 그리고 유일한 마고 그림들이라고 한다. 신라 때 박제상이 지었다는 『부도지符都誌』에 의하면 마고로부터 우리 민족이 출발했다고 한다. 그런데 간송미술관에 소장된 마고의 그림이 예르미타시 미술관의 그림과 거의 비슷하다. 그리고 이 마고는 한편 서왕모의 역할을 하고 있는 것도 같다. 황제에게 불로장수의 약을 전달하는 장면이 여러 번 나오기 때문이다. 서왕모가 마고이고 마고 신화가 우리의 조상 신화라면 중국과 한국은 신화를 공유하고 있는 것인가? 그리스와 로마가 신화를 공유하고 있는 것처럼? 마고신화를 우리의 역사로 볼 것인가 말 것인가 라는 토론은 아무 의미가 없다. 신화와 역사는 분명 구분해야 하기 때문이다. 역사는 고증을 필요로 하지만 신화는 그럴 필요가 없다.

그보다 내 흥미를 끄는 것은 마고의 상징물이다. 특히 약초 캐는 긴 호미와 약초를 담은 바구니,

단군성상. 어깨에는 버드나무 잎을, 허리에는 상수리나무 잎을 두르고 있는 것 같고, 의자 팔걸이는 마치 고목의 가지처럼 보인다. 전체적으로 나무의 신과 같은 느낌을 전해준다. 이 그림을 독일 동료들에게 보이니 대뜸 나무의 신 아니겠느냐고 반응한다.

간송미술관 소장의 마고 선녀. 정확한 연대는 알 수 없으나 상당히 오래된 것만은 틀림없는 듯하다. 거의 새를 연상시키는 겉옷을 입고 손에 커다란 깃털 혹은 파초 잎처럼 생긴 것을 들고 있으며 맨발이다. 원초적인 자연신앙에 훨씬 근접해 있는 것 같고 향후 연구할 것이 많아 보인다 ("마고채지(麻姑採芝)", 석경(1440~?) 그림, 간송미술관 소장).

날아다닐 때 쓰는 먼지떨이, 그리고 어깨에 얹은 나뭇잎이다. 약초 캐는 여인들, 그것도 보통 약초가 아니라 불로장수의 약초를 가져다주는 여인들은 어쩌면 그렇게 서양의 마녀들을 꼭 닮았는지 모르겠다. 우리나라에서 마녀라고 번역이 되어 별 도리 없지만 사실 어원을 찾아가 보면 "앞을 내다보는, 현명한" 여인들에서 출발한 것이다. 그리고 이 여인들은 약초를 알아볼 줄 알고 천문에도 밝아 점도 쳤다. 이 여인들의 역할이 결국 마고와 같은 거였다. 그런 의미에서 본다면 아마도 혹시 전 세계인들의 신화가 같은 곳에서 출발한 것이 아닐까라는 생각도 든다.

복 사 꽃 마 을

다시 서왕모로 돌아가자면, 서왕모의 노력에도 불구하고 복숭아 열매의 시대는 서서히 막을 내려갔다. 사람들은 이제 신을 버리고 인간들만으로 이루어진 평화로운 세상을 꿈꾸기 시작했다. 도연명의 『도화원기』를 읽어보면 그 사실을 잘 알 수 있다. 여기서 주목해야 할 것은 복숭아나무의 역할이다. 이야기는 이렇게 진행된다. 어느 어부가 배를 타고 계곡물을 타고 올라가다 보니 문득 아름다운 복숭아나무 숲에 이르게 되었다. 이 숲은 양 기슭으로 수백 보나 계속되었고 꽃잎이 떨어지고 있는 모습은 말할 수 없이 아름다웠다. 그 숲이 끝나는 곳이 바로 물이 시작되는 곳이었다. 거기에는 산이 있고 산에는 동굴이 있었는데 동굴의 좁은 입구에서 빛이 새어 나오고 있었다. 동굴로 들어가 수십 보를 걷다보니 눈앞이 트이며 마을이 나타났다. 땅은 평탄했고 집도 정연하게 서 있었으며 전답은 기름지고 뽕밭과 대나무에 연못도 있고 길도 깔끔하게 정비되어 있었다. 잘 구획된 논밭이 사방으로 통하고, 개와 닭들이 우는 소리가 한가로이 들렸다. 사람들이 오고가며 농사를 짓고 있었는데 모두 이국풍의 옷을 입고 있었으며 기쁨과 즐거움이 넘치는 모습이었다. 마을 사람들이 어부를 보더니 놀라 어디서 왔느냐고 물었다. 질문에 모두 답했더니 집으로 돌아가 술상을 차리고 닭을 잡아 음식을 주었다. 이 마을사람들은 아주 오래전에 난리를 피해서 이곳에 들어왔으며 수백 년의 세월이 흘렀음을 모르고 있었다고 한다. 어부는 융숭한 대접을 받으면서 며칠을 묵은 뒤 고맙다는 인사를 남기고 돌아오게 되었는데 비밀에 부쳐달라는 당부를 어기고 돌아오는 길목에 표시를 해 두었을 뿐더러 그 길로 고을 태수를 찾아가 고해바쳤다. 태수는 즉시 어부에게 사람을 딸려 보내

도연명의 『도화원기』를 그림으로 재현한 모습. 북경여름궁전(이화원)에 그려져 있다고 한다(ⓒ用心閣).

안견의 "몽유도원도" 부분. 안견의 도원과 도연명의 도화원은 여러 모로 차이가 있다. 전자는 그림이고 후자는 시라는 점을 제외하고 가장 중요한 차이점은 도연명의 도화원은 어지러운 세상을 피해 들어온 사람들이 모여 사는 곳이라면 안견의 도원엔 사람이 없다는 것이다. 사람이 없어야 낙원이 된다는 뜻으로 해석해야 할지(1447년, 일본 덴리대학 중앙도서관 소장).

그곳을 찾게 하였으나 끝내 찾을 수가 없었다고 한다. 그 후 남양의 유자 기란 사람이 다시 그곳을 찾으려다 실패하였고 그 마저 죽은 후에는 아무도 그 길을 묻는 사람이 없었다고 한다. 아무도 모르는 은밀한 곳에서 평화롭고 화목하게 사는 사람들의 모습이 오롯이 떠오른다. 고을 태수에게 발견되지 않은 것이 천만다행인 듯싶다.

그런데 재미있는 것은 이 복숭아꽃이 사람들을 낙원으로 인도하는 안내 역할만 맡고 있다는 것이다. 막상 마을의 이상향에 들어가면 그 안에는 복숭아나무가 없다. 그러니까 복숭아나무는 낙원의 외곽에서 낙원을 지키는 낙원지킴이 역할만 했던 것이다. 그곳이 어디 아무나 갈 수 있는 곳인가. 아마도 낙원 입구에 서서 드나드는 사람들을 걸러냈을 것이다. 자격이 있는 사람은 마을로 인도해주고 자격이 없는 사람에겐 입구를 막아 그 마을을 발견하지 못하게 했을 것이다. 그러고 보니 황제시대에 혼령들이 드나드는 통로가 복숭아나무의 동북쪽 나뭇가지 사이에 있다고 한 것이 기억난다. 그러니까 복숭아나무 숲을 통과해서 들어가면 혼령의 세계가 나올 것이다. 사람들이 신의 도움 없이 스스로 만들어보고자 했던 이상향은 결국 신의 세계였던 것인가. 아니면 그 마을 사람들이 모두 혼령이었나. 뭔가 홀린 것 같지 않은가. 복사꽃이 살포시 웃는 모습이 보이는 듯하다.

복사꽃 여인과
도깨비 수난기

그러나 『삼국유사』에서 전하는 도화녀와 비형랑 설화에서 우리는 복사꽃이 초대하는 또 다른 세상으로 갈 수 있다. 사람과 귀신이 서로 이쪽과 저쪽에 나뉘져 살고 있는 것이 아니라 자연스럽게 섞여 살았던 세상이다. 도화녀가 진지왕의 귀신과 관계하여 아들을 낳은 것이라거나 그 아들 비형랑이 밤마다 귀신들과 떠들썩하게 놀러 다니는 것, 그리고 이를 목격한 관원들의 태연자약한 반응도 그렇지만 그것을 기회로 귀신들에게 각종 토목사업을 시키고 비서로 삼았다가 고관대작의 양자로 주는 진평왕의 행적은 실로 기상천외하지 않을 수 없다. 진지왕 귀신을 제외한다면 다른 귀鬼들은 도깨비라고 보는 편이 옳을 것 같다. 『삼국유사』 원문에 귀鬼로 표기되어 있어 보통 귀신이라고 번역되지만 그 행동거지를 보면 영락없이 도깨비들인 것이다. 그래서 비형랑 설화를 "문헌에 기록된 한국 최초의 도깨비 이야기"라고 한다.[8]

귀신과 도깨비는 본질적으로 다르다. 귀신은 사람이 죽은 다음 그 넋이 변해서 된 혼령들이고, 즉 근본적으로 사람 출신이고, 도깨비는 탈자연적인 존재들이다. 나무, 돌 등의 자연물이 변해서 되는 경우가 가장 많고 사람이 쓰던 물건이 변해서 되는 것도 있다. 주로 빗자루나 부지깽이가 변해서 도깨비가 되었다는 얘기를 자주 듣는다. 아니 도깨비인 줄 알고 잡아놓고 보니 빗자루였다는 식이다.

도깨비는 음한 존재로서 깊은 산 속이나 골짜기에 살며 주로 밤에 나다닌다. 그것도 비가 부슬부슬 오는 날 가장 많이 나다닌다. 그러므로 밤비가 부슬거리면 도깨비 놀기 좋은 날이라고 했던 것이다. 이는 물론 사람의 입장에서 본 것이고 도깨비 입장에서 보면 비가 부슬거리는 밤이면 사람들 통행이 뜸하니 나다니기 좋은 날이다. 그러다 간혹 뜻하지 않게 사람과 마주치는 경우가 있다. 그러면 대개 당하는 것은 사람이 아니라 도깨비 쪽이다. 도깨비들은 초자연적인 힘을 가지고 있고 도깨비방망이, 도깨비감투, 도깨비 등거리 등 여러 신기한 소품들도 가지고 있지만 미련하고 정직해서 오히려 사람들의 꾀에 속아 넘어가기 때문이다. 어찌 보면 곰과도 닮았다. 밤새도록 방망이를 휘둘러 금은을 쏟아내기도 하고, 개암 깨무는 소리에 깜짝 놀라 내빼기도 한다. 이런 식으로 오히려 '귀여운' 면모를 가지고 있는 것이 도깨비들이다. 그러니 나그네로 밤길을 가다가 귀신보다는 도깨비를 만나는 것이 건강에 좋을 듯싶다.

진평왕이 도깨비들을 채용한 것도 바로 이런 도깨비들의 성질을 알았기 때문일 것이다. 시키는 대로 다리도 놓아 주고 더 나아가서 하자가 발생하는 경우 군말 없이 밤새 원상복구도 해 놓는다는 것을 알았던 것 같다. 그러나 미련하고 정직하긴 하지만 심술을 부리는 경향도 있다. 양자로 얌전히 들어가 살던 길달이 도망간 것을 보면 무엇인가 심사에 뒤틀리는 일이 있었던 것인가.

도깨비는 춤과 노래를 좋아한다고 했다. 그래서 밤새도록 춤을 추다가도 새벽닭이 울면 사라진다. 그런데 비형랑 설화에서는 새벽닭이 아니라 절의 종소리를 듣고 흩어진다고 하였다. 왜 갑자기 절의 종소리일까? 또한 나중에 길달이 도망간 것을 비형랑이 잡아다 죽였다는 것을 보면 다른 종교적 혹은 정치적 영향이 섞여 들어가 있지 않을까 하는 의심이 든다. 도깨비들은 탈자연적인 자연의 정령들이니 죽일 수가 없는 것이다. 기껏해야 빗자루나 부지깽이를 죽여서 뭐하겠는가. 그런데 길달은 부지깽이가 아니라 여우로 변해서 도망갔다고 한다. 비형랑이 죽일 수 있는 빌미를 제공한 것이다. 도깨비가 여우로 변했다는 것은 금시초문이다. 구미호니 뭐니 해서 여우는 요사한 동물의 대명사 아닌가. 이렇게 해서 비형랑 이야기는 도깨비를 요물로 변신시켜 세상에서 내쳐버린다. 그리고 그 공으로 비형랑은 벽사의 신이라는 감투를 쓴다.

진지왕의 귀신은 성제聖帝로 불리며 제사를 받는 신분 높은 귀신 중의 귀신이다. 도깨비와는 전혀 차원이 다르다. 도화녀는 사람의 딸이고, 그 사이에서 태어난 비형랑은 반귀 반인이다. 그러니까 도화녀와 비형랑 설화는 지체 높은 혼과 사람과 반신반인과 도깨비들이 모여 사는 다원적, 다층적 세계관을 보여주는 것

비형랑이 도깨비들과 이런 식으로 놀았는지도 모르겠다. 종규(鍾馗)라고 불렸던 중국의 벽사신이 도깨비들과 어울려 노는 장면(러시아 상트페테르부르크의 예르미타시 미술관)

처럼 보인다. 말하자면 해리포터의 세계였던 것이다. 그러나 길달의 죽음으로 모든 것이 달라진다. 아마도 이 다층적 세계에서 가장 먼저 도태된 것이 도깨비들이었던 모양이다. 이 이야기는 다층적 세계관이 지배계급에 의해 정리 정돈되어가는 과정을 보여주고 있는 것 같다. 이 사실은 같은 책에 실려 있는 "밀본법사" 이야기에서 좀 더 분명하게 드러난다. 밀본법사는 김유신 시대에 활동했던 덕망 높은 도인이었다고 한다. 그는 높은 도력으로 여러 사특한 귀신들을 타파한다. 얼핏 보면 비형랑 계통의 이야기 같지만 분명 다른 점이 있다. 도깨비들이 이상해진 것이다. "매번 큰 귀신(도깨비) 하나가 군소 귀신들을 데리고 와서 집 안에 있는 반찬이란 반찬은 모두 다 먹으며, 무당이 와서 제사를 지내면 떼를 지어 모여들어 저마다 욕을 보이곤 하였다. …(중략)… 가친이 법류사 승 무명을 청해 경을 읽혔더니 큰 귀신이 작은 귀신을 시켜 철퇴로 스님의 머리를 때려 땅에 거꾸러뜨리니, 피를 토하고 죽었다"[9]고 한다. 같은 진평왕 시대의 이야기다. 그러니 짧은 사이에 즐겁고 요긴한 도깨비들이 사악한 무리로 변한 것이다. 게다가 살인까지 했다. 그것도 승려를 죽인 것이다. 그러자 밀본법사가 나타나 이 악귀로 변한 도깨비들을 모두 처리했다는 이야기이다. 여기서 우리는 사람과 도깨비의 관계가 완전히 단절된 것을 느낀다. 도깨비는 자연의 정령들이니 하루아침에 악귀로 변했을 리가 없고 결국은 사람이 배신하여 누명을 씌운 것일 게다. 이런 관점에서 보면 밀본법사 이야기는 도깨비 모함전이라고 보아도 될 것이다. 밀본법사는 김유신의 절친으로 묘사되고 있다. 불교

복사꽃

와 정치세력이 손을 잡고 국가의 기틀을 잡아가는 과정에서 성가신 도깨비들이
먼저 희생되었던 것이다. 멍청하고 고지식하여 자신들의 초자연적인 힘을 공짜
로 사람들에게 제공하는 도깨비가 존속하는 한 누가 힘들게 불공을 드리고 공양
을 하겠는가.

여기서 도화녀는 사람의 딸로서 초자연적인 세계와 사람의 세계를 잇는 매개
체 역할을 한다. 그래서 아마도 이름이 복사꽃 여인이었을 것이다. 다시금 복숭
아나무를 통해서 다른 세상으로 갈 수 있다는 이야기를 상기시키는 것이다. 그
러나 도화녀가 과연 진지왕의 귀신과 화합하여 반신반인의 아들 비형랑을 낳았
을까? 그녀는 과연 보통 여인이었을까? 이런 의문들이 들지 않을 수 없다. 고대
국가에서는 초자연적 세계와 사람의 세계를 잇는 역할을 맡은 사람들이 분명 별
도로 존재했었다. 지금도 무당들이 이 역할을 맡고 있다. 신라의 초대 왕들이 바
로 이런 제사장들이었고 후에는 천관이라는 직책이 생겼다. 김유신과 천관녀의
유명한 사랑 이야기를 누구나 기억하고 있을 것이다. 김유신이 천관녀와의 인연

을 단칼에 끊은 것은 천관녀가 옛 신앙을 대표하는 인물이었기 때문이라고 전해진다. 당시 불교가 득세하기 시작했으므로 일신의 출세와 가문의 영광을 위해서 천관녀를 버려야 했던 것으로 해석되고 있다. 그렇다면 혹시 이 천관녀와 도화녀는 동일 인물이 아니었을까? 비형랑은 김유신의 아들일지도 모르겠다. 김유신과 비형랑은 같은 진평왕 시대의 사람이었으므로 시대적으로도 일치한다. 죽은 귀신의 아들을 낳았다는 것보다 김유신의 아들을 낳았다는 것이 더 설득력 있어 보인다. 그러나 비형랑은 천관녀의 아들이었으므로 출세의 길이 막혔을 것이고 그래서 밤마다 놀러만 다녔을지도 모르겠다. 그 후 그와 그의 어머니의 운명에 대해 역사는 아무 말도 하지 않는다. 다만 그의 집 앞에서 사람들이 이런 노래를 불렀다고 전해진다.

성스러운 임금의 넋이 아들을 낳았으니,
비형랑의 집이 여기로세.
날뛰는 온갖 귀신들이여,
이곳에는 함부로 머물지 말라.

여기서 성스런 왕이 김유신이었다고 가정한다면 불명예스럽게 왕의 자리에서 쫓겨난 진지왕에게 그의 역할이 뒤집어씌워지고 그 대가로 성제로 불러주었던 것은 아닐까. 이런 덧없는 생각을 해 본다. 도깨비와 귀신들과 사람과 반신반인이 자연스럽게 섞여 살았던 그 옛날의 신라는 어떤 곳이었을까?

6

물과 뭍의 경계에 서 있는 버드나무

삼월 삼짇날, 한 무리의 소년들이 강가에 나와 버들가지를 꺾어 피리를 만들었다. 한 소년이
버드나무 아래 앉아 피리를 불기 시작한다. 다른 소년들이 흠흠 목청을 다듬고 맑은 소리로
노래를 부른다. 그 노래는 이랬다.

옛날에 하늘에 해모수가 있었어. 하늘님의 아들이라 이 땅에 내려와 나라를 세웠어. 아들을
얻기 위해 땅으로 내려왔어. 공중에서 내려 올 때 다섯 용이 마차를 끌고, 이백 명의 시종들이
고니를 타고 따랐어. 깃털 옷이 너풀거려 오색구름 찬란하고 맑은 음악 퍼졌어. 하늘이 정한
자는 모두가 하늘사람. 대낮에 내려옴은 옛부터 드물었어. 아침에는 인간세상, 저녁에는 하늘
세상. 멀리서 내려다보니 압록강 맑은 물에 아리따운 하백 세 딸 물놀이를 하고 있어. 해모수
기척하니 미녀들 놀라는 척 물속으로 피했어. 미녀들 웃음소리 옥소리 같았어. 잠깐 사이 궁
전 지어 비단자리 깔아놓고 금준미주 차려놓고 몰래 숨어 지켜봤어. 미녀들이 찾아 와 술 마
시고 취했어. 이때 왕이 나타나자 놀라 뛰다 넘어졌어. 큰 딸 이름 버들유화, 왕이 그녀를 잡았
어. 하백은 크게 성나 사자를 급히 보내. 그대는 대체 뉘요 어찌 감히 방자할꼬. 나는 천제자요
귀문에 청혼하오. 하늘을 가리키니 용수레가 내려왔어. 그것 타고 하백의 해궁으로 들어갔어.
하백이 이르기를 혼인은 막중한 일, 매자 폐백 절차 없이 어찌 이리 무례한고? 진실로 천제자
면 신통력을 시험하자. 파란 물결 속에 하백이 잉어 되자, 왕은 문득 수달 되어 몇 발만에 잡았
어. 이번엔 날개 돋아 너울거려 꿩이 되니, 왕이 또한 매가 되어 치는 솜씨 억셌어. 하백이 사
슴 되니 늑대 되어 쫓아갔어. 하백은 알아보고 술자리로 잔치했어. 해모수 왕 만취하자 가죽
가마에 태우고 유화를 곁에 뉘였어. 가죽 가마가 물에 뜨니 왕이 깨어 일어났어. 유화의 황금
비녀를 뽑아 가죽을 뚫고 빠져나갔어. 하늘 구름 홀로 탄 뒤 적막히 소식 끊겼어.

- 이규보, 『동국이상국집』 동명왕편, 박두포 역, 을유문고, 1974, 필자 편.

나 무 로 변 한 물 ,
버 드 나 무

왜 하필 유화柳花였을까. 화류계의 여인은 아니었을 테니 버드나무꽃이었을 것이다. 버드나무꽃이면 결국 버들강아지 아닌가. 고구려를 세운 주몽의 어머니, 신모神母라고 불리던 여인, 세상에서 가장 아름다운 꽃으로 불렸다 해도 시원치 않을 텐데 버들강아지라니. '내 귀여운 강아지'라고 하면서 아버지 하백이 그리 불렀을까. 어디 신모의 체신에 가당키나 한 말인가. 그런데 알고 보면 바로 이 이름 속에 유화부인의 깊은 비밀이 숨어있는 것 같다. 수로부인이나 도화녀도 이름 속에 그들의 운명이 들어 있지 않았던가.

버드나무는 물가에서 산다. 그래서 물의 성질을 많이 가지고 있다. 나무라기보다는 나무로 변한 물이라고나 할까. 물은 차갑다. 그래서 버드나무 껍질을 끓

경북 청송군 주왕산 주산지의 왕버들. 수령 150년 가량 되었다고 한다. 김기덕 감독의 영화 〈봄, 여름, 가을, 겨울 그리고 봄〉에 출연하면서 유명세를 타기 시작했다.

차가운 물속에서도 끄떡없이 지내고 있는 버드나무는 차고 습한 기운을 잘 견디기 때문에 냉기로 인해 얻은 병에 효과적인 약성분 살리실산을 포함하고 있다. 살리실산은 아스피린의 원료이다.

인 물을 쓰면 냉기로 인해 얻은 각종 질병을 치료할 수 있고 열기를 식히는데 좋다고 한다. 병이 있는 곳에 약도 있다고 했던가. 물의 냉기와 습기로 인해 세균과 벌레가 많은 물가에 해열제가 되는 버드나무가 서 있는 것이다. 『태종실록』에 보면 재미있는 대목이 나온다. 태종 6년, 예조에서 아뢰기를 "사철에 나라의 불을 변하게 하여 계절병을 구제해야 합니다"라고 했다. 무슨 말이냐 하면 철따라 불 때는 나무의 종류를 다르게 해야 한다는 거였다. "느릅나무와 버드나무는 푸른 나무이니 봄에 취하고, 살구나무와 대추나무는 붉은 나무이니 여름에 취하고, 유월에는 흙의 기운이 왕성하니 황색의 뽕나무를, 가을에는 흰빛의 떡갈나무, 겨울에는 검은 느티나무를 써야 한다"고 했다.[1] 중국의 『주례周禮』에 그렇게 나와 있다는 것이다. 태종은 윤허하여 시행령을 내린다.

버드나무가 푸른 나무라는 것은 음의 성질이 강하고 달의 영향을 많이 받는 나무에 속한다는 것을 의미한다. 그래서 달이 차고 빠지는 것처럼 쉽게 자라고 쉽게 스러진다. 나무를 베어버리면 도끼자국이 마르기도 전에 다시 싹이 나는 것이 버드나무이다. 가지를 잘라 땅에 꽂으면 재빨리 뿌리를 내린다. 아마도 달에 있다는 나무는 계수나무가 아니라 버드나무일지도 모르겠다. 도끼로 찍어도 다음날이면 다시 제자리로 돌아와 있다는 나무 말이다. 한쪽에서 새 가지가 나오는 중에 옆에서 낡은 가지가 썩어가는 이상한 나무이다. 이렇게 빨리 자라는 버드나무의 특성을 이용하여 요즘은 에너지 작물로도 쓰고 있다. 유럽의 이야기이다. 국토 면적이 좁은 한국에서는 실현 가능성이 적을 수도 있겠다. 사실 경작자의 입장에서는 사업성이 그다지 높은 '아이템'이 아니지만 친환경성이라는 잣대를 대면 얘기가 달라진다. 한 때 농경지로 쓰던 땅에 속성수 묘목을 가득 심어놓는 것이다. 버드나무 외에도 포플러, 자작나무, 오리나무 등 빨리 자라는 나무를 심어 놓고 짧게는 3년, 길게는 10년 만에 한 번씩 베어낸다. 수확한 나무는 잘게 썰어 압착시켜 난방용 연료로 판매한다. 심어놓고 빠르면 3년 터울로 일하면 되니 게으른 지식인들에게 걸맞은 사업일 수도 있겠다.

나무의 세포벽을 구성하고 있는 요소 중에서 펙틴과 리그닌이라는 것이 있다. 펙틴은 아교처럼 부드럽고 리그닌은 시멘트처럼 단단하다. 나무들이 높다랗게 자랄 수 있는 것은 리그닌 덕이다. 줄기가 튼튼하게 받쳐주어야 높이 자랄 수 있는 것이다. 그런데 버드나무의 세포는 이 리그닌을 충분히 만들지 않는다. 그래서 조직이 단단하지 않아 낭창낭창하고 휘휘 늘어지게 되는 것이다. 밤에 물가에 긴 머리를 풀고 늘어져 있는 능수버들을 보면 무서움증이 나기 똑 알맞다. 그래서인지 버드나무에 얽힌 이야기는 대개 으스스하게 마련이다. 유럽에서는 마녀들의 나무라고도 한다. 해리포터에 나오는 채찍질하는 버드나무를 기억하실 것이다. 나무등치에 커다란 구멍이 뚫어져 있어 그곳을 통해 마을로 드나든다. 해리포터 이야기 일곱 편 내내 주인공들이 얼마나 자주 이 통로를 이용했는지 셀 수도 없을 것이다. 초승달이 걸려 있는 밤, 마녀들이 버드나무 구멍을 통해 마귀들과 만나러 간다는 이야기들이 떠돌았다. 그러니까 서양의 버드나무는 한국의 복숭아나무 역할을 하는 것처럼 보인다. 그러나 약간의 차이는 있다. 버드

좌: 버드나무 열매(종자)
위: 버드나무 암꽃에 온 손님. 일찍 꿀을 만들어 벌을 유혹한다.

나무에 다른 세상으로 가는 통로가 있기는 하지만 여기서 다른 세상은 저세상이나 귀신들의 세상이 아니라 마법의 세상이다. 그래서 멀쩡한 여인네들이 버드나무 가에서 얼쩡거리다가는 마녀로 오해받기 똑 맞춤이었다. 우리가 귀신을 무서워하는 것만큼 유럽 사람들은 마녀를 무서워했던 것 같다. 썩은 버드나무의 둥치는 캄캄할 때 빛이 난다. 영락없이 마녀들이 불을 피우고 악마들과 접속하고 있는 것이다.

이런 소문이 나도는 것은 버드나무의 풀어헤친 머리 때문이기도 하지만 여러모로 경계에 서 있는 식물이기 때문이다. 물과 뭍의 경계에 서 있고 겨울과 봄의 경계에 서 있다. 그리고 삶과 죽음의 경계에 서 있기도 했다. 그리스 지하세계로 가는 길에 있던 버드나무 숲을 기억하실 것이다. 이렇게 버드나무는 진달래처럼 두 세계의 경계 지점에 서 있는 나무다. 그래서 버드나무는 진달래와 함께 앞서서 봄을 알린다. 산에서는 진달래가 물에서는 버드나무가 그 역할을 담당하는 것이다. 진달래가 꽃으로 알린다면 버드나무는 온 몸으로 알린다. 아직 살얼음이 채 가시지도 않은 개울가 버들가지가 연두색으로 물들어가는 모습을 보면 봄이 멀지 않았음을 안다. 마치 더 이상 기다릴 수 없다는 듯 얼음 같이 차가운 물을 빨아들이는 것이다. 그렇게 빨아들인 물로 버들꽃은 서둘러 많은 꿀을 만들어 벌들을 유혹한다. 아직 어떤 꽃도 꿀을 제공하지 않을 때 왕벌들에게 곤궁했던 겨울을 잊게 해주는 것이 버드나무이다. 그래서 과수원 주변에 버드나무를 심어 벌들의 단체 예약을 미리 잡아두는 것이 유리하다고 한다.

봄, 강가 버드나무 숲에 안개 같기도 하고 아지랑이 같기도 한 것이 세상에서 가장 투명한 연둣빛의 레이스로 내려앉으면 그 누군들 정령을 보지 못하겠는가.

버 드 나 무
정 령 들

천안삼거리 능수버들처녀는 어떻게 되었을까. 옛날 천안삼거리에 예쁜 능수아가씨가 아버지와 살고 있었다. 어느 날 한 선비가 한양으로 과거시험을 보러 가다가 천안삼거리에 도착했을 때 날이 어두워졌다. 맘씨 좋은 능수 아버지가 참한 선비에게 묵어가라고 초대를 했다. 선비는 그만 아리따운 능수아가씨와 사랑에 빠지게 되었다. 과거시험이 임박해서 선비는 다시 돌아오겠다는 아쉬운 약속을 남기고 돌아보고 또 돌아보며 한양으로 떠났다. 그러나 선비는 돌아오지 않았다. 아가씨는 결국 기다리다 지쳐 죽었고, 그 자리에서 아가씨의 곱고 긴 머리채를 닮은 버드나무가 자라났다. 딸의 죽음을 안타깝게 여긴 아버지가 버드나무를 근처에다 계속 심어서 천안삼거리 일대에는 온통 능수버들이 자라게 되었다. 그리고 이 능수버들이 바람만 불면 여자의 긴 머리카락처럼 날린다는 이야기가 전해진다. 선비는 과거시험에 합격했을까? 왜 버들아가씨들이 사랑한 남자들은 해모수처럼 돌아가면 소식을 끊을까.

버드나무에 꽃목걸이를 걸다가 물에 빠진 가련한 오필리아(존 에버레트 밀레 그림, 1852년, 테이트 갤러리 소장)

셰익스피어는 버드나무에서 불길한 죽음의 예고를 보았다. 햄릿의 연인, 가여운 오필리아는 꽃목걸이를 만들어 강가 버들가지에 걸려고 하다가 가지가 부러지면서 물에 빠져 죽고 만다. 연인 햄릿에게 자기 아버지가 살해당하자 그만 정신 줄을 놓아버린 것이다. 오필리아의 입장에서 보면 꼭 죽고만 싶었을 것 같다.

오셀로의 데스데모나는 또 어떤가. 죽기 직전 마치 자신의 죽음을 예감하듯이 저녁 단장을 하며 오래된 민요 "버드나무의 노래The Willow Song"를 부른다. 사랑하는 남자를 기다리다 지쳐 죽은 버드나무 처녀의 이야기였다.

> 무화과나무에 기대 서있는 젊은 처자, 이른 아침부터
> 이렇게 노래했다네.
> 　　오 버드나무! 노래하럼 버드나무야!
> 사랑한 사람 날 떠났네. 가서 다신 오지 않았네.

오 버드나무! 노래하렴 버드나무야!
오래된 노래 부르면서, 부르면서 죽어갔네.
　　오 버드나무! 노래하렴 버드나무야!
가슴에 두 손을 얹고 머리를 깊이 숙이고.
　　오, 버드나무! 노래하렴 버드나무야!
시냇물도 그녀를 따라 이렇게 노래했어.
　　오, 버드나무! 노래하렴 버드나무야!
그 처녀 뜨거운 눈물 얼었던 돌 녹였다네.
　　오, 버드나무! 노래하렴 버드나무야!

버드나무 잎을 엮어 꽃장식 만들까나.[2]

데스데모나가 마지막 밤 버드나무의 노래를 부르고 있다(단테 가브리엘 로세티 그림, 1878~1888년).

　　남편이 자기를 죽이러 오는 동안 데스데모나는 이렇게 노래를 부르며 버드나무 잎으로 꽃장식 만들 생각을 했다. 어쩌면 그것으로 조각배를 지어 타고 서천꽃밭으로 가려했던 것일지도 모르겠다. 무사히 환생초를 얻어 다시 살아났을까.
　　제석굿에서 부르는 꽃타령이라는 노래가 있는데 삼신할머니가 아이를 점지해 주기 위해 서천꽃밭으로 생명화를 구하러 가면서 부르는 노래이다.

생명화를 구하기 위하여
상탕에 머리 감고 / 중탕에 몸 감고 / 하탕에 수족을 씻고서
앞바다 열두바다 / 뒷바다 열두바다 / 이십사강을 건너갈제
나무배를 모아 띄우면 / 목선이라 흘러가고 / 무쇠배를 띄우면
철선이라 가라앉고 / 돌배를 모아 띄우면 / 석선이라 굴러가고

흙배를 띄우면 / 토선이라 산산이 풀어지고 / 수영명산 올라가서
버들잎을 주르르 훑어 / 버들잎의 배를 짓고 / 구름으로 배를 모아
바람으로 돛을 달아 / 이십사강을 얼른 건너 / 동으로 개골산이오
남으로 지리산 / 북으로 묘향산 향을 피우고 / 구월산 솥을 걸어
수영산 주걱을 걸쳐놓고 / 밥을 지어 산신님께 맞이를 올리고
서천서역국을 들어가 / 가랑잎 새새 다니다 구해 왔다.

- 제석굿의 꽃타령 [3]

보헤미아 지방에는 이런 이야기가 전해진다. 젊은 부부가 두 아이를 데리고 단란하게 살고 있었는데 이따금 밤이 되면 아내가 몰래 집을 빠져나가 어디론가 가곤 하였다. 부쩍 의심이 생긴 남편이 하루는 뒤를 밟았다. 그랬더니 아내가 연못가 버드나무로 가서 그저 하염없이 앉아 있더라는 것이다. 그 다음날 남자는 버드나무를 베어버렸다. 그러자 아내가 그대로 쓰러져 죽었다. 아내는 버드나무의 정령이었던 거였다. 이듬해 버드나무 둥지에서 새순이 돋고 가느다란 가지가 길게 자라났다. 아이들은 그 가지를 잘라 피리를 만들어 불었다. 그랬더니 피리 속에서 어머니의 노랫소리가 들렸다고 한다. 어쩐지 으스스한 느낌이 드는 이야기다. 그러나 이 이야기는 버드나무가 죽음과 관계있음을 말하는 것이 아니다. 버드나무 정령은 구미호와는 다르다. 사람들을 해하기 위해 사람으로 변한 것이 아니고 사람들을 너무 좋아해서 사람과 같이 살고자 했으나 사람이 알아보지 못했을 뿐이었다. 우리의 버들도령 이야기도 이와 비슷한 운명을 전하고 있다.

그럼에도 사람들은 계속 버드나무에서 죽음을 보았다. 예수를 배반한 유다가 버드나무에 목을 맸다고도 하고, 본래 버드나무는 과일나무였는데 사람들이 그 가지를 꺾어 예수님을 모질게 학대한 후 더 이상 열매를 맺지 않는다는 소문도 떠돌았다. 그래서 중세 교회에서는 버드나무를 예수의 고난, 죽음 그리고 부활을 상징하는 나무로 정했다. 어쩌면 이것이 버드나무의 덕목에 가장 부합되는 대접이었을지도 모르겠다. 몸과 마음이 아픈 사람들은 버드나무에게로 가서 옷을 벗

듯 병을 벗어서 나무에게 건네주면 된다고 한다. 마치 예수님에게 자신의 죄를 떠넘기듯 그렇게 하면 된단다. 그러면 버드나무는 그것을 받아서 땅 속 깊이 보낸다는 것이다. 다행히 이렇게 사람을 지극히 사랑하는 버드나무의 속성을 이해한 사람이 있었다. 영국의 에드워드 배치라는 의사였다. 그는 맑은 샘물을 길어다 버드나무 꽃을 띄워 양지쪽에 놓아두었었다. 그리고 그 물을 우울증 환자와 비관론자들에게 마시게 했다. 치료 효과가 탁월했다고 한다. 관음보살도 버드나무로 정화한 물을 뿌려 중생을 위로했다. 버들도령이 그랬듯이 사실 버드나무는 사람들에게 좋은 마음을 가지고 있는 것은 확실한 것 같다. 실제로 버드나무 뿌리에는 물을 정화시키는 요소가 들어있다. 그래서 왕건이 만났다는 우물가 처녀가 물에 버들잎을 띄운 것이겠지. 이 처녀 역시 버드나무의 정령이 아니었을까.

그런데 물에 뜬 버들꽃에 햇살이 비치면 왕이 태어나는 것이 아니었던가?

능수버들과 사촌지간인 슬픈 버드나무. 나폴레옹이 가장 사랑한 나무였다. 엘베 섬에 유배 갔을 때 늘 이런 나무 아래 앉아 있었다고 한다. 슬픔도 걸어놓고 실의도 낡은 옷처럼 벗어서 걸어 둘 수 있는 버드나무는 사람을 좋아하는 나무이다.

해 모 수 는
유 화 를   버 렸 나 ?

    이규보의 서사시 동명왕편을 보면 해모수와 유화부인 이야기가 흥미롭게 묘사되어 있다. 『삼국사기』의 검열에 걸려서 삭제된 나머지 이야기를 전하고 있는 것이다. 이규보 자신도 처음 고사를 접하고는 이 무슨 해괴한 귀신 이야기인가 생각했다고 한다. 그 때가 고려 말이었으니 유교가 기득권을 잡은 후였고 유교의 합리적 사고체계가 이런 귀신 이야기를 허황한 것으로 여기게 했을 것이다. 그런데 곰곰이 생각하고 읽고 또 읽어보니 이것이 단순한 귀신 이야기가 아니고 "성聖이며 신神이었다"라고 이규보는 고백하고 있다. 이규보의 깨달음 덕에 우리의 중요한 신화가 살아남게 되었으니 천만다행이 아닐 수 없다.

    해모수 신화에서 핵심적인 요소는 두말할 것도 없이 하늘아들 해모수와 유화와의 만남일 것이다. 해모수는 이렇게 신분이 분명히 밝혀졌지만 유화는 상당히 애매한 입장이다. 그렇기 때문에 우선 유화의 성격을 규명할 필요가 있어 보인다. 나라의 시조들은 어느 문화를 막론하고 모두 하늘의 자손이거나 아니면 하늘의 부름을 받은 사람들이었다. 그리고 그 하늘과 땅이 만나 사람을 번성시키는 것 역시 거의 정형화된 패턴이다. 그럼 유화는 땅의 여신이었을 것이다. 동명왕편을 조금 더 읽어가다 보면 나중에 주몽이 커서 부여국을 떠나는 장면이 나온다. 유화는 먼길 가는 아들에게 오곡五穀 종자를 싸준다. 그러다가 그만 이별하는 슬픔에 보리 종자를 빠뜨린다. 그래서 후에 비둘기를 시켜 주몽에게 보냈다고 전하고 있다. 이를 근거로 유화가 농경의 여신이었을 것으로 해석하고 있다.4) 과연 그것이 전부였을까?

    대체로 크게 언급되고 있지 않지만 중요한 사실이 하나 있다. 유화의 아버지 하백이 수신水神이었다는 점이다. 그러니 유화는 물의 정령이어야 한다. 그런데 농경의 신이기도 했으니 유화의 역할은 결국 땅과 물을 결합시키는 일이었을 것이다. 유화, 즉 버들꽃이라는 이름이 그래서 흥미롭다. 물과 뭍의 경계에 서 있는 버드나무는 유화의 본질을 그대로 반영하고 있는 나무이다. 땅과 물이 만나 햇

볕을 받으면 오곡이 무르익는다. 물론 종자를 뿌렸을 때의 일이지만, 신화는 그 점도 잊지 않고 언급하고 있다. 먼길 가는 아들에게 유화부인이 도시락이 아니고 당장 먹을 수 없는 오곡 종자를 싸 주었다고 하지 않았는가. 보리 종자를 잊고 나중에 보낸 것은 아마도 보리 파종 시기가 다른 곡식과 달랐음을 상징하는 것일 게다. 이렇게 유화에게 땅과 물, 오곡의 요소가 주어졌고 해모수는 태양을 맡았으니 이야기가 어디로 흘러갈지 짐작이 가지 않는지. 게다가 유화는 아기를 낳은 것이 아니라 알을 낳는다. 갈데없는 생산과 풍요의 여신이었던 것이다. 이렇게 땅의 여신과 물의 여신에다가 풍요와 생산의 여신까지 겸하는 것은 신화 속에서도 드물게 보는 일이다. 신들이 투 잡, 쓰리 잡을 갖는 경우는 흔하지만 땅과 물과 곡식 생산은 워낙 비중이 크다보니 한 신이 겸해서 수행하는 것이 어렵다. 이미 살펴본 바와 같이 그리스 신화에선 오곡이 무르익게 하기 위해 동원되는 신들이 한둘이 아니었다.

이런 맥락에서 보면 해모수가 다시는 얼굴을 비치지 않았다는 것은 당연한 일일지도 모르겠다. 해모수의 역할이 끝났기 때문이다. 해모수는 아들을 낳기 위해 내려왔다고 했다. 미안한 말이지만 아들을 낳았으니 더 이상 쓸모가 없던 거였다. 그런데 과연 그럴까? 그렇지 않을 것이다. 다시 한 번 이야기를 잘 읽어보면 이렇다. 해모수가 혼자 떠나자 아버지 하백이 홧김에 딸을 물에 던져버린다. 금와왕이 건져내서 보니 해모수의 아내가 틀림없어 별궁에 들게 했다. 이렇게 유화는 여러 번 물속을 들락날락 했어야만 했다. 신모가 되는 과정이 어디 쉬웠겠는가. 그때까지는 아이를 잉태했다는 얘기는 한마디도 없다. 그러다가 별궁에서 "햇빛을 받아" 주몽을 낳았다고 했다. 그럼 해모수는 다섯 마리 용이 끄는 수레를 타고 이백 명이나 되는 시종을 거느려 풍악도 요란하게 땅으로 내려와서는 그냥 상견례만 하고 간 것일까? 그렇지는 않았을 것이다. 물에 던져졌을 때 유화는 이미 잉태한 상태였을 테고 별궁에서 햇빛이 아이를 성숙시켰을 것이다. 이는 해모수가 유화와 아이를 끝까지 돌보았다는 뜻이 된다. 다른 한편 이런 해석도 가능하다. 햇빛이 성숙시키는 것은 식물의 종자밖에는 없다. 사람의 아이는 굳이 햇빛이 없어도 된다. 그럼에도 햇빛을 받았다는 점을 신화에서 강조하고 있는 것이 의미심장하다. 그러니까 해모수는 하늘과 태양이라는 두 요소를, 유화는 땅과 물이라는 두 요소를 각각 지참금으로 보태서 한 생명을, 아니 곡식 한 알을 탄생시켰다는 것이다. 하늘과 땅만 있어서도 안 되고 태양과 물만 있어서도 안 된다. 씨앗 하나를 만들기 위해서는 모든 것이 다 필요했던 것이다. 사람의 힘으로는 어림도 없는 일이며 소쩍새가 여러 밤을 운 것 정도로는 될 일이 아니었다. 옛 사람들은 그것을 알았던 것이다. 알곡이 여무는가 아닌가의 여부에 생사가 달려있었으니 그럴 수밖에 없었을 것이다. 해모수와 유화 이야기는 주몽이라는 건국시조의 탄생신화이기도 하지만 동시에 알곡 한 알이 만들어지고 성숙하는 과정을 엄청나게 세밀한 시선으로 분석하여 재현한 것이라고도 볼 수 있는 것이다.

웨일즈에서 이런 이야기가 전해져 내려온다.

케리드웬이라는 여신이 있었는데 남매를 낳았다. 그런데 딸은 세상의 어느 선녀보다 예뻤지만 아들은 세상에서 가장 흉한 모습으로 태어났다. 아들을 아름답고 현명한 인물로 만들기 위해 여신은 마법의 가마솥을 내다 건다. 마법의 약을 만들려는 거였다. 그런데 이 약을 만드는 데는 꼬박 1년하고도 또 하루가 소요되었다. 우선 신성한 샘물을 길어다 채우고 불을 지폈다. 그리고 아침저녁으로 각종 약초와 꽃과 나무뿌리를 캐다가 솥에다 집어넣어야 했다. 각 약초마다 채취하는 시기가 달랐으므로 오랜 세월이 걸릴 수밖에 없었다. 그 사이 약은 쉬지 않고 끓어야 했다. 자신은 약초를 구하러 다녀야하니 그위온이라는 시종을 시켜 불을 지키고 약을 휘젓게 했다. 그위온은 약간 모자라는 바보청년이었다. 그저 여신이 시키는 대로 열심히 불을 살피고 약을 끓였는데, 드디어 마지막 날, 휘젓던 청년의 손에 약물이 세 방울 튀었다. 아 뜨거 하면서 약을 핥아먹으니 갑자기 펑하고 솥이 깨지면서 약이 모두 쏟아져 땅으로 스며들었다. 청년은 순간 머릿속이 환해지며 모든 것을 보고 알게 되었다. 이 장면을 목격한 케리드웬 여신은 물론 제정신이 아니었다. 괴성을 지르며 청년에게 달려들었다. 그러자 청년은 재빨리 토끼로 변해서 도망갔다. 여신은 승냥이로 변해서 쫓았다. 청년은 몸을 던져 강물에 뛰어들어 물고기로 변해 도망갔다. 여신은 수달로 변해서 물고기를 쫓았다. 청년은 새가 되어 날아갔다. 여신은 매가 되어 쫓았다. 다급한 청년이 아래를 내려다보니 마침 들판에 알곡이 익어 농부들이 추수를 하고 있는 것이 보였다. 청년은 알곡으로 변해 땅에 떨어져 내렸다. 여신은 닭으로 변해 그 알곡을 끝까지 찾아내어 먹어버렸다. 그걸로 여신은 잉태를 하여 사내아이를 낳았다. 너무 예쁜 아이였다. 그래서 차마 죽이지 못하고 가죽주머니에 넣어 물에 던져버렸다. 오월이 되어 태양신이 하늘 높이 떠서 온 세상을 밝히는 날 낚시를 하고 있던 어느 나라의 왕이 그 가죽주머니를 물에서 건져냈다. 열어보니 아이가 햇빛처럼 환하게 웃고 있었다. 어부는 아이의 이름을 "탈리에신"이라고 붙여주었다. '밝게 빛나는 얼굴'이라는 뜻이다. 우리식으로 표현하면 동명이라고나 할까? 해모수 신화에서는 변신의 단계에서 알곡이 빠져있지만 유화가 낳은 알을 같은 맥락이라고 보면 되지 않을까.

이 두 신화는 너무 닮아 있다. 심지어는 가죽주머니까지 닮았다. 대체로 가죽주머니는 모태를 상징한다고 하며 여기 들어갔다 다시 나왔다는 것은 두 번 태어남, 즉 거듭남을 의미한다고 한다. 이런 '거듭남'의 의식은 인디언에서부터 시베리아와 스키타이의 샤먼을 거쳐 서쪽 끝 웨일즈의 주술사들까지 모두 거쳐야 하는 의례였다. 주술사들은 실제로 손이 묶인 채 가죽주머니에 들어가 물에 던져지기도 했다는데 그러면 어떻게든 다시 살아 나와야 했다. 좀 온건한 경우에는 버드나무 가지로 엮은 움막을 가죽으로 덮어 대신하는 경우도 있었다고 한다. 그리고 그 속에 뜨거운 돌을 넣어 말하자면 '불가마'를 만들어 불의 의식을 치렀다고 전해진다. 토끼, 새, 물고기 등으로 변신하는 것은 물, 불, 흙, 공기의 네 가지 요소를 두루 거쳐야 한다는 것을 의미한다. 가죽주머니와 변신의 의미는 바로 이런 거였다. 그런 의미에서 본다면 찜질방이나 불가마를 사랑하는 한국 사람들은 벌써 수도 없이 거듭나지 않았나 싶다. 누구든 둔갑술 정도는 가볍게 할 수 있어야 하는 것 아닌가.

버드나무로 만든 '둥글가마'의 변천사. 1980년대부터 친환경적인 정원만들기가 이슈화되면서 정원박람회에 버드나무로 만든 오두막이 선을 보이기 시작했다.

그것이 점점 발이 되어 이제는 버드나무로 만든 교회를 짓고 그 안에서 예배를 보기도 한다. 돌로 만든 건물에서보다는 자연 속에서 신에게 더 가까이 갈 수 있다는 생각이 바탕이 된 것이다(© Anghy).

생목 교회당의 내부, 제단과 십자가가 보인다(ⓒSchmelli).

이런 버드나무 생목 교회는 아무렇게나 엮어서 만드는 것이 아니고 전통적인 교회 건축양식을 어느 정도 따르고 있다. 탑과 긴 주랑을 두는 기본 양식을 지키고 있다(ⓒGottes Häuser).

웨일즈의 여신과 유화가 낳은 아이 둘 다 커서 세상을 이끄는 큰 인물이 된다. 누구나 알고 있다시피 유화의 아들 주몽은 동명성왕이 되었지만 대체 탈리에신은 누군가. 그는 전설적인 음유시인이 된다. 음유시인? 이 정도의 탄생설화를 가지고 태어나는 사람이라면 최소한 왕은 되어야 하는 게 상식 아닐까. 그런데 음유시인? 음유시인이 주몽에 버금가는 탄생신화를 가지고 있는 것을 이해하기 위해서는 웨일즈 지방, 즉 영국의 고유문화였던 켈트 문화라는 배경 하에서 밖에는 이해할 수가 없다.

왕 의 노 래

탈리에신Taliesin은 6세기 초에 살았던 실존인물이었다고도 하지만 확인된 것은 아니다. 또한 전설의 아서왕을 보좌한 인물이었다고 전해지기도 한다. 그러니까 여러 겹으로 베일에 싸인 인물이다. 시인이 왕을 보좌했고 저 정도의 탄생설화를 가지고 태어났다면 보통 인물은 아니었을 것이다. 탈리에신이 살았다던 6세기 초반의 영국은 전통적인 자연신앙이 붕괴되고 기독교가 자리를 잡아가는 과도기였다. 도화녀가 살았던 신라의 모습과 흡사했을 것이다. 켈트족의 자연신앙에서 중요한 역할을 하는 사람들을 대개 세 그룹으로 분리하였다. 우선은 전적으로 종교적 의식을 담당하는 사제들이 있고, 그 다음이 의사, 마법사, 예언자의 역할과 정치적 고문 역할을 두루 담당했던 드루이드들이 있었으며, 마지막으로 음유시인들이 있었다. 이로 미루어보아 알 수 있듯이 음유시인들의 역할은 단순히 노래를 만들어 부르는 것이 아니라 음악을 통해 신을 부르고 이 세상과 다른 세상을 서로 연결하는 주술적 역할을 했던 거였다. 그러고 보면 우리의 무당과 같은 역할이겠는데 다만 음유시인들의 사회적 지위가 어느 정도 유지되었었다는 점이 다를 뿐이다. 음악 역시 종교 의식에서 출발했다는 것

높은 절벽 위에서 적군에게 저주의 노래를 부르고 있는 음유시인(18세기 토마스 그레이의 서사시 "The Bard"에 포함된 삽화)

을 생각하면 그런 음악을 만들 수 있는 사람들에 대한 높은 경외감을 가져야 할 것 같다.

탈리에신이 지었다는 노래집도 전해지는데 그 내용을 보면 왕들의 역대기라거나 진혼가들이 포함되어 있고 예언서도 섞여 있다. 이 역시 우리의 서사무가와 같은 유형에 속한다고 보면 되겠다. 그는 자신의 출신성분을 스스로 이렇게 밝히고 있다.

어머니도 아니고 아버지도 아니요.
신이 과일나무를 깎아 나를 만드시고
나무 열매로 나를 만드시고
산의 약초로 나를 만드시고
흙으로 나를 빚으시고
아홉 물결의 물로 나를 만드시고
아홉 가지 요소로 나를 만드셨소.

얼핏 들으면 마치 주문을 외우는 것 같다. 웬만한 사람들 같으면 자신이 여신의 아들임을 누차 강조했을 터인데 과일과 나무와 약초로 만들어졌다고 하는 것이다. 이건 그들이 자연요소의 신성을 믿고 있었기 때문이었다. 그들은 사람이 나무에서 태어난다고 믿었고 나무는 신성했다. 그러므로 정치적 실세가 왕이나 부족장에게 있던 것이 아니라 자연신앙을 주관하는 종교적 지도자들에게 있었던 것이다.

우리에게도 그런 시절이 있었다. 예를 들어 고려시대의 "국왕은 수시로 병자를 모아 놓고 약품을 나누어 주며 이를 위로하는 일이 많았고, 국가에 공이 있는 자나 전공이 있는 자에게 상품으로 약을 하사하는 경우가 자주 있었다"[5]고 한다. 이 일화는 당시 약이 얼마나 귀한 것이었는가를 말하기에 앞서 고려의 왕들이 왕의 본질이 구휼과 구급에 있음을 잊지 않고 있었다는 것을 증명한다.

『반지의 제왕』영화가 아니라 책의 거의 끝부분에 가면 흥미로운 장면이 나온다. 주인공 아라곤이 드디어 곤도르를 악의 힘에서 구하고 왕으로 추대받기 전, 그는 아내가 될 아르웬에게 이렇게 묻는다. 왕이 되려면 어떤 자격을 갖추어야 하나? 그러자 아르웬이 대답한다. 왕은 아픈 사람들을 치료할 수 있어야 한다고. 뜻밖의 대답이다. 통솔력이 있어야 한다거나 백성에게 어진 왕이 되어야 한다는 것이 아니라 아픈 사람을 고쳐주어야 한다는 거다. 전쟁을 통해 권력을 장악했다 하더라도 왕이 되려면 그 자격을 인정받는 절차가 필요했다. 멀고도 험한 길을 다 걸어 온 뒤에 이제는 병자까지 치료해야 했던 거였다. 기독교에서 예수 그리스도를 왕이라고 부르는 것도 같은 맥락일 것이다.

『반지의 제왕』을 쓴 톨킨은 언어학, 문학이론 교수이며 신비주의자로서 인류문명과 신화와의 관계에 특히 조예가 깊은 사람이었다. 무엇보다도 그는 켈트족의 후예였다. 그는 고대 왕국이 탄생할 때 나라를 어둠에서 구하는 영웅이 자동적으로 왕이 되는 것이 아니라 치유능력을 보여주어야 왕으로서 완전해짐을 알고 있었다. 하늘과 통하는 사람에게 하늘이 이 능력을 부여한다고 믿었으며 아라곤도 그 사실을 알고 있었다. 우리의 단군신화도 유사한 이야기를 전한다. 환웅천왕이 곰을 사람으로 만들었다는 일화는 여러 각도로 해석이 가능하지만 왕의 주술적인 능력, 즉 신적인 면을 보여줌으로써 드디어 건국의 기반이 완벽해졌다는 해석이 가능하다. 주술은 무엇보다도 치료를 위해 필요한 것이다. 왕이 의사의 역할을 겸했다는 것에는 많은 학자들이 의견을 모으고 있다. 한의학의 시조로 일컬어지는 신농도 의사가 아니라 '왕'이었다. 그런데 중요한 것은 무엇보다도 왕 자신이 왕이 될 마음의 준비가 되어 있어야 했다. 아라곤의 경우

정선의 "귀래정"(영조시대인 1742년에 그린 그림). 귀래정은 조선시대 형조판서를 지낸 죽소 김광욱(竹所 金光
煜, 1580~1656년)이 행주 덕양산 기슭 행호강(현 창릉천)변에 세운 정자다. 온통 버드나무로 둘러싸여 있으니
귀래정(歸來亭)인가 귀래정(鬼來亭)인가.

노래하는 능수버들

많이 망설였었다. 내가 과연 선택된 왕인가? 그는 마지막 단계로 늙은 여인의 병을 치료함으로써 모든 시험을 통과한다. 이로써 그 자신도 모든 의문과 망설임을 털어내고 자신이 왕으로 선택되었음을 인정하게 된다.

이런 아라곤의 모습에서 우리는 탈리에신의 정체를 확인할 수 있다. 아라곤은 약초에도 통달한 사람이었지만 마지막에 늙은 여인의 병을 치료한 것은 다름아닌 그의 노래였다. 그는 병든 여인의 손을 잡고 낮은 소리로 노래를 불러주어 낫게 했다. 탈리에신은 노래로 치유하는 시인이었고, 아라곤이었고 왕이었다.

버드나무도 노래를 한다. 봄에 아이들이 버들피리를 만들어 불면 유화부인의 고운 목소리를 들을 수 있다. 아니면 어머니의 목소리일까?

7

연꽃, 심청이 물에 빠져야 하는 이유

아주 아주 먼 옛날에 세상이 어지럽던 시절,
사람들이 모두 앞을 못 보게 되었다.
이를 가엾게 여긴 옥황상제가 한 아름다운 선녀에게 명을 내렸다.
"너는 세상에 내려가 사람의 딸로 태어나 사람들의 병을 고쳐야 한다."
이렇게 사람의 딸로 태어난 선녀는 심청이라는 이름으로 불렸다.
심청은 때가 되자 깊은 물속으로 들어가야 했다.
왜냐하면 연꽃으로 더 아름답게 다시 태어나기 위해서였다.
연꽃은 하늘나라의 꽃이기 때문에 그 힘을 빌려 아비의 눈을 고치는 기적을 행했다.
그 뿐 아니라 앞 못 보는 모든 사람들의 눈을 다 뜨게 해 주었다.
그리고는 어여쁜 날개옷을 떨쳐입고 다시 하늘나라로 돌아갔다.

위의 내용은 심청전의 기본 줄거리를 바탕으로 필자가 정리한 것이다.

꽃을 든
부 처

유학시절, 첫 해의 설계수업 시간이었다. 설계한 것을 벽에 걸어놓고 각자 설명하는 순서가 되었다. 내 순서가 되어 준비한대로 더듬거리며 설명을 했는데 교수님께서 뜻밖의 질문을 하셨다. 거기 저 나무가 거기 서 있고, 저기 저 돌이 저 자리에 있는 이유를 알고 싶다고 하셨다. 막막했다. 그리고 약간 화가 났다. 나무가 거기 서 있는 이유까지 말해야 하나. 지금이야 어린 학생들도 논술이 다 뭐다 해서 논리가 정연하지만 우리 세대만 해도 '말없음표'가 미덕인 줄 알고 컸던 것이다. 게다가 아직 독일어도 서투른 터여서 어떻게 대답을 했는지 기억도 나지 않는다. 진땀만 한 바가지 흘렸던 것 같다. 종일 그 일이 머리에서 떠나지 않았다. 왜 그런 질문을 하셨을까? 돌이 서 있는데도 이유가 있나. 서쪽과 동쪽의 사고 차이가 거대한 절벽처럼 다가왔다. '왜 사냐면 웃지요' 식의 대답은 통하지 않는 세상임이 깨달아졌다. 저녁 때 기숙사로 돌아와 밤새도록 설명서를 썼다. 키워드가 하나 떠올랐기 때문이다. 염화미소染化微笑였다.

> "어느 날 영취산에서 석가모니가 제자들을 모아 놓고 설법을 하고 있을 때였다. 부처의 가르침에 귀 기울이고 있는데 하늘에서 갑자기 꽃비가 내렸다. 신기한 일이었다. 사람들은 그 기이한 일을 두고 수군거리기 시작했다. 조용하던 모임은 어느새 술렁임으로 소란스러웠다. 그때 석가모니는 바닥에 떨어져 쌓인 연꽃 하나를 사람들에게 들어 보인다. 다들 이 기이한 일과 스승의 행동이 무엇을 의미하는지 알지 못해 어리둥절하였다. 그러나 가섭이라는 제자만은 미소를 지어 석가모니에게 답하였다."[1]

이것이 염화미소 혹은 염화시중의 미소다. 물론 내가 염화미소의 뜻을 이해했다는 것은 아니다. 다만 동양의 직관적 사고체계와 서양의 실증적 사고체계의 차이점을 설명하려다 보니 위의 사례가 떠올랐던 거였다. '저는 고국에서 이런 식으로 교육을 받아 이런 식으로 사물을 이해하는 방법 밖에는 모릅니다.

그러니 그 점을 감안하시고 앞으로 많이 지도해 주십시오' 라는 요지의 설명문이었다. 다음 주 수업 시간에 교수님은 내게 염화미소로 답을 주셨다. 물론 꽃을 들어보이지는 않았지만 내게 미소를 보내며 고개를 끄덕이셨다. 아무 말씀도 없이. 나중에 교수님과 어느 정도 친해진 후에 들은 얘긴데 교수님도 내 설명문을 읽으신 후 자료도 찾아보고 생각을 많이 하셨단다.

통도사 괘불, "꽃을 든 부처"

연꽃을 들고 있는 부처의 모습은 그리 자주 그려지는 모티브는 아니다. 불교에 성도재成道齋라는 것이 있는데 이는 부처가 진리를 깨달은 날을 기념하는 야외의식이며 이 때 어마어마하게 큰 부처의 초상을 내건다. 이 그림을 괘불이라고 하며 이 때 꽃을 든 부처가 묘사되어 있다. 짐작컨대 위의 염화미소와 관계있을 것이다. 그 외에도 부처상이 올라앉은 연화대며 연등을 비롯하여 연꽃은 불교와 깊은 관계가 있는 꽃이다. 그러나 결코 불교만의 전유물은 아니다. 불교가 성립되기 훨씬 전부터 연꽃은 여러 신앙에서 하늘에 속한 꽃의 위치를 가지고 있었다. 그리고 종교를 떠나서도 늘 연모의 대상이 되어왔다.

연 꽃,
군자의 친구인가?

 조선시대 선비들이 남긴 애련가가 여러 편 전해진다. 우선 성삼문이 노래한 연의 찬가는 이렇다.

> 연이여 연이여, 속은 비었고 겉은 곧으니
> 군자가 아니면 그 덕을 누구에게 비교하겠는가.
> 진흙에 있어도 더럽지 않고 물에 있어도 갈리지 않네.
> 군자가 살고 있거니 무슨 더러움이 있겠는가.
> 연이여 연이여, 청컨대 이름을 정우(淨友)라고 하련다.[2]

속이 비었다는 것은 아마도 머리가 비었다는 것이 아니라 위가 비었거나 주

천상의 아름다움을 가진 연꽃. 군자들이 닮고 싶어 했던 꽃이다.

머니가 비었다는 뜻일 것이다. 빈속에도 허리를 곧추 세운 군자에 연꽃을 비유한 것은 성삼문뿐이 아니다. 16세기에 소세양이 「임피애련헌기」라고 해서 산문을 쓴 것이 있는데 그 역시 연꽃을 꽃 가운데 군자라 하였고, 정치가들이 진흙에서 나와 물들지 않는 연꽃을 닮으려 하니 연꽃이야 말로 정치에 도움을 주는 꽃이라 했다. 그러나 군자의 꽃이라 해서 기뻐할 것은 없는 성 싶다. 사대부들이 텁텁한 군자나 정치가의 친구로 '끌어내리기' 이전에 연꽃은 더 높은 곳에 있었다. 이 사실은 고구려 벽화와 심청가에 고스란히 남아 있다. 심청 이야기를 먼저 살펴보자.

심 청 의
본 질

효녀 심청을 생각하면 초등학생들이 안쓰럽게 여겨진다. 그 여린 마음에, 나도 심청이처럼 물에 몸을 던져 엄마 아빠의 눈을 뜨게 할 수 있을까라는 번민을 보태주는 이야기이기 때문이다. 심청전은 일제강점기 이후 지금까지 초등학교 고전서사 교육에 이바지해왔다. 대체로 심청전은 두 개의 이본으로 전해져 온다. 하나는 판소리를 토대로 한 완판본이고 다른 하나는 구전되던 설화를 조선시대에 소설 형태로 쓴 경판본이다. 완판본은 판소리가 그러하듯이 질퍽하고 구수하며 뺑덕어미를 비롯하여 다양한 조연들이 등장하여 좌충우돌, 이야기의 재미를 더하고 있다. 그에 반해 경판본은 그 이름 그대로 반듯한 유교적 사상을 적용하여 간결하고 소박하면서도 교훈성이 두드러진다. 여기서 심봉사는 심학규가 아닌 심현이라는 명문거족 출신으로 묘사되고 심청은 살신성효, 즉 목숨을 바쳐 효를 이루는 진지하고도 숭고한 인물로 그려져 있다. 그런데 바로 이런 경판본을 초등학교 교재의 바탕으로 삼고 부분적으로 완판본의 내용을 첨가하여 새로 만들어야 한다는 주장이 있었다. 일제강점기 시대의 일이 아니다. 2007

년에 발행된 한 학술논문에서 그렇게 말하고 있는 것이다.[3]

> *(경판본은)* *작중 인물들의 현세적 삶을 합리적인 세계관으로 이해하려는*
> *작가의 시각이 철저하게 반영되어 있다. 심청을 중심인물로 설정하여*
> *지극한 효성의 분위기를 자아내는 데 전력을 다하고 있으며 부모를 위*
> *한 자녀의 희생이라는 도덕적 요소를 첨가하여 비애감과 엄숙함으로 일*
> *관한다. …… 이런 경판본의 특징들은 초등학생들을 위한 다시 쓰기에*
> *긍정적으로 활용하여야 할 것이다.*

　아비의 목숨을 구하는 것도 아니고 단지 눈을 뜨게 하기 위해 죽으러 가는 것을 '도덕적 요소'라 하고 그것이 '합리적인 세계관'이라는 시각이 아직도 남아 있는 것도 염려스러운데 그것을 초등학교 교재로 쓰겠다는 데에는 경악을 금치 못하겠다. 이는 충, 효, 의 등의 유교적 가치관이 얼마나 뿌리 깊은지를 말해주기도 한다. 충, 효, 의가 나쁘다는 것이 아니라 그 가치관이 사람들의 정신세계를 지배하는 정도가 지나치다 못해 다른 각도에서 사물을 바라보는 것조차 허용하지 않는 점이 문제인 것 같다. 다행히 이 논문은 논문으로 끝난 것 같다. 초등학교 교사로 일하시는 한 지인에게 문의했더니 교재에 심청전이 별도로 실린 것은 아니고 아이들하고 심청전에 대해 토론하는 시간은 있다고 한다. 요즘 아이들은

연꽃은 물속에 살지만 잎과 꽃이 수면에서 멀리 떨어져 있어 여느 수생식물과는 사뭇 다르다.

식견이 높아 부모를 위해 죽는 것은 효도가 아니라고 말한단다.

그러나 어느 문헌을 보더라도 아직 심청전의 주제는 "효"라고 말하고 있다. 그러나 나는 그것을 믿지 않는다. 과연 심청 이야기가 효에 대한 이야기일까?라는 질문을 감히 아무도 던지지 못하는 것 같다.

효 녀 인 가
유 녀遊女 인 가

물론 심청에 대한 재해석이 없는 것은 아니다. 1970년대에 최인훈 작가가 희곡으로 쓴 〈달아 달아 밝은 달아〉도 그렇고 2007년도에 황석영 작가가 발표한 『심청, 연꽃의 길』도 심청의 일대기를 분명 현실적인 각도에서 재해석한 것임에 틀림없다. 남성 위주의 사회에서 성적인 희생물이 되는 한 여인의 삶으로 해석한 것이다. 즉, 물에 빠져 용궁에 가는 대신 중국의 인신매매조직에 팔려 유곽에 떨어지는 것으로 이야기를 '현실화' 시킨 것이다. 차이가 있다면 최인훈 작가의 심청은 완전히 파멸의 길을 걷는 반면, 황석영 작가의 심청은 파란만장한 유녀 일생 중에 왕자비가 되어 보기도 하고 유곽을 경영하여 재산가가 되기도 한다. 그리고 조선으로 돌아와 연화사를 세우고 연화보살이 된다. 이런 결말의 차이는 두 작가의 가치관의 차이에 비롯하는 것이기도 하겠지만 두 이야기 사이에 40년 가까운 세월이 흘렀다는 것도 작용했을 터였다. 최인훈 작가의 1970년대는 아직 유곽으로 팔려 간 여자를 용서하지 못하는 시대였고 2007년의 관점은 유녀라도 사업에 성공하면 보살이 될 수 있다는 넉넉한 사회로 가치의 변화가 생겼다. 이렇게 40년을 사이에 두고도 많은 변화가 있었으니 수백 수천 년 사이에 어느 정도의 변화가 있었는지 짐작할 수 있을 것이다. 위의 두 작가는 여성을 희생양이 되게 하는 사회적 모순에 각각 나름대로 저항하고 있는 것처럼 보인다. 유곽에 팔려가는 것이 죽는 것보다야 낫지 않겠느냐는 생각이 작용했는지도 모르겠다. 그리고 소설가의 입장에서 주인공이 물에 빠져 죽어버리면 이야기를 거기서 끝내야 한다는 문제점도 있었을 것이다. 용왕의 구제를 받고, 연꽃에서 다시 태어나고 맹인의 눈을 뜨게 하고 등의 '허무맹랑한' 이야기를 소설에 담을 수 없기 때문이다. 이런 허무맹랑한 이야기가 신화에서는 가능하다. 오히려 허구성이 강할수록 신화성은 높아진다. 그러므로 심청 이야기는 신화에서 출발한 것으로 보아야 한다. 실제로 심청 이야기는 오래전부터 전해져 내려오던 설화들이 한편 판소리가 되고 다른 한편 조선시대의 소설로 다시 태어나게 된 것이다.[4] 아마도 이 때 심청 설화 중에서 효의 요소가 강조되었을 것이다. 우리는 지금 두 개의 징검다리를 건너 먼 과거로 여행하고자 한다. 20세기 혹은 21세기 형 심청은 유녀이다. 그리고 조선시대의 심청은

모네가 평생을 바쳐 그렸던 수련. 그는 수련의 높은 상징성을 알고 있었다.

효녀이다. '노는 언니' 심청과 효녀 심청이 모두 각 시대의 정신을 반영한 것이라면 그 이전의 시대로 거슬러 가기 위해 우리는 양자택일이 아니라 둘 다를 버려야 한다.

심청은
물에 빠져야 한다

심청전에서 '효'를 빼고 나면 무엇이 남을까? 다름 아닌 이야기의 본질이 남는다. 지금껏 효라는 짙은 안개에 가려져 있던 이야기의 정수가 수면으로 떠오르게 된다. 20세기의 작가들이 가여운 심청을 물에 빠지지 않게 하려고 안간힘 쓴 결과 유곽에 밀어 넣는 '현실적' 설정도 버리자. 심청은 물에 빠져야 한다. 그래야 연꽃을 타고 물 위로 떠오르지 않겠는가. 바로 연꽃을 타고 물위로 떠오르는 심청이야 말로 본래의 심청일 것이다. 심청의 이야기에서 우리의 관심을 끄는 대목이 네 군데 있다. 하나는 심청의 탄생에 얽힌 이야기이다. 여러 가지 버전이 있지만, 본래 심청은 선녀 혹은 동해용녀였는데 곽씨 부인의 몸으로 들어가 심청 아기로 탄생했다는 버전이 중요해 보인다. 두 번째 대목은 옥황상제가 바다 속 용왕에게 귀띔을 해주는 장면이다. 심청이 물에 빠질 것이니 구해서 살리라는 명을 내린 것이다. 세 번째는 심청이 연꽃에 실려 나타나 유리왕국의 왕비가 된다는 구절이다. 그리고 물론 마지막으로 아버지를 비롯해 모든 맹인의 눈을 뜨게 한다는 '치유와 위로'의 결말도 간과할 수는 없다. 사실 이쯤 되면 심청 이야기의 본질이 무엇인지는 그리 어렵지 않게 짐작할 수 있다. 생명순환 설화를 여기서도 엿볼 수 있는 것이다. 이를 재생설화라고도 한다. 삶과 죽음의 세계를 연결하는 역할은 오히려 수로부인의 것보다 크고 원초적이다. 연꽃이 그것을 말해주고 있다.

하늘에 속한 꽃, 연

태초에 물과 푸른 연꽃만이 존재했을 때, 창조주 프라자파티가 물속으로 들어가 보니 거기 땅이 있었다. 그래서 그 땅을 조각내어 이를 푸른 연꽃 위에 띄우니 비로소 세상이 생겼다고 한다. 인도의 창조신화이다.[5] 인도에는 연꽃의 여신이 별도로 존재하는데 그 이름은 락쉬미라고 하며 손에는 연꽃을 들고 있고 연꽃 위에 서 있는 자세로 표현된다. 락쉬미의 남편은 태양의 신인 비슈누이다. 그의 배꼽에서 연꽃이 피어나고 그 속에서 다시금 만물의 창조자인 브라흐마가 탄생했다고 한다. 연꽃은 낮에만 피어있는 꽃이다. 이렇게 태양과 함께 피고 지니 태양, 즉 하늘의 상징으로 일찌감치 자리 잡은 것이다. 이집트의 신화역시 태초에 이 세상에는 물만 있었다고 전한다. 그러던 것이 물속에서 연꽃이 피고 그 연꽃 위에 태양신이 깃들게 되었다는 것이다. 이 태양신의 이름이 네페르템Nefertem이다. 태양의 신은 어두워지면 연꽃에 숨었다가 매일 새벽 새롭게 태어났고, 이집트인들은 매일 태양이 뜰 때마다 세상이 새롭게 태어난다고 믿었다. 연꽃은 또한 죽음을 관장하는 오시리스의 상징 꽃이기도 했다. 그래서 오시리스를 묘사한 벽화나 파피루스에 늘 연꽃이 함께 등장하는 것이다. 투탕카멘왕의 머리가 연꽃에서 솟아나는 형태로 표현된 조각이 하나 전해진다. 왕이 태양의 신과 동격임을 상징하는 것이다.

이집트와 인도의 두 신화는 놀랍게 닮아 있다. 태초에 물과 연꽃만이 있었다는 것은 물과 연꽃에서 세상의 시작을 보고 있다는 뜻이다. 이런 맥락으로 본다면 심청이 연꽃을 타고 수면에 떠오르는 장면은 심청이 이집트의 네페르템이나 인도의 락쉬미 반열에 든다는 것을 말해준다. 이는 비너스의 탄생만큼이나 자주 그림으로 그려져도 시원치 않을 중요한 장면인 것이다. 우리는 심청 이야기가 언제 시작된 것인지 알지 못한다. 그러나 이야기의 맥락으로 보아 아직 신화가 살아 있던 시절에 만들어진 이야기일 것이다. 한편 연꽃에서 솟아오르는 심청의

1. 락쉬미, 인도 연꽃의 여신이며 미와 풍요를 가져다준다. 비슈누의 아내이기도 한데, 비슈누의 배꼽에서 연꽃이 나오고 그 연꽃에서 브라흐마가 탄생했다는 신화가 있다.
2. 이집트 해의 신 네페르템. 연꽃을 머리에 이고 있다. 어두워지면 연꽃으로 들어갔다가 매일 새벽 연꽃에서 다시 태어난다. 네페르템은 꽃병, 향병 등의 형태로 자주 등장한다.
3. 오시리스 신의 모습. 그 앞에 연꽃이 서 있고 연꽃 위에 죽은 자들이 서서 신의 심판을 기다리고 있다. 연화화생과 흡사한 개념이다.
4. 투탕카멘이 연꽃에서 태어나는 모습. 왕이 곧 태양신임을 말하고자 하는 것이다.

연꽃 봉오리와 연잎

천상의 아름다움(ⓒNelumbo_nuciferaT.Voekler)

모습이 불교에서 말하는 연화화생, 즉 사람이 죽어 연꽃에서 다시 태어난다는 신앙과 얼핏 닮아 있기 때문에 심청 이야기가 불교의 영향을 받은 것으로 여길 수 있다. 그러나 자세히 살펴보면 섬세하지만 중요한 차이점이 드러난다. 그 차이점은 고구려 벽화에서 찾을 수 있다.

심청이 다시 태어난 연꽃이 이러했을까
(ⓒTomo.Yun(www.yunphoto.net/ko/)).

고 구 려   무 덤
벽 화 의   연 꽃

고구려의 옛 영토인 요동과 북한에 약 13,000여기의 고분이 분포되어 있다. 그 중 벽화 무덤은 현재까지 알려진 것이 106기이다. 시기적으로 보면 5세기에서 7세기 사이에 만들어진 것이며 이 벽화들을 통하여 고구려인들의 생활상 뿐 아니라 고구려의 신앙 체계를 유추해 볼 수 있다는 데에 큰 의미가 있다. 벽화라고 하지만 천정화도 있어서 천정에는 주로 하늘 세계를 그렸고 벽면에는 지상의 세계 혹은 청룡, 백호, 주작, 현무의 사신도를 그렸다. 그런데 이 벽화와 천정화에서 놀랄 만큼 많은 연꽃과 만나게 된다. 모든 벽화를 통틀어 가장 빈번하게 등장하는 모티브가 바로 연꽃이다. 연꽃은 무덤 벽을 가득 채우는 문양의 형태로 나타나기도 하지만 무엇보다도 해와 달, 별자리와 함께 천정 중심부를 장식하는데 쓰였다. 이는 고구려의 연꽃이 하늘 세계에 속했다는 증거이다. 후기에 들어서면 사신도가 부쩍 많아지는데 그렇다고 연꽃이 사라진 것이 아니다. 연꽃은 사신들 주변에 꽃비가 되어 내리기도 하고 연꽃 속에서 선인들이 태어나

1. 장천 1호분 앞칸 북벽. 무덤 주인의 일생을 묘사한 그림 사이사이로 연꽃비가 내리고 있다.
2. 별무덤(성총) 널방. 연화화생, 연꽃의 뚜껑이 열리고 사람이 나오는 장면을 묘사하고 있다.
3. 쌍용총 앞방 천정의 연꽃. 천정 중앙에 자리 잡고 있어 하늘의 꽃임을 말해 준다.

는 장면이 상세히 묘사되기도 한다.

무덤을 화려하게 치장하고 무덤 벽에 일상과 천상의 여러 그림들을 그리는 풍습은 무엇보다도 내세의 삶 혹은 환생을 믿었던 신앙의 산물이다. 죽은 후에 어떤 방식으로라도 삶이 지속된다는 믿음은 고대 신앙의 특징이기도 했다. 그런데 다시 살아나기 위해 꼭 필요했던 것이 연꽃이었다. 연꽃은, 즉 연의 여신은 모든 생명을 낳는 자, 대지의 어머니라 불리기도 했으니 연꽃을 통해서만 태어남과 다시 태어남이 가능했던 것이다. 이렇게 연꽃을 통해서 다시 태어나는 것을 불교에서는 '연화화생'이라고 한다. 사람이 죽으면 연꽃을 타고 극락정토에서 다시 태어난다는데 물론 누구나 다 극락정토에 가는 것은 아니지만 적어도 무덤 주인만은 극락왕생하기를 바란다는 뜻으로 그려 넣었을 것이다. 연꽃을 타고 극락에서 다시 태어난 사람들의 머리에선 꽃이 한 송이씩 자란다고 한다. 극락에서 영생을 누리는 것이 아니라 꽃이 시들 때까지만 살 수 있다는 것이다. 꽃이 시들면 극락을 떠나 다시 세상으로 나가야 한다. 윤회를 해야 하는 것이다. 그러나 고구려 벽화에 자주 등장하는 연화화생의 그림이 꼭 불교의 영향에 의한 것만은 아닌 것으로 짐작된다. 사실 5~7세기의 고구려는 동아시아의 4강국의 한 축을 담당하고 있었으므로 국제성을 띠었고 많은 외국의 문화를 수용했다. 이런 사실이 복잡한 벽화의 그림 속에 고스란히 살아 있다. 불교적 요소와 도교적 요소 그리고 고유의 신선사상이 다원적으로 혼합되어 있으며 무덤에 따라 많은 차이가 난다. 고구려의 고유 사상 중에 연화 신앙이 존재했었던 것으로 짐작되는 많은 요소들이 있다. 고구려가 불교를 받아들인 것이 서기 372년의 일이니 무덤이 만들어졌던 5~7세기에는 이미 불교사상이 널리 퍼졌을 것이다. 그럼에도 이상하리만큼 무덤 벽화에서는 연화화생 이외에 다른 불교적 요소를 찾아볼 수 없다. 이로 미루어 보아 오히려 연꽃에서 사람이 태어났다는 설화가 먼저 형성되었고 이것이 불교사상에 이입된 것으로 보는 것이 옳겠다. 특히 후기에 조성된 무덤 중 현 중국 집안集安에서 출토된 5회분의 4, 5호 묘는 여러모로 중요한 유산이다. 6세기 말에서 7세기 초에 조성된 것으로 추정되는 이 무덤들은 고구려 후기, 왕권의 쇠퇴와 함께 불교문화가 후퇴하고 귀족들의 신앙이었던 도교가 득세하는 과도기의 산 증거물이다. 유형으로 보면 후기 벽화 특유의 사신도로 구성되어 있다. 그러나 사신도 외에도 수많은 신화적 형상과 선인, 장식문양 등으로 묘실이 가득 채워져 당시 고구려인의 우주관을 묘사하고 있음을 알 수 있다.[6]

    고구려 벽화의 양식은 크게 집안集安의 양식과 평양의 양식으로 나뉘는데 수도 평양의 벽화는 국제성이 강한 반면 집안의 벽화들은 오히려 고구려 고유의 토착적 성격을 간직한 것으로 평가되고 있다. 이는 평양이 정치적인 공식 루트를 통해 남조의 영향을 수용한 반면, 지리적으로 멀리 떨어진 집안은 초기문화의 중심지였던 만큼 고유 신앙인 신선사상을 보전하고 있었고 이를 도교와 접목

시킨 것으로 해석하고 있다. 이런 시대적 배경 하에 5회분 벽화를 살펴보면 체계적으로 구성된 도교의 원리를 보이고 있음을 알 수 있다. 묘실 네 벽, 들보, 천정석에 도교의 기본 원리인 음양오행을 상징하는 도상들을 표현하여 묘실 자체를 하나의 도교적 우주 공간으로 만들었다. 1층 기단에는 신선사상과 연관된 신화적 인물들을 배치하였고 벽과 2층 기단에는 온갖 유형의 선인들을 묘사함으로써 선인들의 계보를 정리하고 있다. 아마도 이 묘실은 고구려의 신화를 연구하는 데 가장 중요한 자료일 것이다.

이들 중에 연꽃을 밟고 서 있는 선인들이 있다. 모두 열 명인데 무작위로 그려진 것이 아니라 일정한 시스템을 가지고 배치되어 있다. 즉, 네 벽에 각각 그려진 청룡, 백호, 주작, 현무 위에 그려져 있으며, 동쪽의 청룡 위에 한명, 서쪽의 백호

5회분 4호묘의 청룡도. 중앙 부분에 연꽃을 밟고 서 있는 날개달린 선인이 보인다. 이 중앙 부분은 세 개의 그림이 서로 연결되어 있다. 불꽃 속에서 인동이 피어나고 인동이 다시 좌우로 갈라지면 그 안에서 연꽃을 밟고 선인이 탄생한다. 선인 우측의 그림에는 인동이 다시 닫혀 있고 선인도 사라졌는데 정확한 내막은 아직 알려져 있지 않다. 앞으로 많은 연구를 요하는 분야이다.

연잎은 물을 튕기고 먼지를 털어내는 독특한 성질을 가지고 있다.

위에 두 명, 남쪽의 주작 위에 세 명, 마지막으로 북쪽의 현무 위에 네 명이 그려져 있다. 갈데없는 오행설이다. 이렇게 연꽃을 밟고 있는 선인들은 연화대에 앉거나 서 있는 부처를 연상시키지만 연꽃을 밟고 있다는 것 외에 불화를 연상시키는 것은 없다. 그보다는 오히려 날개옷을 입고 있는 모습이 옛 설화 속에서 듣고 보아 온 신선 혹은 선녀들에 틀림이 없다. 이는 얼핏 보기에 연화화생과 닮아있지만 다른 관점에서 바라보아야 한다. 연화화생으로 극락에서 다시 태어나는 것은 인간들이다. 인간이 아닌 천상의 존재들이 윤회의 굴레를 쓰고 있을 까닭이 없다. 그럼에도 이들이 연꽃 속에 배치된 것으로 미루어보아 신선사상과 불교가 상호 융합된 것으로도 볼 수 있다. 이들은 죽은 사람을 극락으로 인도하는 관음보살과 흡사한 존재이며, 생명을 관장하는 힌두의 락쉬미 여신과 닮은 존재인 것이다. 혹 이 열 명의 선인 중 심청이 있었던 것은 아닐까.

심청이 연꽃을 타고 나오는 장면은 불교적 연화화생이 아니다. 연화화생이었다면 극락정토로 갔어야 마땅하다. 그런데 심청은 지상으로 다시 돌아온다. 할 일이 있었기 때문이다. 맹인잔치를 열어 아비를 만나고 그의 눈을 뜨게 하는 일이 남아 있었다. 아비의 눈 뿐 아니라 잔치에 모인 모든 맹인들의 눈을 뜨게 해 주었다. 이 역시 여러 각도의 해석이 가능하다. 실제로 눈을 뜨게 한 것으로 해석할 수도 있겠고 어리석은 중생들의 마음의 눈을 뜨게 했을 수도 있다. 어느 경우에건 심청의 역할은 치유와 위로이다. 스스로를 죽여서 인간을 이롭게 하는 것, 신의 역할, 곧 자연의 역할이 아닌가. 신선들이 신선놀음만 하고 있다면 인간에게 하등 이로울 것이 없다. 신이 인간에게 중요한 이유는 인간이 미처 하지 못하는 '허구적'인 일을 가능하게 해주기 때문이 아닐까. 합리적이고 틀에 박힌 세상, 불가능으로 가득한 세상에 '여지'라는 것을 주는 것이 신화인 것이다. 심청이 유곽으로 팔려가지 않고 물에 반드시 빠져야 하는 이유가 여기 있다. 죽음에서 다시 살아 와 자신의 신성을 증명해 보여야 했던 것이다. 이렇게 사람을 치유하고 위로하는 여신들을 우리가 늘 간직해 왔다면 아마도 한국인들의 한이라는 것이 조금은 감소되었을지도 모르겠다.

불교미술에 표현된 수많은 관음보살상 중에 유독 경기도 박물관에 소장된 그림 한 점이 눈길을 끈다. 관음보살은 남성이기도 하고 여성이기도 하여 상황에 따라 여러 형태로 그려진다. 경기도 박물관 소장의 관음보살상은 20세기 초 채용신이라는 화가가 그린 작품이다. 커다란 연꽃 위에 서서 한 손에 연꽃을 들고 다른 손으로는 연잎을 날리고 있다. 그 모습이 여지없는 여성이다. 부드러운 자비가 넘쳐흐르고 그 자태가 우아하고 요염한 것이 마치 보티첼리의 플로라를 다시 보는 듯하다. 심청이 물속에서 연꽃을 타고 나왔을 때 이런 모습이 아니었을까? 수로부인의 역할도 이런 것이었을까? 헌화가의 수로부인은 바다에서 나오는 대목에서 얘기가 끝나지만 후세에 만들어진 심청의 이야기로 미루어 수로부인의 이야기가 어떻게 전개되었을지 유추해볼 수 있다. 어쩌면 심청은 수로부인의 이야기가 발전한 것일지도 모른다. 죽음의 세계와 삶의 세계를 넘나드는 것은 다른 신화와 다르지 않지만 구원이라는 새로운 요소가 첨가됨으로써 심청은 한 단계 발전된 신화상을 보이고 있다. 수로부인과 유화부인이 아직 농경 사회의 요소를 강하게 보여주고 있다면 바리데기는 사람의 죽음과 태어남을 관리하고 심청은 구원의 역할을 맡았다. 물론 시대의 격변 속에 희생양이 되어 사라져간 도화녀도 잊지 말아야 한다.

이런 관점에서 본다면 황석영 작가의 심청이 신화의 본질에 가장 가까운 해석임을 알게 된다. 어려운 삶의 역경 속에서 여러 번의 변신을 거친 후에 여인들은 성장하고 성숙한다. 그렇게 나이 들어 보살로 우뚝 서는 것이 여인들의 아름다운 삶이 아닐까. 사회가 그리 요구하고 강요하여서가 아니라 사는 게 그런 것 아닌가. 신화 속 심청의 길과 크게 다르지 않은 것이다.

경기도 박물관 소장의 관음보살상(채용신, 20세기 초)

바리데기로부터 출발하여 심청에 이르기까지 신화 속에서 적지 않은 여신들의 자취가 찾아졌다. 그리고 그들 옆에는 늘 꽃이 하나씩 있었다. 그리고 이 꽃들이 그저 우연히 장식적인 요소로 언급된 것이 아님을 알았다. 서천꽃밭엔 심청의 연꽃이 피어있는 것이 아닐까. 수로부인의 진달래꽃이 봄을 가져다주고 유화부인의 버들꽃이 오곡을 익게 하며 도화녀의 억울한 죽음은 심청의 연꽃으로 환생하고 구원받지 않았을까. 우리 신화의 세계는 아직 더 많은 꽃 이야기들을 감추고 있을 것 같다.

8

이브에게 돌려준 루터의 사과

사과나무 한 그루밖에 가진 것이 없는 할머니가 혼자 살고 있었다. 동네 장난꾸러기들이 늘 사과를 훔쳐 먹어 조용할 날이 없었다. 어느 날 한 나그네가 할머니 집의 문을 두드렸다. 배가 고프니 먹을 것을 좀 달라고 청했다. 마음 좋은 할머니는 빵의 반을 나눠주며 이것밖에 없어 미안하다고 했다. 나그네는 고마운 마음에 소원이 있으면 하나 들어주겠다고 했다. 할머니 소원은 말썽꾸러기들이 사과를 훔치러 오면 사과에 달라붙는 벌을 받는 거였다. 나그네는 흔쾌히 소원을 들어주었다. 며칠 뒤 할머니가 사과나무를 둘러보러 나가니 사과나무에 동네 꼬마들과 그 꼬마들을 구하러 온 부모들과 새와 고양이, 염소까지 매달려 있는 거였다. 그 모습이 안쓰러워 할머니는 모두 풀어주었다. 이제 아무도 사과나무를 괴롭히지 않았다.

어느 날 죽음의 사자가 찾아왔다. 할머니를 데리러 온 거였다. 할머니가 이렇게 말했다. 내가 행장을 꾸리는 동안 꿀처럼 맛있는 저 사과나 하나 맛보시우. 죽음의 사자는 그도 그리 나쁠 것 없다고 여기고 사과나무로 올라가 가장 높은 데 달려 있는 가장 맛있게 생긴 사과를 따려고 했다. 그러자 그 사과에 달라붙어 버렸다. 그 뒤로는 아무도 죽지 않았다.

- 플란더스 지방의 동화

모 든   악 은
사 과 로 부 터   온 다 ?

이미 오래 전에 돌아가셨지만 동네 강아지를 모조리 거북이라고 부르시던 사돈 어른이 한 분 계셨었다. 일하러 오는 아낙네들은 모두 평안이라고 부르셨고. 사과를 생각하면 늘 그 어른이 떠오른다. 토마토도 사과요, 석류도 사과고, 때로는 감자도 '땅에서 나는 사과' 라고 하여 좋은 것은 다 사과라고 불렀던 유럽 사람들이 꼭 그 어른 같다. 그러나 중세의 교회는 "모든 악은 사과로부터 온다Malum ex malo"라고 선언했다. 이브가 아담에게 준 사과로 인해 인류가 고난의 길을 걷게 된 것을 말하는 것이다. 이 때문에 중세의 여성들은 악의 씨앗이라고 불리며 몹시도 닦달을 받았다. 여인들의 입장에서는 말할 것도 없고, 사과의 입장에서 보아도 기가 찰 노릇이었을 것이다. 사실 아담과 이브가 따 먹은 것이 사과라는 근거는 아무데도 없다. 성경은 나무의 종류까지는 말하고 있지 않기 때문이다. 성직자들이 사과라고 마음대로 부른 것인데 굳이 따지자면 무화과가 맞을 것이다. 이스라엘의 대표적인 열매는 무화과와 석류이고 그 중 무화과가 더 오래 전부터 재배되어 왔기 때문이다. 게다가 열매를 먹고 부끄러워진 두 사람이 무화과 나뭇잎을 따서 옷을 만들어 입었다는 것으로 보아[1] 에덴동산에 무화과나무가 서 있었던 것만은 확실한 것 같다. 에덴동산 한 가운데에는 선악과뿐 아니라 생명의 나무도 있었다. 그런데 아담과 이브가 따먹은 것은 생명의 열매가 아니라 선악과였다. 하나님이 이를 알고 두 사람을 내쳤는데 그 이유는 금지된 선악과를 먹었기 때문이 아니라, "아담이 선악과를 먹고 '우리들처럼' ―여기서 신이 갑자기 복수로 변한다― 선과 악을 구별하게 되었는데, 이제는 생명의 나무에까지 손을 뻗어 그 열매를 따 먹고 영원히 살까봐"[2] 걱정되어서였다. 아담과 이브가 선악과를 먹고 지혜를 얻기는 했지만 생명의 열매는 결국 못 얻어먹고 쫓겨난 거였다. 그리고 하나님은 생명의 나무로 통하는 길을 케룹이라는 괴수들로 하여금 검을 들고 지키게 했다.[3] 이 케룹들은 몸은 짐승이고 얼굴은 사람이며 날개가 달린 괴기한 존재들이었고 그들의 검은 저절로 날아다니고 저절로·찌르는 마술의 검이다. 그러니까 서왕모의 초기 모습과 영 닮은 것이다. 게다가 에덴동산은 사라진 것이 아니고 아직 어딘가 있는데 다만 괴수들이 지키고 있어 들어가기가 어려운 것이다. 길가메시가 무사히 낙원에 가서 생명의 열매를 얻어가지고 가다가 뱀에게 빼앗겼다는 이야기는 이미 했다. 그런데 길가메시 모험담이 적혀있는 점토판이 발견된 것이 19세기의 일이었으므로 중세의 성직자들은 길가메시가 성서가 쓰인 시대보다 몇백 년 전에 이미 낙원에 다녀왔다는 사실을 알지 못했다. 그래서 여러 교황들이 이스라엘로 사람을 보내 에덴동산을 찾게 했다. 콜럼버스도 실은 은밀히 에덴동산을 찾기 위해 동쪽으로 간 것이라고 고백했다. 그는 베네수엘라에서 드디어 에덴동산을 찾았다고 주장했고 죽을 때까지 그렇게 믿고 있었다. 그 말을 믿지 못한 많은 사람들이 지금껏 에덴동산을 찾아 다녔다. 최근에 와서 드디어 에덴동산을 찾은 것 같다고 한다. 우주에서 인공위성 카메라로 들여다보면 지표면 아래에서 벌어지고 있는 일들이 보인다. 그 덕에 많은 유적들이 발견되고 있는데 그 중 페르시아 만의 해저에서 옛 에덴

오래된 야생 사과나무(ⓒDoris Antony)

동산의 자취를 찾은 것 같다는 것이다.[4] 정확히 말하자면 성서에 묘사되어 있는 네 개의 강이 발원하는 지점을 찾은 것 같다고 했다. 현재 티크리스 강과 유프라테스 강이 만나는 지점에서 예전에 흐르고 있던 다른 두 강의 흔적을 찾아낸 것이다. 아마도 에덴동산이란 그 네 개의 강 유역의 풍요한 땅을 말하는 것 같다고 짐작한다. 약 팔천 년 전엔 이곳 기후가 지금의 인도처럼 덥고 습했기 때문에 적은 인구가 수렵과 채취로 넉넉하고 평화롭게 살 수 있었을 것으로 추정하고 있다. 가능한 일이긴 하다. 그러다가 대홍수가 오면서 그 곳이 바다 밑으로 사라진 것이다.

   이런 사실들을 알 턱이 없는 중세의 성직자들은 성서에서 얘기한 아담과 이브와 뱀과 선악과의 신비로운 얘기에 모든 것을 걸었다. 그들이 악의 씨라고 불렀던 과일은 선악과였을 것이다. 생명의 열매에 대해선 다른 민족들이 부지런히 이야기를 만들어 갔다. 이미 살펴 본 헤라 여신의 정원 뿐 아니라 켈트 족, 게르만 족의 신화에서도 영원한 생명을 약속하는 황금사과에 대한 소문이 끊이지 않았다. 색깔은 황금색이고 맛은 꿀맛이라는 거다. 그래서 사과에 얽힌 이야기도

주인 없는 야생 사과의 가을. 이런 모습에서 아발론을 상상했던 것일지도 모르겠다(ⓒClaudia Bruder).

무수히 많다. 그 중 제일 유명
한 것이 아마도 아서왕의 죽음
과 관련된 것일 게다. 아서왕이
영원히 잠자고 있는 곳은 아발
론^{Avalon}이라는 신비의 섬이다.
이 섬의 이름 아발론은 사과의
섬이라는 뜻을 가지고 있다. 말
하자면 동양의 무릉도원과 같
은 곳이다. 짙은 안개에 둘러싸
여 보통 사람들은 찾아갈 수 없
는 곳, 정령들이 모는 배를 타

아서왕의 죽음. 사과나무 섬 아발론에서 영원한 삶을 찾았다
고 전해진다. 정령들이 모는 검은 배를 타야만 이 섬에 도달
할 수 있다는 전설이 있다(제임스 아처 그림, 18세기).

고서야 갈 수 있는 그 곳엔 사과나무가 가득하여 봄에는 사과 꽃의 향기에, 가을
에는 잘 여문 사과의 향기에 늘 에워싸여 있는 곳이다. 어둠을 모르고, 늙지도 않
는 빛과 생명의 땅, 이것이 바로 유럽 켈트 족의 파라다이스였을 것이고, 기독교
의 성직자들 역시 원래는 켈트 족, 혹은 켈트 문화의 영향을 받은 게르만 족들이
었으니 아발론의 이야기와 함께 어린 시절을 보냈을 것이다. 그러다보니 자연스
럽게 성경 속의 에덴동산과 전설 속의 아발론이 오버랩 되었을 것이며 그래서
에덴동산의 선악과도 사과나무가 되었을 것이다. 그리고 생명나무는 '믿음' 이
라는 추상적인 개념으로 변해갔을 것이다.

　생명과 죽음은 늘 같이 다닌다. 빛과 그림자 같다. 반에는 독이 들어있고 반은
멀쩡한 백설공주의 사과는 바로 이것을 단적으로 보여주는 기막힌 설정이다. 사
과는 탐스럽다. 사랑도, 영원한 생명도 탐스럽다. 탐스러움은 유혹을 낳는다. 그
래서 사과는 유혹, 시험의 상징이 되기도 한다. 유혹과 시험은 질투와 싸움을 낳
는다. "파리스의 심판" 으로 잘 알려진 황금사과가 바로 이 이야기이다. 영원한
생명을 주는 황금사과는 세상에서 제일 귀한 것일 수밖에 없다. 그래서 이로 인
해 벌어지는 트로이 전쟁은 투기와 반목과 싸움을 극적으로 보여주고 있다. 페

동로마제국 황제의 상징인 황금사과(비엔나 박물관 소장품)

르시아의 왕들은 사과를 권력과 정복의 상징으로 삼았다. 크세르크세스 1세는 전사들 오백 명에게 황금으로 만든 사과를 하사했으며 전사들은 이 영광의 상징을 창에 꽂아 장식했다는 전설이 있다. 그것이 페르시아를 정복한 알렉산더 대왕의 마음에 들었다. 그도 황금사과를 권력의 상징으로 취한다. 이 전통이 천오백 년을 살아남아 오스만제국의 왕들은 정복하고 싶은 도시를 황금사과라고 불렀다. 콘스탄티노플을 황금사과라 불러 정복하더니 그 후 비엔나를 황금사과라 부르며 정복의 염을 불태웠다. 세상을 정복하고자 하는 유혹만큼 큰 것은 없을 것이다. 그리고 정복자들은 영생과 불멸을 원했다. 동시에 권력은 영원하지 않다는 것을 그들도 알고 있었다. 황금으로 사과를 만들어 영원을 상징하고 그 속에 모래와 재를 넣어 허무를 담은 뒤 마지막으로 십자가를 얹어 로마제국 황제의 상징으로 삼았다.

붉은 빛 혹은 황금색으로 잘 익은 사과는 마치 서쪽에서 지는 태양과 같다. 태양이 지는 곳, 즉 저 너머의 세상은 귀신과 조상과 정령들이 사는 세상이며 동시에 태양의 집이기도 했다. 그곳은 어둡고 무서운 곳이 아니라 태양이 돌아가는 곳이니 밝고 생명이 있는 곳이다. 그리고 태양과 같은 모습의 사과야 말로 다른 세상을 왕래하는 존재라고 믿었다. 교회에서 무엇이라고 하든 사과나무에 대한 유럽인의 믿음은 변하지 않았고 지금도 변하지 않고 있다. 지금도 영국 속담에

남독의 소위 유실수 초지. 옛날 농가에서는 가축들이 풀을 뜯는 초지에 사과나무를 이렇게 드문드문 심었었다.
사과나무가 초원에서 마음껏 활개를 펼 수 있을 때 이런 모습에 된다.

누가 사과나무를 못생겼다고 하는가. 공간이 넉넉하면 이렇게 팔을 한껏 벌리고 일광욕을 한다.

사과를 매일 한 알 씩 먹으면 의사가 필요 없다는 말이 있다. "An apple a day keeps the doctor away." 물론 사과가 영원한 삶을 선사한다거나 혹은 저 너머의 세상과 여기를 오가는 존재라는 것까지 믿는 것은 아니지만 사과 '나무' 에 대한 깊은 애착으로 남아 있다. 그래서 정원을 만들면 우선 사과나무를 한 그루 심는다. 가축들이 풀을 뜯는 초원에도 사과나무를 심고, 사과나무로 시골의 가로수 길을 만들기도 한다. 교외로 나가면 산책로 주변에서 주인 없는 사과나무를 만나는 것은 흔한 일이다. 그래서 가을이면 배낭을 메고 시골길을 찾아가 사과를 가득 담아 오기도 한다.

사 과 나 무
정 원

바빌로니아의 이쉬타르 여신, 그리스의 아프로디테, 게르만 족의 이두나, 이들은 모두 사랑과 풍요와 출산, 혹은 생명과 젊음을 담당하는 여신들이었다. 이들은 생명의 근원인 땅을 상징하기도 했다. 땅은 예로부터 여신들의 영역이었다. 그리고 이 모든 것을 상징하는 것이 사과였다. 그러나 사과는 여자들만의 독점 영역이 아니다. 솔로몬이 부른 노래에도 사과나무에 대한 지극한 사랑이 엿보이지만 파우스트도 발푸르기스의 밤에 사과나무 정원에 가서 행복감에 젖는 꿈을 꾼다. 여기서 사과나무는 에로틱한 사랑이 된다. 발푸르기스는 4월 30일 밤에 열리는 축제이다. 본래는 생명의 계절인 5월이 시작되는 전날 밤에 땅을 축복하기 위해 벌이는 5월 축제였다. 들판에 모닥불을 켜놓고 밤새도록 춤을 추며 풍요를 축원했다. 툭하면 밤 새워 춤을 춰대니 교회의 성직자들이 보기에 몹시 못마땅했다. 금지하려고 수백 년 동안 무던히 애를 썼으나 실패하고 결국 교회의 축제행사로 받아들이게 된다.

이렇듯 유럽의 문화 중 어느 갈피를 펴 봐도 어렵지 않게 사과나무와 만나게 된다. 그러니 거기서 오래 살았던 나 역시 모르는 사이 사과나무 병에 전

꽃사과 품종인 "Purple prince", 꽃사과 치고는 수형이 그래도 좋은 편이다.

꽃사과의 꽃

염되었던 것 같다. 사과는 한국에서도 가장 먼저 꼽는 과일이니까 사과나무도 흔하게 볼 수 있으리라 여겼다. 게다가 사과나무는 본시 동쪽에서 온 것으로 알려져 있기 때문에 한국에서도 사과나무를 귀히 여기고 있을 것이라 생각했다. 그런데 귀국하고 얼마 지나지 않아 이것이 착각이었음을 알게 되었다. 과일을 떠나 나무로서의 존재감이 없음을 알게 되었기 때문이다. 사과는 마트에 넘쳐나는데 사과나무는 없다. 물론 과수원에 가면 있지만 정원의 사과나무를 말하는 것이다. 정원을 설계하는 사람들마다 나름대로 철학이 있기 마련이다. 그것이 내 경우는 사과나무와 연결된다. 정원을 만들고 가꾸는 사람들은 나름대로 파라다이스의 재현을 꿈꾼다. 그러니 파라다이스의 상징목인 사과나무를 심어야 비로소 파라다이스가 된다는 지극히 당연한 논리였던 것이다. 물론 논리를 떠나서 사과나무를 좋아하기 때문이기도 하다. 그런데 심각한 문제가 발생했다. 정원용 사과나무를 구할 수 없는 거였다. 처음에는 뭔가 착오일 것이라 생각했다. 그런데 정말 구할 수가 없었다. 유통되고 있는 사과나무는 모두 과수원용의 묘목들이거나 꽃사과였다. 왜 사과나무를 정원에 심지 않느냐고 동료들에게 물었다. "사과나무가 못생겼잖아요"라는 대답이 돌아왔다. 그리고 "꽃사과를 심으세요"라고 했다. 사과나무가 '못생겼다'는 것에 대해서 제기할 반론이 넉넉했지만 예쁘고 밉고의 차이는 다분히 주관적일 수 있는 것이므로 입을 다물고 착하게 꽃사과를 심었다. 꽃이 눈부시게 아름다웠다. 그렇지만 꽃사과는 내가 생각하는 사과나무는 아니었다. 세상에서 가장 중요한 열매를 맺는 생명의 나무가 아니었다. 열매를 줄이고 꽃만을 보기 위해 개량을 거듭하여 기형이 된 슬픈 나무였다. 마치 스타를 만들기 위해 진하게 화장시켜 무대로 내보낸 어린아이와 같았다. 나무는 꽃으로만 존재할 수 없다. 봄에는 꽃이 피고, 꽃이 진 후에는 푸르름을 주고, 가을에는 단풍과 열매를 주며 주변에 넉넉한 공간을 만들어 사계절 그 나무가 거기 있음을 느끼게 하는 것이 나무의 존재감일 것이다. 그런데 꽃사과는 어딘가 어긋나는 데가 있었다. 꽃의 풍부함과 화려함을 나무 자체가 따라가 주지 못하는 것이다. 작고 빈약한 가지에 꽃이 너무 많이 달려 힘겨워 보이고 꽃이 진 나무는 존재감을 쉬이 잃고 만다. 게다가 농장에서 밀식된 상태로 자란 나무들은 어딘가 찌그러져 있기 마련이고 그 찌그러짐에 매달려 있는 극히 아름다운 꽃들이 비극처럼 여겨졌다. 사과나무의 내면적 아름다움과 생명력은 꽃의 한시적 화려함으로 다 표현될 수 없다. 물론 사과나무 자체가 느티나무처럼 우람하지도 않고 소나무처럼 씩씩하지도 않은 건 사실이다. 수형이 곧지도 않고 어딘가 구부러진 듯 엉거주춤 생긴 것이 사과나무의 본 모습이기는 하다. 바로 그런 나무 본연의 모습이 나는 좋은 것이다.

한국에서 사과의 흔적 찾기

얼마 전 사업가 한 분을 만났다. 그 분의 사업체 이름이 "APPLE TREE"였다. 사과농장이 아님에도 업체의 이름을 그리 지은 것이 특이하여 까닭을 물었다. APPLE이 세상을 움직이는 것이기 때문에 그렇게 지은 것이라고 했다. 그리고 에덴동산의 사과나무, 뉴턴의 사과나무, 비틀즈와 매킨토시의 애플 등 사과나무가 가지는 다양한 의미를 꺼내보였다. 재미있는 것은 막상 그가 거론한 이런 의미들이 모두 서구문화에서 유래한다는 거였다. 한국의 경우는 어떠할까? 문득 궁금해졌다. 그런데 한국의 사과는 신기하리만큼 족보를 찾기 어렵다. 신화와 전설 속에서도 사과를 찾을 수 없고, 한국의 나무 문화를 다룬 어느 서적에도 사과나무에 대한 언급은 없다. 찾을수록 오리무중으로 빠지는 느낌이 들었다. 겨우 몇 조각 건져 낸 것이 다음과 같다.

2011년 4월 22일에 사과의 고장 대구에서 "사과역사관"이 문을 열었다. 사과역사관은 '사과에 대한 모든 것'을 다루는 곳이 아니라 지난 백여 년간의 한국 사과 산업의 역사를 관리하는 곳이다. 한국에서 사과를 본격적으로 재배하기 시작한 것은 1901년이었단다. 그 해에 황해도 원산의 윤병수 옹이 홍옥, 욱, 축, 왜금 등의 사과 품종으로 과수원을 조성한 것이 출발이었다고 한다. 한편 미국에서 존슨이라는 선교사 겸 의사가 대구에 자리 잡으며 대구와 사과의 역사가 시작되었다고도 한다. 존슨 박사는 지금 계명대 동산의료원의 전신인 제중원을 설립했다. 1900년 그는 그의 사택에 72그루의 사과나무를 심었고 이것이 대구 사과의 효시가 되었단다.[5] 정원에 72그루의 사과나무를 심을 정도였으면 사택도 물론 컸겠지만 사과 사랑 또한 대단했던 것 같다. 그런데 이 사과나무 묘목을 어디서 구했는지는 알 수가 없다. 미국에서 가지고 온 것이었는지도 모르겠다. 이후 1905년부터 일본에서 건너온 농업 이민자들이 사과를 본격적으로 재배하기 시작했고 한국 사과 산업에 탄력이 붙어 오늘에 이르렀다고 말하고 있다. 그러니까 비슷한 시기에 황해도의 윤병수 옹, 대구의 존슨 박사, 어디선가 자리 잡은 일본 농업이민자들(장소는 밝히지 않았다) 이렇게 삼 방향에서 사과 재배가 시작되었다는 뜻이 된다. 그렇다는 것은 다시 말하면 그 때까지는 사과가 제대로 재배되지 않았다는 해석을 가능하게 한다. 통일신라시대에 이미 사과나무가 있었다고 하니 산업적으로 재배하지 않았더라도 사과나무가 오래 전부터 존재했던 것은 확실한 것 같다. 그러나 아쉽게도 통일신라시대의 사과나무는 고증이 되지 않는다. 최초의 흔적이 잡히는 것이 세종대왕의 『향약집성방』이다. 이 안에 사과와 능금이 모두 약으로 언급되고 있다. 다만 사과는 내柰[6]로, 능금은 임금林檎[7]으로 표기되어 있어서 찾기가 쉽지 않다. 사과와 능금은 위와 장의 활동을 정상화시키며 갈증을 해소하는데 좋다고 하며 만성위염에 사과를 하루에 세 개씩 복용하여야 한다고 쓰여 있다. 『향약집성방』은 15세기에 집필된 것이다. 1527년에 최세진崔世珍이 지은 한자 학습서 『훈몽자회』에도 능금이 들어 있으며 이후로 간간히 사과와 능금의 자취를 찾을 수 있다. 능금은 '임금'으로 불렸다가 '닝금'이 되고 그것이 다시 '능금'이 된 것으로 짐작된다.[8] 18세기 초에 쓰인 『산림경제』[9]에도 사과나무柰果와 능금나무가 나란히 등장한다.

> "사과와 단행丹杏·유행流杏은 다 씨로 번식시킬 수 없으며 접을 붙이는 것이 좋다. 그러나 사과나무에는 거미줄 같은 집을 짓는 벌레가 많이 꼬이고 가지는 많이 뻗으나 말라 죽는 것이 많다. 빨래한 물을 늘 뿌리에 부어주면 이런 걱정은 없어진다. 능금나무林檎에 송충이 같은 벌레가 생기면 누에똥을 나무 밑에 묻어주거나 물고기 씻은 물을 부어주면 곧 없어진다."[10]

꽃사과나무의 일종인 "Malus floribunda"

유사한 시기에 지어진 「농가월령가」에도 사과와 능금을 나란히 노래하고 있
는데 농가월령가는 이본도 많고 저자나 저작시기에 대한 의견도 일치된 것이
없으므로 출처로 삼기에 적합지 않다. 『향약집성방』이나 『산림경제』 혹은 「농
가월령가」에 묘사된 사과와 능금은 약용이나 식용의 자원식물로 소개되고
있다.

그렇다면 정원 쪽 형편은 어땠을까. 물론 정원에 사과나무를 심은 기록도 있
다. 장혼의 「평생지」와 소설본 『춘향전』이 그것이다. 다만 이 둘 모두 실제 존재
하는 정원이 아니라 이야기 속의 정원이다. 18세기 후반 한양에 살던 장혼이라
는 선비가 있었는데 그는 동인들과 아회雅會11)를 자주 열었다고 한다. 아마도 그
는 아회를 위해 좀 더 아름다운 장소를 꾸미고 싶었던 것 같다. 집과 정원을 생생
히 묘사한 「평생지」라는 글이 전해지고 있다. 여기서 그는 인왕산 자락 옥류동
에 이이엄而已广12)이라는 상상의 집을 짓고, 상상의 정원을 꾸미는데 그 묘사가
섬세하여 정원을 거의 재현할 수 있을 정도이다. 옥류동에 집을 사는 과정에서
부터 마지막 참외와 호박을 심어 울타리를 장식하는 것까지 꽤 긴 글이다. 그 중
그는 햇볕 잘 드는 곳에 사과나무, 능금나무, 잣나무, 밤나무를 차례로 심겠다고
했다. 이로 미루어 보아 정원에 사과나무를 심는 것이 그리 낯선 일은 아니었던
것 같다. 다만 삼국시대나 고려시대를 거쳐 복숭아나무와 살구나무가 늘 짝을

고 이인성 화백의 "사과나무"(1939
년, 국립현대미술관 소장). 이인성 화
가는 1912년에 태어나 1950년 전쟁
중에 젊은 나이로 사망했다. 이 그림
은 그가 왕성히 활동했던 시기에 그
려진 것으로, 그 당시 한국에 이런 커
다란 사과나무가 있었음을 말해주고
있다.

이루어 등장하는 반면 사과나무에 대한 언급이 전혀 없는 것으로 보아 조선시대 이전에 심었다는 증거는 없다. 춘향이의 집을 묘사한 장면에 갖은 기화요초와 함께 사과와 능금이 등장한다. 다만 이는 1912년에 이해조가 옥중화라는 제목으로 춘향전을 번안 편집한 것을 1928년 구활자본으로 출판한 것이어서 한자로 된 원본이나 그 이전의 구술본에도 사과나무와 능금나무가 있었는지는 알 수 없다. 그리고 이쯤에서 자료는 고갈된다. 더 이상 사과의 자취를 찾을 수가 없다. 그렇다면 사과가 본시부터 한국의 중요한 과실은 아니었다는 결론이 내려진다. 오리무중인 것이다. 그러나 이 사실이 정원에 사과나무를 심겠다는 생각에 영향을 미치는 것은 아니다. 오히려 더더욱 사과나무를 많이 심어 정원에 생명을 부여하고 싶다는 의욕이 생기게 한다.

사 과 나 무   정 원 의
불 가 능 성 에   대 하 여

드디어 그럴 기회가 온 듯싶었다. 두 해 전, 중국 산둥반도의 위해시威海市를 방문할 기회가 있었다. 위해시는 지리적으로 한국에서 가까운 곳에 위치하고 있어 기후조건이 한국 서해지방과 거의 같다고 한다. 한국에서 눈이 내릴 때 거기도 눈이 내렸다. 눈이 유난히 많이 내렸던 겨울이었다. 공항에서 시내로 들어가기까지 차로 한 시간 남짓 달리는 동안 무심히 내다본 창밖에 뜻밖에도 눈 덮인 사과나무 밭이 끝없이 펼쳐지고 있었다. 궁금해서 안내인에게 물어보니 위해시는 중국의 대표적 사과 산지라고 한다. 중국 사과의 80퍼센트가 이곳에서 생산된다고 하니 대단한 양이다. 사과나무 팬으로서 이처럼 반가운 일이 또 있을까. 마침 그곳에서 정원을 하나 설계하기로 했던 터였다. 위해시는 해안도시로서 앞 바다에 백여 개의 섬이 있다. 그 중 하나가 유공도라는 섬이다. 황족이었던 유씨 가문이 살았던 곳이라 하여 이름이 그렇게 붙여졌단다. 이 섬은 군사적으로 중요한 위치에 놓여 있기 때문에 명대에는 일본의 침략을 막기 위한 요새로, 청대에는 해군기지로 쓰였다고 한다. 현재도 이곳은 천연 보호벽으로서 동쪽연해 국경의 중요한 군사적 요지로 여겨지고 있다. 무엇보다 1984년 일본과의 치열한 해전이 벌어진 곳이 유공도 앞바다였다. 역사에서 청일갑오전쟁이라 일컫는 바로 그 전쟁이다. 또한 영국이 1898년 유공도를 포함하여 위해시 일대를 32년간 해군기지로 빌려 쓴 바 있다고 한다. 그로 인해 섬에 지금도 영국식 건축물이 많이 남아 있다. 1902년에는 유공도에 영국식 골프장을 조성하기도 했다. 최근에 이 골프장을 복원하고 영국풍의 클럽하우스를 다시 지었다. 이 영국풍의 클럽하우스에 정원을 만들기 위해 말하자면 어줍지 않게도 '유럽정원 전문가' 자격으로 내가 부름을 받아 가게 되었던 거였다. 이런 행운이 또 있을까. 사과나무를 귀히 여기는 영국의 전통에다가 사과의 도시 위해시가 겹쳐지니 드디어 사과나무를 심을 수 있는 절호의 기회가 왔다고 내심 쾌재를 불렀다. 그러다 슬그머니 걱정이 되기 시작했다. 이 도시의 사람들은 사과나무를 잘 알고 있다고 믿을 것이 틀림없었다. 그들이 알고 있는 사과나무는 열매 생산을 위해 여러 세대에 걸쳐 과수원에서 길들여진 것들이다. 해마다 크고 붉은 열매를 맺게 하기 위해 투여하는 비료와 농약에 익숙해진 나무들이다. 그런 나무는 농약과 비료가 없으면 살아갈 수가 없다. 마치 마약중독자와 같다. 그렇기 때문에 정원에 심기가 어렵다. 정원의 나무를 과수원과 같은 방법으로 약을 투여해가며 관리할 수는 없는 일이다. 과수원처럼 일 년에 십여 차례씩 약을 뿌리게 된다면 그 곳은 이미 정원이라고 할 수 없다. 유럽처럼 정원용으로 재배하는 사과나무를 구할 수 있다면 모를까. 정원용 사과나무라면 대부분 꽃사과일 것이다. 결국 또 막다른 골목에 도달할 것이 염려되었다.

아나나 다를까 "사과나무는 병충해에 약하고 관리가 어렵다"는 것이 현지 관계자들의 반응이었다. 그들은 대량생산 이전의 야생 사과에 대한 기억을 간직하고 있지 않은 듯 했다. 그래도 혹시 정원용으로 재배하는 것은 없느냐고 물었더니 없다고 했다. 아쉽지만 벌레가 들끓을 것이 분명한 사과나무를 고집할 수 없어 결국 한 그루만을 상징적으로 심는데 합의를 보았다. 그 한 그루마저도 한 해

만주 야생 사과나무의 수형

를 넘기지 못하고 뽑혀나가는 것은 아닐까 걱정되었다. 그런 경험을 자주 한다. 인내심 부족으로 당장 효과를 내지 못하는 식물을 실패작으로 간주하여 회양목이나 영산홍으로 바꿔치기하는 것을 많이 보아왔기 때문이다. 달고 맛있는 과일나무에 벌레가 많이 모여드는 것은 사실이다. 잎을 갉아 먹는 것도 있고 꽃의 암술과 수술까지 다 먹어 버리는 것 등 종류도 여러 가지다. 그러나 사과나무가 본래부터 병충해에 약하고 까다로운 나무는 아니었다. 사과뿐 아니라 이 세상 어디에도 본래부터 병충해에 약하고 까다로운 식물은 존재하지 않았었다. 이는 인류가 꾸려온 오랜 농경생활의 결과일 뿐이다. 최대의 수확을 얻기 위해 약을 뿌려 벌레를 제거해 주고 비료를 주어 쉽고 편하게 양분을 취하게 했다. 그 결과 사과나무는 땅 속 깊이 뿌리내려 양분을 찾아 나설 필요도 없고 귀찮게 하는 벌레로부터 자신을 지켜나가는 능력, 즉 스스로 생명을 유지하고 지키는 능력을 모두 잃어버리고 말았다. 환경으로부터 격리되어 홀로 서게 된 사과나무는 지금껏 공생을 누려왔던 생태계의 보호 없이 인간의 관리와 통제 하에 그 명맥을 유지하고 있다. 인간들의 작품이다. 열매를 맺는 도구가 되어 인간의 식탁을 풍요롭게 만들기 위해 본래의 자연성을 잃고 기형이 된 것뿐이다. 그러나 과연 우리의 식탁이 진정 풍요로워진 걸까? 풍성한 식탁으로 인해 우리의 삶도 풍요로워진 것일까?

농경생활의 시작은
당연한 길이었을까?

물론 풍요로운 식탁을 준비하기 위해 가장 고생하는 것은 농민들이다. 허리가 휜다고 한다. 사실이다. 농민들의 수고로움은 이루 다 표현할 수가 없다. 그러므로 농업이 환경에 미치는 부정적 영향 등을 이야기 할 때면 늘 무거운 마음이 든다. 무언가 선한 것을 비판하고 있는 느낌이 들기 때문이다. 많은 사람들이 농업을 신성한 것이라 여기고 농업에 대한 깊은 동경심을 가지고 있다. 은퇴 후 시골에 내려가 농사지으며 혹은 텃밭을 일구며 살겠다는 사람들도 점점 늘어가고 있다. 귀농 희망자를 위한 세미나, 교육 프로그램들도 활성화되고 있다. 땅을 갈아 씨를 뿌리고 공들여 가꾼 뒤 수확했을 때 느끼는 기쁨, 그것에 대한 동경은 도시인이면 흔히 가질 수 있는 것이다. 그런데 상당히 흥미로운 이론이 있다. 인류가 농업을 시작한 것이 생존을 위해 꼭 필요했던 것이 아닐지도 모른다는 거다. 어떤 이유로 인류가 수렵과 채취의 생존 방식을 버리고 농사를 시작했는지에 대해 학자들 간에 일치된 의견이 없다. 이상한 일이 아닐 수 없다. 일반 상식을 지닌 사람이라면 누구나 농경생활을 인류가 걸어 온 당연한 길로 여기고 있다. 그런데 좀 더 유심히 들여다 본 사람들은 의아해 하는 것이다. 인류가 대략 팔천 년 전부터 농경생활을 시작했다는 것은 증명된 사실이다. 그러나 무엇이 인간을 그 길로 접어들게 했는지는 똑 부러지게 설명할 수 없다는 것이다. 설명을 못하는 것이 아니라 뚜렷한 이유가 없었다는 것이다. 말하자면 살아남기 위해 농경생활을 반드시 했어야만 한 것은 아니라는 거다.

아프리카나 오스트레일리아에서 아직도 '자연인'으로 살아가는 부족들의 생활을 분석해 보면 아무리 척박한 환경에서도 부족 모두가 먹고살기 위해 허리가 휘도록 일하지 않아도 된다고 한다. 예를 들어 아프리카의 센 족은 주당 12시간에서 최대 19시간까지 일하면 충분히 먹고 살 수 있단다.[13] 여기서 일이라는 것은 체계가 갖추어진 농업을 말하는 것이 아니다. 수렵이나 채취 혹은 간단한 목축에 소요되는 시간을 말한다. 그들은 떠돌아다닌다. 일 년 뒤에 제자리로 돌아와 보면 곡식과 푸성귀와 과일이 다시 자라 있는 것이다. 우리의 엄청난 수고와는 비교도 안 되게 편한 삶을 영위하는 것이다. 그렇다면 좀 기이한 일이다. 최대의 문명을 누리고 사는 우리는 주당 19시간이 아니라 하루에 19시간을 일하는 경우도 적지 않다. 그러다보니 살기 위해 일하는 것이 아니라 일하기 위해 살고 있는 꼴이 되어버렸다. 아마 여기에 열쇠가 있는지 모르겠다. 허리가 휘게 일하는 이유가 꼭 목숨과 종족을 보존하기 위해서만은 아니기 때문일 것이다. 우리는 왜 이런 고생을 하고 있는 것일까. 농경생활을 했던 곳에서 발굴된 사람의 뼈를 분석해 보면 오히려 유목민들보다 영양상태가 불량했다고 하는데 말이다. 그럼에도 인류는 농경생활을 멈추고 이전의 수렵 채취 생활로 되돌아가지 않았다. 가던 길을 계속 걸어갔는데 그 원동력이 과연 무엇인지는 앞으로도 계속 탐구해 볼만한 흥미로운 질문이 아닐 수 없다.

그렇게 농경생활을 유지하며 주당 19시간 이상을 일해서 먹고 남은 잉여분으로, 그리고 17~18세기에 시작된 소위 농업혁명을 통해 축적된 부와 에너지를 바탕으로 인간들은 지금과 같은 세상을 만들어 냈다. 농업혁명은 영국에서 먼저 시작되었다. 1760년경에는 이미 전 유럽에 전파되어 비약적인 생산력의 증가를 얻어내기에 이르렀다. 농업혁명의 내용을 보면 작물을 교대로 심어 토양의 생산력을 상승시키고, 전문적인 사료경작이 시작되었으며 겨울에는 가축을 축사에서 배불리 먹여 살찌게 한 것과, 육종법 개선을 통해 가축수를 급진적으로 증가시키고, 육류 및 우유의 생산성을 높인 것 등이다. 목축업의 경우 처음부터 가축을 축사에 가두어 길렀던 것은 아니다. 초기 목축업에서는 소나 양떼를 데

양들이 풀을 뜯고 있는 곳에 사람이 산책을 한다. 낯선 풍경이다. 이 양들은 자유로이 돌아다닌다. 한쪽은 바다여서 자연스러운 울타리 역할을 하고 좌측 도로변에는 낮은 울타리가 쳐져 있어 보호하고 있다. 동물을 축사에 가둬 둔지 오래되다보니 사람과 동물이 서로 방해받지 않고 같은 공간에서 존재할 수 있다는 사실이 기이하게 느껴진다.

리고 먹이가 있는 곳을 따라 이동했었다. 그러다가 초지를 따라 옮겨가는 고달픔 대신 가축을 가둔 뒤 사료로 양육하는 방식이 나타났다. 힘겹게 소나 양떼를 몰고 초지를 따라 이동하다보면 비바람, 맹수의 습격, 도적들과의 싸움 등 각종 험난한 상황을 극복해야 했다. 따뜻한 지역에서는 큰 문제가 되지 않았겠지만 영국이나 알프스 유역에서는 겨울의 고초가 적지 않았을 것이다. 영화에서 많이 보던 '낭만적인' 유목민의 생활을 접고 가축들을 초지로 몰고 가는 대신 초지를 가축에게 가져다주는, 즉 사료 경작이 시작된 것은 가히 혁명적이었다 할 것이다. 미국이나 유럽에서 자주 볼 수 있는 끝없이 넓은 옥수수 밭은 주로 사료용 경작지이다. 그 후 이백여 년 동안 농업은 발전을 거듭했다. 농업이 발전하니 인구가 증가했고 인구가 증가하니 농업의 생산성이 더욱 증가되어야 했다. 그래서 급기야는 가축들을 겨울에만 축사에 가둔 것이 아니라 아예 영원히 그 안에 가두고 내보내지 않는 것이 훨씬 효율적임에 생각이 미쳤다. 이렇게 생산성을 지속적으로 향상시키다보니 영농의 기계화, 자동화가 따랐고 가축의 밀도도 높아

평화로운 유럽의 농가. 중세까지 이런 농가에서 사람과 가축이 같은 공간에서 생활했다고 한다.

졌으며, 먹을 것이 넘쳐나 사람들은 함포고복하게 되었다. 행복한 일일까? 이 배부름 속에 감추어진 함정을 미처 알아보지 못한 동안은 행복했었다.

지금으로써는 상상조차 할 수 없는 일이지만 초기 중세 무렵까지만 해도 유럽의 농가에서는 가축과 사람이 한 지붕 밑에서 잠을 잤다고 한다. 무엇보다도 난방 문제를 해결하는 데 큰 효과가 있었단다. 추운 겨울에 소나 말 옆에 누우면 무척 따뜻했다고 한다. 그런 삶에서 우리는 지금 멀리 떨어져 왔다. 다행인지도 모른다. 소와 함께 한 지붕 밑에서 살다니. 얼어 죽을지언정 소 옆에서 잠을 잘 수는 없지 않은가. 그러나 그런 야만스러운 시대에 태어나지 않은 것이 얼마나 좋은가 라고 안도하기 전에 한 번쯤 우리는 어쩌면 조금 너무 멀리 떨어져 왔는지도 모른다는 질문을 해 볼 필요가 있어 보인다.

구 제 역

이태 전 겨울, 우리는 수백만의 가축을 죽여서 땅에 묻었다. 모두들 그때의 재앙을 잊었을까? 짐작컨대 당시 살처분에 직접 참가한 수의사, 공무원, 보조원, 농민들은 아직도 악몽에 시달리고 있을지도 모르겠다. 평생 잊지 못할 일일 것이다. 이 악몽이 향후 인간을 향한 재앙으로 확산되지 말란 법은 없다. 공연히 공포분위기를 조장하려는 것이 아니다. 구제역의 직접적 원인은 바이러스라고 하더라도 이미 오래 전에 스스로 덫을 놓고 있었다는 것에 대해 세간의 관심은 그리 크지 않은 것 같다. 오히려 고기값 오르락내리락 하는 것에 더 큰 관심을 두는 것이 아닌지 염려가 된다. 한국건설기술연구원의 김연미 박사는 다음과 같이 경고하고 있다.

"구제역은 우제류에게 발생하는 고전염성의 바이러스성 병이다. 사람에게 전염될 위험은 없지만 국제 동물전염병국에서 가장 위험하고, 따라서 극심한 경제적 피해를 몰고 오는 질병으로 구분하고 있다. 유럽에서 발생한 광우병이 인간광우병과 연관이 있고, 조류독감이나 신종플루 등이 인간에게 감염되는 형태로 서서히 나타나고 있다. 우리가 가장 두려워 할 것은 미래에 이러한 전파력이 높은 동물전염병이 변종 바이러스의 형태로 인간에게 전파되어 인명피해와 연결되는 가능성을 배제할 수 없다는 것이다. 기계적 방식으로 경제성을 고려해야하는 농민의 영농방식과 어떻게 생산되든 상관없이 값싼 가격으로 고기를 소비하는 소비자의 심리가 유지될 때 기존의 동물전염병 이외에도 다른 전염병들이 우리 인간을 공격할 수도 있다고 본다. 심각한 사안이지만 아직 정책적으로 그 심각성이 반영되지 않고 있다. 이런 방식으로 내년 후년 아니 그 이후라도 한국에서 동물전염병이 발생 안 한다는 보장을 할 수 없다. 독일의 경우 1991년 모든 우제류에게 백신접종을 실시하고 다양한 대책을 마련한 이후 심각한 구제역 발생이 없었다. 또한 이후 생태적 농산물, 친환경 농경에 대한 정책시행과 시민들의 전반적 협조가 나타나고 있다. 과거 촛불시위가 단순 건강 먹거리 문제가 아닌 친환경 농업에 대한 사회적 이슈화로 이어지기를 간절히 바라면서 그 과정을 지켜보았으나 이에 대한 논의는 거의 없었다. 근본적인 대책마련이 필요하다."[14]

그리고 가축의 생태적 특성을 고려한 축산 방식을 종용하고 있다. 가축의 산업적 축산 방식이 결국 구제역의 원인이 되었기 때문이다. 가축의 생태적 특성을 고려한 축산 방식은 과연 무엇일까. 가장 이상적인 것은 축사를 뜯어내고 방목 시절로 돌아가는 것일 게다. 축사에 갇혀 사는 것은 동물의 '생태적 특성'에 맞지 않는다. 실제로 유럽에서는 이미 이십여 년 전부터 방목을 종용하고 있다. 친환경 축산계약을 맺은 농가는 적지 않은 금액의 보상금을 받는다. 소나 양을 기르는 농가는 축사가 아예 없다. 가축들은 밤이나 낮이나, 여름이나 겨울이나 늘 초원에서 생활한다. 이런 친환경 농법은 광우병이나 조류독감, 구제역 등의 병이 발생하기 이전에 이미 시작되었었다. 당시에는 토양오염, 수질오염 때문에 시작한 일이었다. 광우병이나 구제역 등의 전염병이 생길 수 있다는 것까지는

비집약적 농가의 소들은 늘 초지에서 산다. 물론 울타리가 있어 보호되고 있다. 행복한 소일까? 비록 귀에 번호 표를 달고 있어도 내내 축사에 갇혀있는 것보다는 나은 운명일지도 모른다.

예측하지 못했지만 그렇다고 하더라도 방목농법을 시작한 사람들의 선견지 명이 이번 구제역 사건으로 입증되었다고 볼 수 있다. 자연이 우리에게 강하게 압박을 가해오고 있다. 친환경농법이나 자연농법은 하면 좋고 안 해도 상관없는 선택사항이 아니다. 필수적인 과제가 된 것이다. 우리는 땅이 좁아서 방목이 어 려운 건 사실이다. 고기를 조금 덜 먹는다면 어떨까.

기 적 의
사 과

이미 많은 독자들이 알고 있으리라 믿는데 일본의 이시카와 다쿠지가 쓴 『기적의 사과』[15]라는 책이 있다. 저자 이시카와 다쿠지는 저널리스트이다. 그 는 기무라 아키노리라는 농부를 인터뷰하고 그것을 토대로 위의 책을 썼다. 농부

기무라는 소위 무농약 무비료로 가지가 휘어지게 열매를 맺는 기적의 사과 농가를 운영하는 사람이다. 이 책은 누구나 꼭 한 번 읽어 보라고 권하고 싶다. 사과나무 때문만이 아니다. 그리고 기무라 씨의 기막힌 감동스토리 때문만도 아니다. 이 책은 그 어느 학자가 쓴 생태학 교재보다 더 생생하고 명료하게 생태계가 무엇인지, 그리고 생태계를 유지하는 것이 무엇을 뜻하는지, 그것이 왜 중요한지, 흔히 말하는 종다양성이 무엇이며 그것은 또 왜 그리 중요한 것인지, 인간의 역할은 과연 무엇인지 등에 대해 시원한 대답을 주고 있기 때문이다. 책을 읽는데 몇 시간도 채 걸리지 않는다. 거기서 얻어지는 감동은 오래 지속된다는 것을 약속한다. 책의 내용을 간단히 정리하자면 이러하다. 가무라 씨는 사과재배지로 유명한 고장에서 태어나 사과 농부가 된다. 기계 광이었던 그는 영국제 트랙터에 반해 농사를 시작한 기이한 인물이다. 처음에는 남들보다 열심히 농약을 뿌려 농협에서 상까지 받은 보통 농부의 생활을 이어나간다. 그러던 어느 날 우연히 후쿠오카 마사노부의 『자연농법』이라는 책을 손에 넣게 된다. 후쿠오카의 자연농법은 소위 '아무것도 하지 않는 농법' 이다. 책에 묘사된 것은 벼농사였지만 기무라 씨는 자신

일반 과수원의 사과나무들

사과나무의 꽃

의 사과밭에 이 농법을 적용시켜볼 생각을 한다. 이는 농약에 민감한 아내를 염두에 둔 것이었다고 해도 그의 열린 사고 없이는 가능하지 않은 일이다. 당시는 아무도 농약 없이 사과를 재배할 수 있다고 믿는 사람이 없었다. 그는 우선 밭의 사분의 일 면적에 농약 살포를 끊고 시비는 퇴비로 국한 시킨다. 약을 끊은 사과나무들은 약이 떨어진 마약중독자와 똑같이 힘겨운 시간을 보낸다. 사과밭은 벌레밭이 된다. 나무에 잎이 나오는 대로 벌레들이 다 먹어치워 꽃도 피지 않는다. 꽃이 피지 않으니 열매는 당연히 열리지 않는다. 이런 세월이 5년 동안 지속된다. 그동안 사과를 단 한 알도 생산하지 못한 기무라 씨는 가산이 몰락한 정도가 아니라 아예 파산지경에 이른다. 벼농사를 조금 짓고 채소를 길러 장인, 장모, 아내와 세 아이가 겨우 입에 연명할 정도로 가난해졌다. 겨울에는 공사현장에 가서 노동을 하거나 도시에 나가 술집 웨이터로 아르바이트를 하면서도 포기하지 않는다. 무슨 고집이었는지 그도 모른다. 어떤 계시나 자신도 모르는 확신이 있었을 게다. 동네에서는 이미 정신 나간 사람으로 낙인찍힌 지 오래다. 그렇다고 그가 그 긴 세월동안 사과밭을 돌보지 않은 것은 아니다. 그 반대로 하루도 빠짐없이 사과밭으로 가서 가지에 새까맣게 달라붙은 벌레를 잡는다. 그리고 자연성분으로 이루어진 대체농약을 찾기 위해 끊임없이 실험하고 탐구한다.

　그러던 그에게 전기가 온 것은 6년 째 되던 해 하필 그가 마침내 죽을 결심을한 날이다. 사과나무는 거의 말라서 죽어가고 있었고 다른 희망도 없고 포기도할 수 없던 그는 목을 매 죽으려고 산을 오른다. 죽으려고 올라 간 산에서 건강한도토리나무를 보게 되었다. 그리고 단번에 깨닫는다. 농약을 한 번도 뿌려주지않은 도토리나무가 그리도 건강한 것과 도토리나무 아래에 가득한 잡초 밭의 상관관계가 한 번에 깨달아진다. 그리고 도토리나무 숲의 토양을 맨 손으로 헤치며 흙이 전혀 다르다는 것을 알게 된다. 온갖 미생물의 활동으로 인해 따뜻한 온기가 도는 흙, 풀뿌리로 인해 부드럽게 분해된 흙, 톡 쏘는 방선균 향이 배어 있는 흙. 그 때까지도 그는 농약살포만 멈추면 자연농법이 되리라 믿었다. 그래서사과나무 아래의 풀밭은 항상 깨끗이 깎아 주었던 거였다. 그 자리에서 사과밭으로 돌아 온 그는 우선 사과밭에 콩을 뿌린다. 흙 속의 질소량을 측량하는 방법이다. 콩이 무릎 위로 자란 사과밭은 더욱 지저분해 보인다. 그러기를 또 3년. 콩을 뿌릴 필요가 없어진다. 콩의 뿌리에 더 이상 혹이 형성되지 않는 것을 보고 흙속의 질소량이 충분해졌음을 알게 된다. 그리고 콩뿌리로 인해 흙이 한결 부드러워졌음을 느낀다. 사과나무도 서서히 회복해가는 것처럼 보인다. 콩을 심는지혜는 그동안 끊임없이 사과밭을 관찰하고 탐구한 결과이다. 이제는 콩 대신잡초가 무성하게 내버려 둔다. 잡초가 무성하니 온갖 곤충이 찾아든다. 곤충이 찾아드니

오래된 나무에서 수확한 유기농 사과. 요즘 이런 사과가 더 인기를 끌고 있다.

개구리와 새와 작은 포유류도 드나든다. 지저분한 잡초밭은 점차 낙원의 모습을 닮아간다. 그리고 생물들 사이에 서로 먹고 먹히는 자연현상이 벌어진다. 벌레가 사과나무를 쳐다보지 않게 된 것이다. 마침내 사과나무에 꽃이 핀다. 처음에는 일곱 송이의 꽃이 피고 두 알의 사과가 열린다. 그 이듬해 사과밭 가득 황홀한 꽃이 뒤덮고 그 다음부터는 일사천리다. 그 사이 사과나무가 깊이 뿌리를 내려 근 20미터가 되고 사과와 가지를 연결하는 꼭지도 다른 사과밭에 비해 유난히 굵고 튼튼했다. 그러다가 태풍이 왔을 때 다른 사과밭은 엄청난 피해를 보았으나 그의 사과밭은 80퍼센트 이상이 무사했다. 그러나 사람들을 가장 감동시킨 것은 사과의 맛이라고 한다. 일반 과수원 사과맛과는 전혀 다른, 아마 태초의 과일 맛이었을 것 같다. 썩지도 않는다고 한다. 지금 그는 유명인사가 되었다. 생산량이 주문량을 따르지 못한다고 한다. 그를 위한 갈채를 보내야 할 것 같다. 그의 사과를 사람들은 기적의 사과라고 한다. 그러나 그 기적은 애초에 우리 곁에 있던 거였다. 그것을 우리가 멀리 떠나보냈었고 다시 찾는 과정이 그리도 고달프고 고통스러운 거였다. 그는 어쩌면 우리 모두를 대신해서 먼저 그 길을 걸어보였던 것일지도 모른다.

루 터 와
사 과 나 무

16세기에 종교개혁의 포문을 연 마르틴 루터는 실추된 사과나무의 명예를 회복시킨다. 의도적으로 그랬는지는 모르겠다. "내일 세상의 종말이 온다면 오늘 사과나무를 심겠다"라는 말은 누구나 알고 있는 유명한 문장이다. 여러 사람이 후보로 올라있지만 마르틴 루터가 한 말이라는 것이 정설에 가깝다. 루터 역시 종교개혁자이기 이전에 게르만의 후예였다. 그는 사과나무가 가지는 상징성을 누구보다 잘 알고 있었다. 그냥 나무를 심는다는 것이 아니라 '사과'

과일을 얻기 위해 교배하여 얻은 사과나무로는 가장 오래된 품종. 최근 유전자 조사를 통해 얻어진 결과에 의하면 최초의 사과는 중앙아시아 지역의 야생사과 품종과 유럽의 야생사과를 교접한 것이라고 한다. 아주 오래 전에 재배를 시작했을 것으로 짐작하고 있지만 정확한 분포 경로 등은 아직 밝혀내지 못하고 있다.

나무를 심겠다고 한 것이다. 이는 두 가지로 해석할 수 있다. 우선 내일 종말이 온다고 하면 재빨리 땅에 생명의 나무를 심어 두겠다는 해석이다. 그리하여 생명이 지속되도록 하겠다는 말이고 결국 세상의 종말이 오지 않도록 해보겠다는 것이다. 다분히 루터다운 발상이라 하지 않을 수 없다. 그런데 여기 문제가 하나 있다. 사과의 학명은 말루스Malus이다. 이는 '악惡' 이라는 뜻이다. 아예 인두로 지지듯 학명에까지 새겨 넣은 것이다. 그럼 사과나무를 심겠다는 것은 어차피 지구가 망할 바에야 악의 씨라도 뿌려두겠다는 심술궂은 마음이었는지. 글쎄, 어느 쪽이었는지 모르겠다. 이 혼란을 잠재우려면 사과나무의 학명부터 고쳐야겠는데 이미 튤립에서 살펴본 것처럼 학명 고치기가 혁명보다 어렵다. 한편, 악의 씨라는 사과의 이름 역시 문화의 한 자취이니 그대로 두는 것이 좋을 것도 같다. 이브의 후예들을 악의 씨로 몰아붙였던 성직자들에게 복수할 수 있는 확실한 증거 아닌가. 그러나 어찌 보면 그들은 참 가여운 중생이었던 것도 같다. 차라리 사랑의 사과를 건네주는 것이 나을까?

9

영원히 젊은 마가목, 죽지 않는 주목

로널드 위슬리의 마술 실력이 남보다 뒤떨어지는 것도 당연했다.
그의 마술봉이 문제였다.
형 찰리에게 물려받은 마술봉은 물푸레나무로 만든 거였다.
그것이 부러지자 이번에는 버드나무로 만든 것을 얻어가졌다.
물푸레나무나 버드나무는 모두 여성적인 부드러운 나무들이다.
로널드의 불타는 빨간 머리, 이리저리 삐쳐대는 단순하고 폭발적인 에너지에 어울리는 나무
는 마가목이다.
마가목으로 만든 마술봉을 썼더라면 누가 아나 혹시 로널드가 로드 볼드모트의 적수가 되었
을지도.

로드 볼드모트의 마술봉은 주목으로 만든 거였다.
'죽음을 부르는 새'라는 그의 이름에 꼭 맞는 나무였다.
그래서 그렇게 힘을 발휘할 수 있었던 것 아닌지.
오로지 해리포터의 호랑가시나무 마술봉만이 마가목과 견줄 수 있다고나 할까.
주인공이니 제일 강한 마술봉을 가지는 것이 당연하겠지만
호그와트 마법학교의 나머지 착한 학생들이 모두 마가목 마술봉을 가졌다면
로드 볼드모트니 죽음을 먹는 자들이니 아무런 힘도 쓰지 못했을지 모른다.
그랬다면 해리포터 이야기가 초반에 끝났겠지.
그래서 작가가 아무에게도 마가목 마술봉을 주지 않았던 것일까?

위의 내용은 해리포터의 기본 내용을 바탕으로, 필자가 마가목 마술봉을 중심으로 새롭게 정리한 것이다.

식물은 과연
하찮은 존재인가

도시에 떠도는 잡귀들이 너무 많다. 억울하게 생매장된 수백만 가축들의 울음이 들리는 듯하고, 아침마다 황사가 하늘을 우울하게 뒤덮고 있는 것으로도 모자라 이제는 방사능까지 원혼이 되어 떠돌고 있다. 봄이 오는 걸음도 느려졌다. 2011년에도 그랬다. 그 때 바로 코앞에서 일본 원전사고가 벌어졌음에도 우리는 짐짓 의연한데 머나먼 유럽에선 야단법석이 났다. 원자력을 아예 포기하라는 여론이 지배적이다. 원자력 기반의 에너지 로비가 만만치 않기 때문에 쉽게 성사될 것 같지는 않지만 원자력이 세상에서 다 사라질 때까지 시위행렬이 그치지 않기를 바라고 있다. 스위스는 원자력을 전혀 쓰지 않고 있으며 오스트레일리아에도 지금은 원자력발전소가 없다. 그렇다고 그들이 촛불을 켜고 사는 것도 아니며 말을 타고 다니는 것도 아니다. 한국처럼 원자력 의존도가 높은 나라는 장차 어떻게 해야 할 지 답답하다.

채소를 직접 길러 먹는다고 해서, 방사성 물질에서 자유로울 수는 없다.

아무리 개인적으로 방독면을 준비하고 채소를 베란다에서 길러 먹고, 집안에 식물을 들여놓는다고 하더라도 이는 마치 맨 손으로 다가오는 백발을 막으려 하는 것만큼이나 헛된 몸짓일 것이다. 일단 방출되고 나면 사방에서 다양한 경로를 통해 보이지 않게 침입하는 방사성 물질을 막을 도리는 없다. 눈에 보이지 않고 냄새도 나지 않으므로 더 위험한 것이다. 산이나 들에 가라앉은 방사성 물질이 토양과 지하수를 오염시키고 토양이 식물을 오염시키고 식물이 동물을 오염시키고 이들이 다시 사람을 오염시킨다. 농경지에서는 지표에 방사성 물질이 흡착되었다고 해도 땅을 갈면 토양 속의 미네랄 성분과 섞여 버리므로 식물에 흡수되지 않기 때문에 크게 문제될 것이 없다고 한다. 그런데 숲이 오히려 문제가 된다. 숲 속의 토양은 유기물 함량이 높다. 그렇기 때문에 방사성 물질이 미네랄과 섞이지 못하고 표토에 함유되어 있다가 어떤 방식으로든지 인체에 도달하게 되어 있다. 그 뿐 아니라 침엽수가 말썽이다. 셀 수 없이 많은 잎들이 달려 있으므로 일단 방사능을 거르는 필터 기능을 하는 것처럼 보이지만 언젠가는 이 잎

방사성 물질의 오염 경로

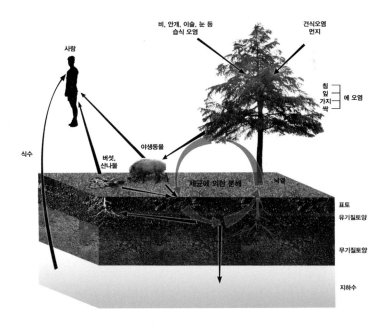

들이 땅에 떨어지게 되어 있다. 그것도 여러 해에 걸쳐 오염된 잎이 땅에 떨어지
므로 사고 후 몇 년이 지나면 토양의 오염도가 오히려 높아진다. 체르노빌의 여
파는 이제부터 시작이라는 기사가 난 적도 있다. 방사능 사고는 한 번 일이 벌어
지면 수습할 수 없도록 되어 있다. 마치 달라붙어 떨어지지 않는 잡귀처럼. 그렇
다고 복숭아나무 가지로 때려서 쫓아낼 수 있는 것들도 아니지 않는가. 혹시 도
시에 떠돌고 있는 저 우울한 기운들을 바로 잡아 줄 식물은 없는지 문득 궁금해
진다. 지금껏 오랜 세월 사람을 지켜왔던 식물의 신들이 원자력 문제에 대해서
도 어떤 복안을 가지고 있을지도 모르는 일이고, 아니면 거꾸로 지금 벌어지고
있는 일들이 언젠가 먼 과거에 짜인 각본대로 흘러가고 있는 것인지도 모른다는
엉뚱한 생각도 해 본다. 물론 식물의 힘을 너무 과대평가하는 것이라고 웃을지
모른다. 과연 그럴까?

　한국인은 언제부터 식물을 하찮은 존재로 여겼던 것일까. 그걸 알고자 하다
가 『양화소록』이란 작은 책을 만나게 되었다. 『양화소록』은 드물게 보는 조선
시대의 원예서이다. 인재 강희안(1417~1464)이 세조대에 지었다고 하는데 이병
훈 선생이 옮긴 것을 을유문화사에서 1973년에 초판을, 2009년에 개정판 4쇄
를 발행했다. 원본은 필사본이 고려대학교에 소장되어 있다고 한다. 강희안은
세종대에 문과에 급제한 후 세조대까지 그럭저럭 관직에 머물다가 48세에 병
으로 타계한다. 동생 강희맹 역시 잘 알려진 문사였는데 두 형제 모두 시 · 서 ·
화에 능했다고 전해진다. 특히 형 강희안은 안견 · 최경과 함께 3절三絶이라 불
렸단다. 형제간의 우애도 좋았는지 『양화소록』의 서문을 동생 강희맹이 저술하
였다.
　을유문화사에서는 "강희안은 이 책에서 각 꽃과 나무들에 대한 옛사람들의
기록을 폭넓게 인용하고 자신의 감상과 생각을 덧붙인다. 그는 단순히 꽃과 나
무를 키우는 방법을 논하는 데 그치지 않고 꽃과 나무의 품격을 말하면서 나라
를 다스리고 백성을 기르는 뜻을 은연히 밝히고 있다"[1]라고 소개하고 있다. 『양
화소록』이 원예서이므로 인문학에서 크게 주목받지 못하고 있는 듯하다. 『양화

소록』에 대해 읽어볼만한 논문은 강세구의 "강희안의 양화소록에 관한 일고제"가 유일한 것 같다.[2] 강세구는 그의 논문에서 『양화소록』이 한국에서 가장 오래된 원예서적이라고 밝히고 있다. 그런 의미에서 원예학, 조경학 등의 분야에선 퍽 중요한 문헌이다. 내가 알고자 했던 것은 15세기 조선인들이 식물에 대해 어떤 생각을 했는가 하는 거였다. 선조들도 식물을 알기를 돌같이 했던 것인지 아니면 긴 역사 속에서 이데올로기가 서서히 변해갔던 것인지.

　『양화소록』을 읽으며 얻은 결론은 이렇다. 15세기의 식물에 대한 개념과 20세기의 개념 사이에 현저한 격차가 있다는 것이다. 원본은 15세기에 한자로 쓰인 것이고 번역은 20세기의 것이다. 그러니까 강희안이 직접 저술한 서문에 "花草 槪無知識 亦不運動"이라 한 것을 이병훈 선생은 "화초는 한낱 식물이니 지각도 없고 운동도 하지 않는다"로 "植物 且然"을 "하찮은 식물도 이러하거늘"이라고 번역하고 있다. 식물을 두고 "한낱"이라거나 "하찮은" 등 원본에 나와 있지 않은 수식어를 가져다 붙인 것은 20세기의 현상인 것 같았다. 그것이 흥미롭다. 1973년에 번역된 것이니 그렇다면 오히려 지금 21세기엔 식물의 위상이 조금은 높아진 것 같다. 강희안 선생은 꽃을 기르는 뜻에 대해 "화목은 군자가 벗 삼아 마땅하며 화목이 지닌 물성을 법도로 하여 덕을 삼아 유익하게 하고자 하는 것"이라고 말하고 있다. 이병훈 선생의 말대로 식물이 하찮은 것이라면 그 하찮은 것을 군자의 벗으로 여길 수 없을 것이고, 그 하찮은 물성을 법도로 삼는다는 말 역시 어불성설일 것이다. 아쉽게도 강희안 선생은 화목의 어떤 물성이 법도로 삼아 마땅한지 밝히지 않고 있다. 아마도 후학들이 찾아내야 하는 문제일 것이다. 그건 차차 알아낸다고 하더라도 여기서 중요한 것은 15세기에서 군자의 귀감이 되어야 마땅했던 식물이 20세기에 하찮은 것으로 추락했다는 사실이다. 5세기 사이에 이런 변화가 있었다면 역으로 계산해서 그 전 수천 년 혹은 일만 년 동안에는 얼마나 많은 변화가 있었을지 유추해볼 수 있는 것이다. 수천 년 전의 식물은 아마도 군자의 귀감 정도가 아니라 신령한 존재였음을 인정해도 좋을 것이다.

그것이 20세기에 하찮은 존재가 된 것은 식물 자체가 변한 것이 아니라 사람이 변한 것이다. 그렇다면 사람이 알건 모르건 옛날에 신령했던 식물이니 지금도 신령하다고 믿어도 좋을 것이다. 식물의 능력을 한 번 마음 놓고 과대평가해 볼 수 있는 것이다. 식물들이 사람들이 모르는 사이에 어떤 일을 벌이고 있는지 이미 살펴보았다. 그 중에서도 특히 마법을 가지고 있다고 여겨진 나무들이 참 많다. 지면관계상 이 자리에서는 지금 한국에서 한창 부상하고 있는 나무 중 마가목과 주목의 얘기에 국한시키려 한다.

마 가 목 의   붉 은   열 매 는
신 들 의   양 식 이 었 다

마가목은 아주 오래 전부터 산에서 흔하게 볼 수 있는 나무이지만 개암나무처럼 수더분한 외모 탓으로 국내에서는 그다지 유명세를 타지 못했다. 정원에 심어 두고 관상할 만한 나무가 아니었던 탓이다. 물론 취향의 문제여서 나는 개인적으로 마가목이나 개암나무처럼 아무렇게나 생긴 나무들을 좋아하는 편이다. 왠지 그렇게 생겨야 진짜 식물인 것 같아 무작정 끌리는 것이다.

이렇게 눈에 잘 띄지 않는 식물들이 대개 그렇듯이 마가목 역시 생명력이 강하여 척박한 땅을 두려워하지 않는다. 높은 곳도 불사해서 산꼭대기 바위틈에서 아슬아슬하게 살아가기도 한다. 말하자면 남들이 꺼리는 곳에서 살아가는 억척스러운 나무이다. 산불이 났거나 폭격을 받았거나 폐허가 된 땅이 있으면 제일 먼저 자리 잡기 시작하는 식물들이 있다. 이들을 개척종pioneer trees이라 하는데 물론 기후대에 따라 다소 차이가 있지만 온난한 기후대에서는 소나무, 자작나무, 오리나무, 마가목, 포플러, 찔레 등이 대표적인 개척종에 속하는 나무들이다. 그런데 알고 보면 이들이 모두 한 때 신이라 불렸던 나무들이다. 폐허가 된 땅에 잡초들보다 먼저 나오는 나무들이니 그럴 수밖에 없었던 것 아닐까. 이들

마가목의 가을옷. 붉은 열매와 선홍의 가을빛이 매우 아름다운 나무이다. 모양만 잘 잡아주면 공원용 수목으로도, 가로수로도 제격이다(ⓒAtom).

선발대가 뿌리를 내리고 흙을 갈아 주면 그 다음에 상수리니 하는 대표주자들이 나타난다. 그러니까 산림녹화를 할 경우 목표종의 빠른 활착을 돕고 자연적인 경쟁 상태를 유도하려면 마가목 혹은 오리나무 등을 같이 심어주는 게 좋을 것이다. 이들은 나중에 우점종에게 자리를 내주고 다른 척박한 땅으로 옮겨가지만 관리 차원에서 미리 숨아주는 경우도 있다. 아직 국내에서는 이 개척식물들에 대한 연구가 활발하지 않은 것 같다. 활발하지 않은 정도가 아니라 이에 관련된 논문을 찾을 수 없는 걸 보니 아주 없다는 생각이 든다.

　마가목은 깃털 모양으로 열 개 이상의 작은 잎이 서로 마주 보고 나 있기 때문에 어렵지 않게 알아볼 수 있다. 이런 잎을 가진 나무가 거의 없기 때문이다. 도시에서 간간이 눈에 띄는 나무다. 일찌감치 서둘러 잎을 내고 푸르러지는 속도가 무서울 정도이다. 꽃은 흰색인데 늦봄에서 초여름에 가지 끝에 한데 몰려 우산처럼 핀다. 그러나 마가목이 진가를 발휘하는 절기는 가을이다. 아직 잎이 있

마가목 열매는 푸른 잎이 붉게 타오르다가 다 떨어진 후에도 계속 붙어 있다. 겨울 눈 속에서도 꺼지지 않는 불꽃처럼 살아 있다.

는 상태에서 열매가 빨갛게 익기 시작하여 잎의 짙은 녹색과 함께 강렬한 생명력을 뿜어내기 때문이다. 겨울이 되어 흰 눈이 덮이면 마가목 열매들이 마치 겨울을 녹이는 뜨거운 불처럼 붉게 타오른다. 붉은 열매가 달리는 나무는 많지만 마가목처럼 가지가 휘어지도록 다닥다닥 붙어 있는 나무는 그리 흔치 않다. 새들에게 상다리가 휘어지게 잔칫상을 차려주는 나무인 것이다. 여기에 견줄만한 것이라면 같은 신격의 감탕나무과 나무들 정도일 것이다. 감탕나무, 호랑가시나무나 먼나무들이다. 해리포터의 막강한 마술봉이 바로 호랑가시나무로 만든 것이다. 그러나 이들은 남부 수종이므로 쉽게 볼 수 있는 나무들이 아니다. 지구 북반구 어디에서나 흔히 자라는 마가목에 견줄 수가 없다.

새들이 좋아하는 열매이지만 사람의 입맛에 달지 않기 때문에 국내에서는 식용으로 쓰지 않고 차로 마시거나 술로 담가 먹기도 한다. 그러나 아일랜드 사람들에게는 귀중한 식량이었다.

마가목에 대하여 인터넷에 떠돌고 있는 정보 중에 마가목이 『동의보감』에 나오는 정공등「丁公藤」이라는 말이 있는데 이는 잘못된 정보이다. 정공등은 중국 원산의 나무로 Erycibe obtusifolia[3]라고 해서 마가목과는 전혀 다른 식물이다. 생김새도 비슷하지 않은데 어디서 이런 오류가 출발했는지 모르겠다. 『동의보감』에 실려 있는 정공등에 대한 설명을 보면 "정공등은 달리 남등이라 한다. 줄기는 마편초 같으며 마디가 있고 자갈색을 띤다. 해숙겸의 어머니가 병들어 귀신에게 빌었더니 이인이 나타나 약을 주기에 먹고 나았다는 약이 바로 이 정공등이다. 이는 풍증과 어혈을 낮게 하고 늙은이가 쇠약한 것을 보하고 성 기능을 높이며, 허리힘, 다리맥을 세게 하고 뼈마디가 아리고 아픈 증상을 낮게 한다. 흰머리를 검게 하고 풍사를 물리치기도 한다"[4]라고 되어 있다. 어디에도 이것이 마가목이라는 말은 없다. 그렇다고 당시에 마가목이 없어서 중국의 약 이름을 빌려 썼던 것은 아니다. 사실 한국의 산에서 흔히 볼 수 있는 것이 마가목이고 보면 예전에도 있었음에 틀림이 없지만 단지 약용으로 썼다는 기록을 찾을 수 없다는 것이다. 조선시대에 마가목이 언급된 것 중 1472년에 김종직이 마가목을 지팡이로 썼다는 얘기가 있다. 지리산 숲에 마가목이 많아 지팡이를 만들 만하

마가목의 잎과 꽃

기에 미끈하고 곧은 것만 가려서 베어 오게 하니 잠깐 사이에 한 묶음이 가득했다고 한다.[5] 그러니 개화기에 서양에서 들어온 신식나무도 아닌 것이다. 그러나 선사시대부터 이 땅에서 사람들과 한께 해 온 식물을 총망라한 이선 교수의 방대한 자료에도 마가목에 대한 언급이 단 한 군데도 없는 것으로 미루어 지팡이 정도로 쓰였고 정원수 물망에는 오르지 않았던 것 같다. 확인하기 위해 『향약본초』, 『본초학』 등을 두루 찾아보았지만 마가목은 어디에도 없다.

다만 확실한 것은 최근 들어 마가목이 주목을 받고 있다는 사실이다. 마가목을 이용한 차 및 음료 제조방법에 대한 특허출원이 네 가지가 있는 것이라거나[6)]

베를린 식물원 약초원의 지킴이 역할을 하는 마가목

덜 익은 열매에 함유되어 있는 소르빈산 때문에 살균효과가 높아 식품첨가물로 쓰기도 한다[7]는 것으로 미루어 보아 항간에서 떠도는 마가목의 뛰어난 '약효'는 그다지 근거 있는 주장이 아닌 것 같다. 그러나 『동의보감』이나 『본초학』에서 언급되지는 않았다 하더라도 민간에서 오래 전부터 알고 있었을 가능성도 있다. 어쨌거나 마가목이 이제 막 상승세를 타기 시작한 것은 분명한 것 같다. 예를 들어 강원도 인제군에 위치한 백담마을은 마가목을 마을의 나무로 지정하고 가로수로 심었으며 마가목술 등 특산품을 개발하였고 가을에는 마가목 축제도 연다. 마을을 수호하는 나무로 마가목만한 적임도 없을 것이다. 훌륭한 선택이다. 신이라 불리는 나무들이 각자 역할이 있지만 마가목은 특히 나쁜 정령들을 물리치고 신과 사람들에게 풍부한 영양을 제공하는 나무로 알려져 있기 때문이다. 그러니 마가목이 식품, 음료 등으로 갑자기 쓰이기 시작한 것은 다 이유가 있는 것이다.

　한국에서 여태 사람의 눈을 피해 숨어 다니던 마가목이 이제 자취를 드러내기 시작한 것은 나름대로 이 땅이 지금 마가목을 필요로 하기 때문인지도 모른다. 재미있는 사실은 마가목의 효능들, 신경통, 관절염, 류마티스 등에 좋고 허약한 사람의 기를 보호하며, 특별한 효능 덕분에 신통력 있는 나무로 여겨져 귀신을 쫓는 능력이 있고 중풍치료에 좋고 지팡이로 쓰인다는 설명이 서양의 마가목에 대해 전하는 이야기들과 신기하게 맞아떨어진다는 것이다. 특히 지팡이로 쓰인다는 대목이 그런데, 아일랜드에서는 밤길을 갈 때 마가목 지팡이를 들고 가면 악령이 덤비지 못한다거나 배를 만들 때 마가목을 같이 써야 높은 파도를 이길 수 있다는 이야기가, 스코틀랜드에서는 어부들이 마가목 가지를 배에 같이 실어 고기가 많이 잡히게 했다는 이야기가, 브리타니아에서는 붉은 열매를 붉은 실에 꿰어 불운을 피하는 부적으로 썼다는 이야기가 전해진다. 마가목은 특히 주술사나 드루이드들에게 사랑받았던 나무였다. 이미 청동기 시대부터 그래왔다. 짐작컨대 석기시대에도 마찬가지였을 것이다. 정령을 쫓는 나무가 많은 것을 보면 옛날에 정령들이 정말 세상에 나와 돌아다닌 적이 있긴 있었던 모양이다.

생 명 력
그 자 체

유럽 청동기 시대의 한 묘에서 발견된 그릇 속에 마치 인디언 메디슨맨의 보따리에서나 나올 법한 각종 동물뼈, 광석, 짐승의 발톱, 뱀의 등뼈, 새의 기도 등 으스스한 물건들이 한꺼번에 발견된 적이 있는데 그 중 마가목 가지 하나가 섞여 있었다고 한다. 이는 마가목이 주술의 나무로 쓰였다는 증거이다. 선사시대에는 주술과 의술이 늘 함께 붙어 다녔다. 켈트 족들은 마가목을 성역에 심었다. 그리고 드루이드가 신에게 예언을 구하려는데 신들이 협조를 안 하면 마가목을 짐승의 껍질에 싸서 들이대었는데 그러면 예언을 받을 수 있었다고 한다. 이렇게 마가목은 무언가를 이끌어 내는 힘이 있다. 승리하는 삶의 상징이었던 거다. 마가목으로 다른 생물들을 건드리면 마가목의 생명력이 전달된다고 믿었었다. 그래서 켈트 족에게 마가목은 초봄의 식물이었다. 겨울을 이기고 만물이 다시 살아남을 대표하는 나무였다. 마가목의 학명인 Sorbus의 어원 역시 켈트어에 기원하는데 바로 허브라는 뜻이다. 열매를 말려 특히 겨울병, 즉 관절염이나 감기, 비타민 결핍증 등을 치료하는 데 썼다. 나중에 알려진 사실이지만 마가목의 열매는 오렌지나 레몬보다도 비타민 C를 더 많이 함유하고 있다고 한다. 아일랜드에서는 전설에서 용이 마가목을 지키고 있는 장면이 나올 정도로 귀한 열매였다. 마가목 열매가 아홉 끼니의 양분을 가지고 있다는 말도 전해지고, 역시 아일랜드의 전설에서 마가목 열매는 사과, 도토리와 함께 "신의 음식"으로 불렸다.[8]

아일랜드의 켈트 족에게만 마가목이 신이라 불렸던 것이 아니다. 스칸디나비아의 게르만 족에게 마가목은 거의 유일한 '나무'였다. 마가목 밖에 없었다는 것이 아니라 그만큼 중요했었다는 뜻이다. 번개와 농사의 신 토르가 어느 날 낚시를 하다가 물에 빠졌단다. 그 때 거센 물살에 휩쓸려 갈 뻔 했는데 마가목 가지를 붙잡고 간신히 목숨을 건졌다는 전설이 있다. 토르는 이로부터 마가목을 자신의 나무로 선택했고 자기 수레를 끄는 말에게도 마가목 잎을 먹였단다. 그래서 농부들도 그를 따라 말에게 마가목 잎을 먹였다. 벼락을 막기 위해 마가목을 엮어 굴뚝에 묶어 두기도 했으며 마가목으로 아기 침대를 만들어 신생아를 보호하기도 했다. 그리고 한국의 마가목도 말 馬자를 써서 馬家木이라고 표기하는 경우가 있어 여러 식물학자들이 마가목이 말과 어떤 식으로든 연관이 있을 것으로 짐작하고 있으니 참 기이한 일이 아닐 수 없다.

이런 식의 이야기는 수도 없이 전해진다. 7년 혹은 9년을 기다리다가 길한 날을 잡아 잘라서 마가목 가지의 껍질을 벗긴 후 붉은 색으로 주문을 새겨 넣어 부적을 만들기도 했다. 그 밖에도 20세기까지 유럽 북부 지방에서는 마가목 가지 혹은 개암나무 가지로 젖소들을 축복하는 의식이 치러졌었다. 이른 새벽 목동이 숲 속에 들어가 첫 햇살을 받은 마가목 가지를 잘라내는 것으로 의식이 시작된

신이라 불렸던 유럽 마가목. 힘이 넘쳐나 보이는 나무다. 새들이 무척 좋아해서 나무의 별명이 새먹이나무이다. 어디에서고 잘 자라기 때문에 공원에 심기에 너무 좋은 나무이다.

황여새의 만찬(ⓒAndreas_Kretschel)

다. 마가목 가지를 들고 마을로 돌아오면 이미 마을사람들이 소를 한 가운데 두
고 둥글게 모여 서서 기다리고 있었다. 목동이 마가목 가지로 소를 세 번 때리면
모두 함께 소를 축복하는 노래를 부른다. 사실 소 한 마리에 이런 정성을 쏟아야
풍요를 약속받을 수 있었던 것이다.

식 물 의   특 징 이   식 물 의
효 능 을   말 해 준 다 Doctrine of Signature

수많은 민속학자들이 골머리를 썩이는 점이 있는데, 왜 마가목이 거
의 모든 민족들에게 주술의 힘을 가진 식물로 여겨졌는가라는 거다. 새빨간 열
매에서 힘이 나오는 것일까? 빨간 색은 주술에서 익히 쓰이는 색깔이며 동서양
을 막론하고 부적의 색이었다. 그러나 빨간 열매가 달리는 것이 마가목만은 아

니다. 그렇다면 혹시 어디서나 잘 자라는 높은 생명력 때문일까? 마치 신들이 직접 씨를 뿌리기나 한 것처럼 그들은 어디서나 잘 자란다. 높은 벼랑의 바위틈에서도 자라고, 다른 나무의 가지가 갈라진 틈에서도 깃들며, 돌담 위나 심지어는 도시 지붕의 빗물받이에서도 싹을 틔우는 거칠 것 없는 나무이다. 그러나 중요한 것은 마가목이 주는 전체적인 '느낌' 이다. 위에서 설명한 것처럼 마가목은 강렬한 생명력을 발산하는 나무이다. 짙은 녹색에 칼끝처럼 날카로운 잎이라거나 이리저리 마구 뻗치며 자라는 가지들도 거칠 것 없는 생명력이 사방으로 뻗어나가기 때문인 것처럼 느껴진다. 이런 생김새, 잎의 모양, 빨간 열매, 어디서든 뿌리를 내리고자 하는 습성 등이 모두 합쳐져 마가목을 이룬다. 그리고 바로 이런 강인한 생명력이 생명을 간절히 바라는 사람들로 하여금 신으로 삼고 싶게 만들었을 것이다.

이런 식으로 식물의 여러 특성에서 그 식물이 가지고 있는 힘을 미루어 짐작하는 것을 약징설 혹은 특징설이라고 한다. 국내에서 약징주의라고 번역된 것을 보면 의약 계통에서는 이미 꽤 알려진 개념인 것 같다. 사람의 관상과 비슷한 것이라 보면 되겠다. 심장에 좋은 약초는 어딘가 심장을 닮아있다는 식이다. 약징설의 대표적인 식물이라면 아마도 인삼일 것이다. 그러나 모든 식물이 이렇게 명확하게 읽히는 것은 아니다. 누구에게나 쉽게 읽힌다면 약초가 아닐 것이다. 관상도 아무나 보는 것이 아닌 것처럼 식물의 힘을 읽을 수 있는 사람들이 따로 있고 그들이 주술사가 되고 약초 전문가가 된다. 인지론이나 점성학에서는 식물의 형태나 여러 특징이 그저 우연히 형성되는 것이 아니고 별들의 영향을 받아 만들어진다고 믿는다. 별의 힘이 어떤 식물에 어떻게 작용을 하느냐에 따라 식물의 외관도 특징 있게 형성된다는 것이다. 물론 학계에서 공식적으로 인정한 이론은 아니다. 예로부터 약초 전문가들 사이에 전수되었던 일종의 비론이라고 보면 되겠다.

누구나 잘 아는 우엉의 경우는 어떨까. 국내에서는 우엉 뿌리를 반찬으로 먹

우엉과 우엉꽃(ⓒChristian Fischer)

기 때문에 우엉 꽃을 보기 힘들다. 7월에 피는 우엉꽃은 엉겅퀴와 흡사하게 생겼고 곰의 발 같기도 하다. 우엉꽃은 용맹한 전사들이 부상을 당했을 때 다시 '곰과 같은 용맹을 되찾게' 하는 치료제로 쓰였다. 그리고 꽃에 달라붙어 있는 갈고리들이 머리카락 같다고 하여 탈모치료제로 널리 쓰였다. 마리아 트레벤이라는 남독의 유명한 약초 전문가가 있는데 그는 어릴 적 탈모 현상으로 고생한 적이 있다고 했다. 모든 병원을 섭렵했으나 효과가 없어 실의에 빠져 있을 때 동네 아주머니 한 분이 우엉의 효과에 대해 얘기해 주었단다. 그래서 우엉 뿌리를 삶아 그 물로 머리를 감았더니 머리카락이 엉겅퀴처럼 자라 빗이 들어가지 않을 정도로 숱이 많아졌다고 한다.[9] 아마도 한국 사람들은 우엉을 많이 먹기 때문에 머리숱이 많은 편인지도 모르겠다.

여름에서 가을까지 노란 좁쌀 같은 꽃이 모여서 피는 숙근초가 있는데 한국에서는 미역취, 혹은 돼지나물이라고 한다. 취자 들어가는 다른 풀들처럼 미역취도 나물로 먹는다. 전통적인 한약재는 아니었지만 미역취를 민간에서는 갑상선종양이나 기관지염 치료제로 써 왔다고 한다. 지금은 울릉도의 새로운 소득 작물로 대량 재배되고 있다. 보기도 좋아 정원용으로도 자주 쓰인다. 다만 무섭게 번지는 특성이 있으므로 조심해야 한다. 유럽의 약초 전문가들은 미역취의 꽃에서 하필 오줌을 보았다. 그래서 신장병 치료제로 널리 쓰인다. 지금도 신장병 계통의 생약 성분으로 쓰인다. 신장과 소변 기관의 수호신은 다른 누구도 아닌 사랑의 여신 비너스이다. 그리고 비너스는 금성이다. 그러니까 미역취는 금성의 관리를 받는 식물인 것이다.

물론 정통의약계에서는 이렇게 별자리와 식물의 특징으로 약효를 점치는 약징설을 일종의 미신으로 여기고 있지만 서구 의학에 지대한 영향을 미친 파라셀수스나 인지론자 루돌프 슈타이너 등이 약징설의 막강한 대부로 우뚝 서 있기 때문에 그 영향력이 결코 작다고 볼 수 없다. 한국에서 20세기 후반에 한의학이 다시 크게 일어난 것과 마찬가지로 서구에서도 20세기 초에 시작된 대체의학과 함께 고대의 민간의학도 다시 살아나고 있다.

미역취

시작과 끝이 만나는
지점에 서 있는 나무, 주목

주목은 여러모로 마가목과 대조가 되는 나무이다. 마가목이 생명의 나무, 이른 봄의 나무라면 주목은 죽음의 나무, 겨울의 나무다. 워낙 비싸게 거래되는 나무이기 때문에 도시에서 키 5미터가 넘는 주목을 보는 것은 쉽지 않다. 조경에서 주목을 받기 시작하면서부터 오히려 주목의 고생길이 시작되었다고나 할까. 도시 건물 사이에서 구멍이 숭숭 난 채로 발치에 쓰레기를 두르고 서 있는 모습들을 보면 가슴이 아파진다. 그리고 주목의 신이 언젠가 어두운 복수를 하지 않을 것인지 걱정도 된다.

그런데 아주 옛날에는 주목이 숲을 이루었던 시절도 있었다. 지금도 높은 산이나 깊은 숲에 가면 몇백 년된 커다란 주목을 가끔 볼 수 있다. 이들을 보면 과연 아파트나 도심에서 보는 주목과 같은 나무 맞아?라는 생각이 들 것이다. 진짜 주

오래된 피라미드형 주목

주목의 열매

목이 어떻게 생겼는지 알고자 한다면 국립수목원에 가거나 강원도 정선에 가면 된다. 백두대간을 타도 좋다. 국립수목원은 상당히 많은 주목을 연령별로 보유하고 있으니 주목의 일대기를 관찰하기에 알맞을 것이다. 강원도 정선에는 한국에서 가장 오래된 주목 세 그루가 서 있다. 천연기념물인데 수령이 무려 천사백 년이란다.[10] 신라시대부터 지금껏 한반도의 역사를 굽어보았을 나무들이다. 주목이 한반도에 자리 잡은 지 무려 이백만 년이 넘었다. 어마어마한 시간이다. 백두대간을 따라가며 높은 산꼭대기 바위 위에 서서 천 년을 사는 나무가 주목이다. 워낙 성장 속도가 느리기 때문에 천 년이 지나야 한 아름의 나무가 된단다. 주목은 살아 천 년, 죽어 천 년이라는 말이 있다. 낙랑고분, 금관총, 고구려 고분의 관들이 모두 주목으로 만들어졌는데 주목으로 만든 관은 이천 년이 지났어도 원형이 그대로 남아있지만 그 안에 담겼던 "권력자는 흔적도 없이 사라져"[11] 버린다.

유럽에서는 주목이 천 년, 이천 년이 아니라 아예 죽지 않는 나무로 여겨졌었다. 중세 초기의 한 수도승이 주목의 수명이 이만 년이라고 한 적도 있었다는데 어디에 근거를 둔 건지 알 수 없지만, 천 년이든 만 년이든 사람의 한정된 시간 개념으로는 상상도 할 수 없이 오래 사는 나무이기 때문에 어떤 마술도 주목 앞에서는 힘이 없다고 여겼었다. 주목을 잘라서 부적을 만들어 지니고 다니면 마술에 걸리지 않는다고도 했다. 생명의 나무 마가목을 자를 때 새벽의 햇살을 받아야 했다면 주목을 자르기 위해서는 반대로 달빛조차 사라진 삭망의 밤을 택해야 했다. 셰익스피어의 『맥베스』에 보면 마녀가 마법의 약을 만들기 위해 주목 한 조각을 넣어야 하는데 월식이 될 때를 기다려 자르는 대목이 나온다. 월식보다 더 효과가 있는 것이 일식이라고 한다. 아예 태양이 없을 때 주목이 가장 큰 힘을 발휘한다는 것이다. 주목은 태양의 움직임과 절기, 즉 생명의 원칙을 거스르는 나무이며 태양의 반대편에 존재하는 나무라고 믿었다. 태양의 움직임에 따라 꽃이 피고 잎이 지는 보통 나무들의 생리를 전혀 닮지 않은 것이 주목이다. 잘 자라지도 않아 마치 정지한 것 같은 나무다. 거기서 영원함을 볼 수도 있겠지만 생명의 역동성을 믿는 사람들에게는 불길한 나무였던 것이다. 물샐틈없이 빽빽한 수관과 거의 검다고 할 수 있는 엽색이 주는 으스스한 기운 때문에, 그리고 무엇보다도 지옥에까지 닿을 만큼 깊이 내리는 뿌리 때문에 주목은 죽음과 관계가 깊은 나무였다. 자신은 죽지 않지만 만물의 죽음을 지키는 것이다. 그래서 동양에서는 관을 짜는 나무였고 서양에서는 묘지에 심는 나무였다. 주목은 지상부 줄기보다 지하의 뿌리 성장에 더 힘을 기울이는 식물이다. 뿌리가 깊고 튼튼하며 옆으로 한없이 뻗어 나간다. 그래서 브리타니아 전설에서 주목은 지하세계, 즉 죽은 자들의 세계와 통하는 나무로 여겨졌었다.

동서양을 막론하고 주목은 활과 화살, 창이 되어 살생의 도구로도 쓰였다. 오죽하면 로드 볼드모트가 주목으로 만든 마술봉만으로 수많은 인명을 희생시켰을까. 이미 네안데르탈인들이 주목으로 창을 만들어 썼다고 한다. 주목의 학명인 Taxus는 그리스어 toxon, 즉 활이란 말에서 출발했다. 주목으로 활만 만든 것이 아니라 주목의 독으로 독화살을 만들었다. 독 묻힌 화살은 toxikon이었으니 주목은 예로부터 독의 대부가 되어 준 것이다. 주목은 잎과 줄기와 씨앗에 모두 독성이 포함되어 있다. 흔히 선홍색의 부드럽고 아름다운 열매에 독이 있다고 생각하지만 과육은 독이 없고 그 안에 들어 있는 씨앗에만 독이 있다. 그러나

늙은 주목이 바위 위에 버티고 선 채 뿌리들을 사방으로 보내고 있다(©Marco Schmidt).

독화살에 바르는 즙은 잎에서 낸 것이다. 독성을 강화하기 위해 크리스트로즈와 각시투구꽃의 독을 함께 섞기도 했는데 이렇게 해서 만든 독은 맞으면 즉사할 정도로 강했다. 그렇다고 주목을 두려워 할 필요는 없다. 주목의 잎을 무더기로 따서 먹지 않는 한 중독의 염려는 없다. 오히려 주목의 독성─주목의 학명을 따라 탁산이라고 하는데─은 항암제로 쓴다. 그리고 주목이 죽음의 상징이라고 해서 주목을 심으면 죽는다거나 하는 단순한 등식이 성립되는 것도 아니다. 그런 것이야 말로 미신일 것이다. 이는 다만 주목이 던져주는 여러 특징들이 죽음을 연상케 한다는 것이며 그렇다고 주목이 상징하는 죽음이 꼭 부정적이기만 한 것도 아니다. 태양이 죽는 날, 즉 동짓날이 주목의 생일이다. 깊은 주목 숲이야 말로 죽음의 신이 사는 곳이었다. 그러나 만물의 영원한 순회를 믿던 사람들에게 죽음은 끝이자 동시에 출발이었다. 동지에 모든 것이 죽지만 그와 동시에 새로 태어나기 시작하는 것이다. 그러니까 주목은 영원한 순회의 끝점이며 시작점이었던 것이다. 그렇기 때문에 거기 영원으로 통하는 비밀 통로가 있다고 여겼다. 그것만

찾으면 이 세상을 벗어나 '영원으로 도망갈 수 있다'고 생각했다. 붉은 빛을 띠는 줄기, 붉은 열매, 독을 가진 잎과 줄기, 시작과 끝이 만나는 지점에 서 있는 나무가 주목이다.

　재미있는 것 같다. 생명의 나무들, 즉 마가목이나 개암나무, 복숭아나무, 사과나무 등은 정원에서 소외되거나 발을 붙이지 못하는데 비해, 죽음의 세계를 상징하는 주목이 귀족 행세를 하고 있으니 말이다. 그걸 식물의 입장에서 보면 이런 스토리를 상상해 볼 수 있다. 수십억 년 동안 지구를 지키던 식물의 눈앞에 언제부터인가 인간이라는 존재가 나타났다. 그런데 가만히 보니 이 인간들이 식물에 의존하지 않으면 살아남지 못하는 것이다. 식물과 사람들과의 관계가 시작된 것이다. 사람들에게 특별히 유용하게 쓰이는 식물은 사람들의 사랑과 존중을 받게 된다. 그것이 식물의 마음에 든 것이다. 사람들에게 존중받거나 사랑받는 가장 좋은 방법은 약이나 주식 혹은 기호 식품으로 쓰이는 것이다. 그런 성분을 갖지 못한 식물은 다른 방법을 찾아야 한다. 남달리 포스가 강한 주목의 입장에서 보면 활과 창의 시대에 크게 한 몫을 했지만 그 시대가 지나가고 철제 무기와 화약의 시대가 등장하면서 관심 밖으로 밀리는 것이 좋았을 턱이 없다. 드루이드들의 시대도 가고 나니 주술적인 용도도 없어졌다. 그러다가 드디어 르네상스와 바로크 시대의 유럽에서 다시 주목의 시대가 시작된다. 정원에 엄청난 양의 주목이 쓰였던 것이다. 그 때 주목의 신이 로마 귀족들이나 르 노트르라는 바로크 정원의 창시자의 꿈에 나타나 은근히 사주하지 않았다는 법은 없다. 주목을 주로 쓰는 새로운 정원 양식이 탄생하도록 영감을 주었을지도 모르는 일이다. 절대군주의 시대적 정신에 꼭 맞는 식물이 주목이라고 한다면 과장일까? 세상을 지배하는 생각이 절대왕권에서 계몽주의로 방향을 바꾸면서 어두운 주목은 유럽에서 다시 입지를 잃게 된다. 계몽주의가 만들어낸 낭만적인 풍경식 정원에선 어두운 주목으로 만든 높은 수벽들이 기피의 대상이었다. 주목의 입장에선 난감한 노릇이 아닐 수 없다. 그러다가 찾아낸 것이 막 현대 조경을 시작하는 한국이었을지도 모른다. 식물세계에 대한 전통이 사라지고 "한낱" 식

르네상스로부터 바로크에 이르기까지 엄청난 양의 주목이 정원에 쓰였다. 사진 속의 미로는 약 1,225주의 주목을 써서 만들었다. 수벽의 높이는 2미터, 총 길이 750미터로 비교적 작은 것에 속한다.

물이라는 생각이 지배하던 한국이야 말로 점령하기에 꼭 알맞은 땅이었을지도 모른다. 이렇게 한국의 정원에서 귀족 행세를 하는 주목은 한국의 정신적 상황을 대변하는 것일 수도 있다. 그러나 걱정할 필요 없다. 생명의 나무 마가목이 이미 진군해 있지 않은가.

10

나무에 걸린 희망

옛날 하늘의 선녀가 땅에 내려와 나무 밑에서 쉬다가 나무신과 혼인하여 아들을 낳았다. 선녀는 하늘로 올라가고 소년은 나무 밑에 가서 나무를 아버지라고 부르며 놀아서, 나무도령이라고 불리게 되었다. 하루는 나무가 소년을 부르더니, 이렇게 당부했다. 아이야 앞으로 큰 비가 내려 내가 쓰러질 것이다. 그 때 내 등을 타야 한다. 어느 날 갑자기 큰 비가 내리기 시작하더니 도무지 그치지 않아 곧 온 세상이 물바다를 이루었다. 넘어진 나무를 타고 떠내려가던 나무도령은 살려 달라고 애걸하는 개미를 만나 아버지인 나무의 허락을 받고 그 개미들을 구해 주었다. 또 모기떼들도 구해 주었다. 마지막에 한 소년이 살려 달라고 하는 것을 보고 구해 주자고 하였더니 나무가 반대하였으나, 나무도령이 우겨서 그 소년을 구해 주었다. 비가 멎고 나무도령 일행은 높은 산에 닿았다. 두 소년은 나무에서 내려와 헤매다가 한 노파가 딸과 시비를 데리고 사는 집에 머물게 되었다. 구해 준 소년은 그 딸을 차지하려고 노파에게 나무도령을 모함하여 어려운 시험을 당하게 하였다. 그럴 때마다 구해 주었던 동물들이 와서 도와주어, 결국 나무도령은 그 딸과 혼인하였고, 구해 준 소년은 밉게 생긴 시비와 혼인하였다. 대홍수로 인류가 없어졌기 때문에 그 두 쌍이 인류의 새로운 시조가 되었다.

- 나무도령, 한국 신화

푸 생 의
마 지 막   메 시 지

우리에게 이미 익숙해진 니콜라 푸생이 마지막으로 그린 그림 중에
"겨울"이라는 제목이 붙어 있는 것이 있다. 70세의 고령에 사계절 그림을 그려
달라는 청탁을 받았는데 이미 눈이 침침하고 손이 떨렸지만 혼신의 힘을 다해
완성했다. 그는 각 계절에 세 개의 의미를 담았다. 봄은 젊은 아담과 이브가 살던
에덴동산의 아침 정경을 그려서 인류의 시작, 젊음, 아침을 상징하였으며 마지
막 그림인 겨울은 대홍수로 모든 것이 쓸려가는 인류의 마지막 밤을 그렸다.
이 그림에는 대홍수라는 부제가 붙어있다. 하늘을 두 쪽으로 가르며 번개가 치
는 사이 잠깐 바라보이는 처절한 장면이 보인다. 그림의 왼쪽은 어둠에 싸여있
고 오른쪽만 번갯불이 순간적으로 환하게 밝히고 있다. 오른쪽 가장자리를 보면
한 어머니가 오렌지빛깔 옷을 입은 어린 소녀를 바위 위로 올리고 있는 장면이
보인다. 바위 위에서는 아버지인 것으로 보이는 남자가 아이를 향해 손을 뻗고
있다. 이 아이는 과연 구제될 수 있을까? 안타깝지만 성서에 의하면 이 아이는
구제되지 않는다. 방주를 얻어 탄 노아의 친척들만 구제되었다는 걸 우리들은
이미 알고 있다. 방주는 어디에도 보이지 않는다. 이 절망적인 그림을 보고 있으
면 봄의 여신이 빨리 좀 나타나주었으면 하고 발이라도 구르고 싶은 생각이 절
로 든다. 그런데 문득 절벽 위에 올리브 나무들이 몇 그루 서 있는 것이 보인다.
그렇지. 사람들이 다 쓸려간 뒤에도 이 나무들은 살아있었지. 홍수가 끝난 뒤 비
둘기가 날아 와 잎이 달린 나뭇가지를 물어 갈 것이다. 나무는 살아남는 것이다.
오렌지빛깔 옷을 입은 여자아이의 모습이 눈에 밟힌다. 혹시 이 아이도 나무를
타고 올라가 살아남지 않았을까?

우리는 이 그림에서도 푸생의 반항을 본다. 다른 누구도 아닌 리슐리외 추기
경의 주문을 받아 그린 거였다. 그래서 성서의 장면을 넣어 사계절을 표현한 것
일 텐데, 대홍수 장면을 제멋대로 그린 것이다. 노아의 방주도 노아의 가족들도
보이지 않는다. 이 그림은 마치 이 아이 하나를 구출하기 위해 그린 것처럼 보인

푸생의 "겨울", 혹은 대홍수(17세기경, 루브르박물관 소장)

다. 리슐리외 추기경도 이 그림에 만족했다고 한다. 그 역시 아이를 구출하고 싶었던 걸까? 푸생은 이 그림을 완성하고 나서 이듬해에 죽는다.

대학에서 정원설계 강의를 할 때 학생들과 함께 '설치정원' 이란 것을 만들곤 했다. 정원설계의 초보자들이지만 누구나 정원에 대한 기본적인 생각은 가지고 있을 것이니 그것을 어떤 식으로든 표현해 주기를 바라는 데서 출발한 것이다. 일종의 설치미술인 셈이었다. 기억에 남는 작품들이 많지만 그 중 "갈망" 이라는 작품에는 조금 놀랐던 기억이 있다. 작품성이 높아서라기보다는 그 주제가 '젊은 친구들이 참 힘든가보구나' 하는 생각을 하게 만들었기 때문이었다. 삶에 찌들고 피폐해진 인간들이 아름다운 나무를 향해 애절하게 손을 뻗거나 나무에 매달려 어루만지며 나무로 상징되는 '자연' 을 갈망한다는 설정이었다. 궁극적으로는 자연을 통해 인간이 '정화' 되기를 바란다는 것이 그것을 창작한 학생들의 설명이었다. 아직 정원을 공간적인 차원에서 바라보는 프로의 시각이 자리

"갈망", 대학생들의 설치작품. 단지 대학 캠퍼스에 매달려 갈망할 만한 큰 나무가 없었다는 것이 아쉽다.

잡지 않은 학생들이기에 그만큼 순수하고 원초적인 정원의 개념이 도출되고 이들의 시각을 통해 시대적 문제성이 직접적으로 전달되기도 한다. 아직 젊디 젊은 20대 초반의 학생들이 나무에 매달려 자연을 갈망한다는 설정이 다소 낯설었지만 그 이면에 숨어 있는 절박한 현실을 짐작할 수 있어 많이 안타까웠다.

21세기의 젊은이들이 졸업, 취업, 장래문제 등으로 심각한 스트레스 환경에 처해 있다면 최초의 문화인류 역시 나름대로 절박한 현실이 있었으리라. 험난한 환경의 극복, 자연재해, 전쟁과 기근, 질병과 죽음 등의 문제점을 물론 나무 한 그루가 해결해 줄 수는 없었겠으나 단군신화의 신단수, 그리스 아크로폴리스의 올리브 나무, 게르만 족의 참나무, 판도라 행성의 영혼의 나무, 그리고 〈더 로드〉라는 영화의 죽어가는 나무들까지 동서고금을 막론하고 나무에 거는 인간의 희망은 각별한 것이 아니었나 싶다. 이는 나무가 땅 속에 깊이 뿌리를 내리고 하늘을 향해 팔을 뻗고 있다는 사실과 큰 연관성이 있어 보인다. 땅의 비밀스러운 기운이 식물을 통해 전달된다는 믿음 역시 뿌리 깊은 것이 아닌가. 하늘을 향해 넓게 벌린 팔을 통해 신의 의지가 전달된다는 상상도 어렵지 않았을 것이다. 그래서 옛날 제사장들은 나무처럼 하늘을 향해 두 팔을 벌리고 기도했던 것이 아니었나. 이런 생각도 해 보는 것이

아테네 아크로폴리스 언덕 위의 에렉테움 신전 앞 올리브나무. 아테나 여신이 선사한 신성한 나무이다.

다. 어느 날인가. 교회에서 예배를 보는데 기도 시간에 문득 이런 생각이 들었다. 아마도 목사님 기도가 지루했었던 것 같다. 하나님은 하늘에 계신다는데 왜 모두 고개를 숙이고 땅을 보고 기도를 할까. 물론 겸허함을 보이고 마음을 모으기 위해서겠지만 꽃이나 나뭇잎처럼 하늘을 바라보고 드리는 기도가 더 잘 전달되지 않을까. 땅 속은 사탄의 세상이라는데 사람들이 죄다 땅을 보며 기도하니 사탄이 먼저 듣고 유혹의 손길을 뻗어오는 것이 아닐까. 아니면 혹시 선사시대에 지신에게 기도할 때의 습관이 남아 있어서일까? 한국 사람들이 제일 좋아하는 그림 중 하나라는 밀레의 "만종"을 보면 그런 생각이 저절로 드는 것이다. 감자를 캐다말고 교회의 종소리에 맞추어 기도하고 있는 저 두 사람의 마음은 어디로 향해 있는 걸까? 유대인들의 지도자 모세 역시 하늘을 향해 두 팔을 들고 기도한 것으로 알려져 있다. 구약성서 중 출애굽기에 나와 있는 이야기이다. 좀 더 정확하게 말하자면 이스라엘이 아말렉과 전쟁을 할 때였다. 모세가 지팡이를 든 손을 하늘로 쳐들고 기도를 하면 싸움에서 이기고 팔이 내려가면 싸움에서 밀리기 때문에 늙은 모세가 팔이 아파 더 이상 지탱할 수 없자 옆에서 두 사람이 각각 팔을 받쳐주었다는 것이다. 모세는 지팡이를 계속 들고 있을 수 있었고 이스라엘은 싸움에서 이겼다. 그리고 여기에서 여호와를 칭하는 예순 가지의 이름 중 깃대라는 뜻이 유래했다고 전해진다. 그런데 왜 나는 여기서 시베리아 샤먼의 깃대를 연상하는 걸까.

하늘을 연
나무

나무를 신과 소통하는 통로로 여겼던 것은 특히 북방문화권의 커다란 특징으로 알려져 있다. 그런데 이렇게 시베리아, 몽고를 중심으로 꽃피웠던 북방문화가 동으로는 북아메리카로, 서로는 티베트, 인도 북부, 메소포타미아를 거쳐 유럽으로 건너가게 되었다. 거기서 유럽대륙과 영국, 아일랜드를 무대로 켈트 문명을 이룩하고 게르만 족과 합류했다. 그리고 가는 도중, 곳곳에 신목의 흔적을 남겼다. 신목은 사람과 신 사이를 연결하는 매체로서의 나무이다. 생명의 나무, 세계수, 우주나무라는 이름들로 불린다. 그리고 우리에게는 신단수의 기억이 있다. 시골마을에서 아직도 볼 수 있는 당산나무가 신단수와 그리 멀리 떨어져 있지는 않을 것이다. 그런데 한국의 민속관련 책을 보면 종종 서양 사람들이 들어와서 당산나무들을 다 베어버렸다고 말하고 있다. 그러나 그건 반쪽만의 진실이다. 그때 한국을 찾았던 최초의 서양인들은 선교사들이었다. 그들은 한국의 당목만 베어 넘긴 것이 아니었다. 이미 천 년 전 자신들의 나라에서도 당목을 베어 넘겼다.

십계명에서 우상을 섬기지 말라고 한 것을 문자 그대로 해석한 때문이었다. 하나님이 창조했다는 나무가 어째서 우상이 되는지는 잘 모르겠다. 기독교가 형성되기 이전의 유럽 사람들은 우리와 똑같이 나무를 신처럼 여겼던 사람들이었다.

보니파치우스 주교가 게르만 토속종교의 상징인 참나무를 도끼로 찍고 있다(베르나르트 로데 그림, 1781년).

한국에도 단군의 건국신화 중심에 신단수神壇樹가 있다. 신의 아들 환웅이 나무에 내려왔다고 한다. '나무에 내려왔다'는 것이 무슨 말인가. 새처럼 나무 위에 내려섰다는 것인지 아니면 문득 보니 나무그늘 아래 서 계셨는지. 문헌에 보면 "신단수 부근에 내려와"로 번역한 것이 있고[1] 신단수 아래로 내려왔다고 번역한 것도 있으며[2] 그저 나무에 내려왔다고 하기도 한다.[3] 『삼국유사』 원문은 "神壇樹下"라고 되어 있다. 나무 위에 내렸든, 나무 아래로 내려왔든 그 사실은 중요하지 않을 것이다. 왜 하필 나무 아래였는가. 이것이 궁금한 것이다. 민속학자 주강현은 이렇게 설명한다. "사람은 오래 산다고 해도 기껏 백 살을 넘기지 못한다. 반면에 정상적으로 자란 나무는 일천여 년을 살아도 울창한 나뭇가지를 드리우고 여간해서 죽는 법이 없다. 사람이 생명력이 강한 나무에 외경심을 가진 것은 당연한 일이다. 나무를 향한 우리의 외경심은 수직적 우주관과 관계가 깊다. 웅장한 나무들은 어머니 대지에 뿌리박고 서서 우주를 바라본다. 나무는 땅 속 깊이 파고드는 뿌리로 지하 계까지 잇고, 솟아오르는 식물의 생장력으로 하늘 꼭대기까지 뻗어 오르는 상징성을 유감없이 과시한다. 천계와 지상, 하계를 연결하는 우주 축으로서 나무만큼 적합한 것은 없으리라."[4] 신단수의 신화에서 '신이 내린다'라는 무속용어가 파생한 것으로 볼 수 있다. 신내림 나무, 신령나무, 서낭당나무, 당산나무 등 여러 이름으로 불리며 한국의 신화와 이야기들 속에도 나무가 그 중심에 서 있었다. 서낭당나무를 신주神主라고 하는 것[5]으로 미루어 신과 나무의 관계가 민속 깊숙이 자리 잡고 있음을 알 수 있다. 그리고 이 당산나무는 마을나무로서 금기가 되고 나무가 많이 모인 숲은 마을지킴이 역할을 한다. 농촌에서는 봄에 마을나무의 잎이 돋는 과정이나 꽃이 피는 모습을 지켜보며 한 해 농사를 점쳤다. 잎이나 꽃이 한꺼번에 나고 피면 풍년이고 여러 번 나누어 나면 흉년이 든다거나 마을나무를 박대하면 반드시 나쁜 일이 생긴다는 믿음은 먼 시골마을에서 지금도 볼 수 있다. 한국에는 하늘과 땅을 잇는 나무에 대한 아주 중요한 증거물이 또 있다. 신라의 금관이다. 그 화려함이나 독특한 디자인으로 인해 독보적인 존재로 인정받는 이 금관이 시베리아 샤먼들의 관과 유사하다고 한다. 그렇다고 시베리아 샤먼들의 관을 꼭 본떠 만들지는 않았을 것이다. 오히려 북쪽에서 남으로 내려올 때 가지고 왔을 것이다. 최근에 신라인들이 북쪽에서 온 흉노족의 후예일지도 모른다는 주장이 있었다.[6] 사료가 너무 적기 때문에 그렇다고도 아니라고도 할 근거가 희박하다. 그러나 신라의 유물은 틀림없는 북방문화와의 연관성을 증명하고 있다. 그렇다면 종교도 당연히 함께 지니고 왔을 것이다. 신라의 왕들이 샤먼, 즉 무巫의 역할을 했음도 널리 알려진 사실이다. 신라 남해왕의 호칭인 차차웅은 종교적 지도자를 일컫는 말이다. 그렇다면 신라 금관은 종교적 지도자였던 왕을 위해 만들어졌을 것이다. 신라 금관의 출토연도는 4세기 말부터 6세기 초까지이다. 왕권이 한창 확장되고 있을 시기의 일이었다. 왕이 종교적 지도자의 신분을 전문가에게 넘겨주며 금관은 사라진다. 금관은 살아 있는 왕의 머리를 장식하기에 부적합했다고 한다. 얇은 판금에 수많은 장신구를 달았기 때문에 그 무게가 1kg이 넘고 불안정하여 도저히 쓰고 다닐 수 없었단다. 죽은 후 얼굴 전체를 덮는데 쓰였다고 한다. 죽은 후이니 저승, 신의 세계에 속한 물건이었던 거다. 중요한 것은 그 장식이다. 특이하게도 신라 금관은 지도자의 위엄을 상징하는 호랑이나 용 등이 아니라 나뭇가지와 사슴뿔, 새 등 연약한 생물들로 장식되어 있다. 이 연약한 존재들은 모두 하늘과 인간을 연결하는 것들이다. 나무 장식은 신목을 본뜬 것으로 모두 3단이고 가지가 7개이다. 이것은 당시 샤먼들이 생각하는 7층의 하늘을 이미지화한 것이라 해석하고 있다. 금관의 옆 부분에 있는 사슴뿔 장식 역시 의미심장하다. 사슴은 이미 살펴 본 바와 같이 여러 민족이 신성시 여긴 동물이었다. 금관의 나무장식 끄트머리에 앉아 있는 작은 새 역시 이승과 저승을 연결하는 존재이다.[7] 나뭇가지 위에 새가 앉아 있는 한국의 솟대에는 그런 의미가 담겨 있는 것이다. 처음에는 가지와 잎이 그대로 살아 있는 생나무가지를 쓰다가 차츰 상징적으로 변하여 나무기둥이 생명나무를 대신하게 된 것으로 보고 있다.

그렇다면 모든 나무가 신성했을까? 그렇지는 않다. 하늘과 땅을 연결하는 생명의 나무들은 그 역할에 걸맞게 주로 키가 큰 나무들이었다. 평생 나무 문화를 연구해 온 박상진 교수에 의하면 "북유럽의 신화에는 위그드라실 Yggdrasil이라는 거대한 물푸레나무가 세상의 중심으로 등장해 하늘과 지상과 지하를 연결하는 통로 역할을 맡았"으며, 북아시아는 전나무, 시베리아는 자작나무가 민족나무였다고 한다. 일본의 개국신화에는 삼나무, 편백나무 등 많은 나무가 등장하며 나무에 따라 쓰임새를 구체적으로 정해놓고 있다고 한다.[8] 한국의 경우는 어떠한가. 신단수가 박달나무였다고 보는 견해가 있다. 이는 신단수의 단 자가 『삼국유사』에는 제단을 의미하는 단壇자로, 『제왕운기』[9]에서는 박달나무의 단檀자를 쓰고 있기 때문이다. 다른 문화권의 예에서 볼 수 있는 것처럼 생명나무의 존재뿐 아니라 구체적으로 어떤 나무였는가 하는 점역시 중요했으므로 한국 고대에도 건국이라는 엄청난 역사와 결부된 나무의 이름이 전해지지 않았을 리가 없다. 『삼국유사』와 『제왕운기』의 집필시기가 거의 일치한다는 점에 비추어 볼 때 이

위그드라실이라 불리는 스칸디나비아 우주의 나무. 물푸레나무(*Fraxinus excelsior*) 계열이다.

는 오히려 저자의 개인적인 성향으로 각자 표기상의 불일치가 초래된 것이 아닌지 짐작해 볼 수 있다. 나무가 주는 의미의 중요성을 무시했던 일연은 제단이 더 맞는 것으로 생각했을 것이고 이승휴는 박달나무가 맞는다고 보았던 것으로 유추할 수 있겠다. 상식적으로 생각해도 '신성한 박달나무'가 '신성한 제단나무' 보다 설득력이 있다. 박달나무는 단단한 나무이기는 하지만 "천 년을 넘길 만큼 오래 사는 나무가 아니며 곧추 자라는 키다리형의 나무"10)이지만 이미 앞에서 살펴 본 것처럼 하늘과 땅을 연결하기 위해서는 지구의 중력을 거스르는, 이 세상과 저 세상의 경계에 서 있는 듯 아련한 느낌을 주는 나무가 더 설득력을 가지고 있다. 물푸레나무, 전나무, 자작나무 등 북방민족의 생명나무들이 하나같이 성근 키다리인 것을 보면, 그리고 고조선이 같은 북방문화권에서 출발한 것이고 보면 박달나무가 신단수였다는 것이 오히려 앞뒤가 맞는다.

이렇게 아직 당목 역할을 하고 있는 나무가 많다. 성직자들이 손대지 못하게 아예 십자가를 앞에 세워두었다. 모든 신은 하나라고 했던가(ⓒschmarz-ph).

주 먹 밥
나 무

단군나무의 흔적을 살피기 위해서는 다시 고분벽화를 들여다보는 수밖에는 없다. 고구려 고분벽화에는 연꽃 뿐 아니라 나무도 많이 그려져 있다. 물론 그림 속에서 나무를 알아보리라 기대하기는 어렵다. 벽화 속의 나무 그림들을 살펴보면 5세기 말 6세기 초를 기점으로 해서 그림이 확연히 달라지는 것을 알 수 있다. 후기 벽화 중에서 가장 널리 알려진 진파리 1호분의 북벽 좌우에 배치된 두 그루의 나무는 누가 보아도 소나무임에 틀림이 없다. 조선시대의 소나무 그림과 비교해도 손색없어 보이는 이 벽화는 후기에 그려진 것이다.[11] 양쪽에 그려진 소나무 사이에 현무가 꿈틀거리고 하늘에서는 우아한 꽃구름이 날리고 있다. 사신도 문화가 완성되어가는 시기의 그림인 것이다. 세련미가 넘쳐나지만 그만큼 도식화 되어있는 듯 보인다. 심청의 연꽃에서 이미 살펴 본 바와 같이 수도 평양의 문화를 반영한다고 볼 수 있겠다.

그런데 4세기에서 5세기 초에 그려진 벽화들을 보면 나무 모양이 상당히 독특하다. 이 나무 그림들은 "아직 초보적이고 고졸한 솜씨다. 나뭇가지들은 오그라진 고사리 순 같고, 나무는 '손바닥 위에 주먹밥을 올려놓은 듯한' 모습이다. 이렇듯 수렵도를 통해서 5세기경의 우리나라 회화가 인물화와 동물화는 크게 발달했으나 산수화는 여전히 초보적인 단계에 놓여 있었음을 알 수 있다"[12]라는 혹평을 받기도 했다. 미술사적 관점에서 보면 그럴 수도 있겠다. 그런데 이런 고사리 순과 주먹밥 같은 나무들이 그려져 있는 바로 그 벽면에 섬세한 솜씨로 기마무사들의 사냥 장면이나 춤추는 여인들이 묘사되어 있다. 이 그림들을 바탕으로 고구려 시대의 복색을 복원할 수 있을 정도로 디테일하게 그려져 있는 것이다. 이런 솜씨로 나무만 유독 조악하게 그렸을 리는 없다. 당시 주변에서 늘 볼 수 있는 나무들을 신성시 했을 것이고 씨름하는 서역인들을 사실적으로 묘사했듯 나무 역시 보이는 대로 그렸을 것을 전제한다면 그 정체도 밝힐 수 있지 않을까 기대해 본다. 그 중 무용총 수렵도에 그려진 나무 한 그루가 자꾸만 시선을 잡는다. 사냥을 하고 있는 네 명의 기마무사에 세간의 관심이 집중되고 있는 듯하다. 그래서 기마무사들만 클로즈업되기 때문에 벽 전면을 다 볼 수 있는 기회가 흔하지 않다. 그런데 조금 뒤로 물러나 이 그림을 전체적인 맥락에서 보면 상당히 흥미로워진다. 이 한 그루의 나무가 벽면 전체를 지배하고 있음을 알게 되기 때문이다. 나무가 상당히 중요한 위치를 차지하지 않고서는 이런 큰 비중을 차지할 리가 없다. 이런 형태의 나무는 다른 벽면에도 여러 번 그려져 있다. 예를 들어 각저총 벽에서도 역시 똑같이 생긴 주먹밥 나무 아래서 역사들이 씨름을 하고 있는 것이다. 그런데 이 주먹밥 나무들을 가만히 보면 눈에 띄는 특징이 하나 있다. 나무 밑동으로부터 굵은 가지들이 올라오고 있는 것이다.

진파리 고분 1호 널방 북벽의 소나무와 현무(6세기 후반)

무용총 널방 서벽(5세기, 수렵도). 주먹밥 나무가 화면을 가득 채우고 있다.

실제로 북방의 추운 벌판과 백두산 등지에서 꼭 이 모양으로 자라는 나무가 있다. 사스레나무이다. 사스레나무는 박달나무처럼 자작나무과에 속한다. 사스레나무는 박달나무보다 자작나무와 더 많이 닮아 있다. 다른 점이라면 자작나무가 위로 곧추 자라는 반면 사스레나무는 밑동으로부터 굵은 줄기가 여러 개 갈라져 나온다는 것이다. 그런데 나이가 들면 이 굵은 가지들이 팔을 쳐들고 있는 형상으로 자란다는 것이다. 그리고 가지 끝에 잎이 뭉쳐서 나온다. 이것이 혹시 주먹밥 형태로 표현된 것이 아닐까 짐작해 본다. 이런 특징은 남한보다는 백두산을 중심으로 북부 지방이나 고산대에서 더욱 극명하게 드러난다. 그림에서 묘사하고 있는 나무들과 쏙 빼닮은 것이다. 단군왕검의 나무라면 한반도 보다는 백두산과 만주 벌판에서 찾는 것이 옳아 보인다. 백두산에 사스레나무가 무리지어 자라는 사진과 감신총 널방 서쪽 벽에 그려져 있는 사냥도를 나란히 놓고 보면 백두산 사스레나무들이 그림의 모델이 되어 주었음을 어렵지 않게 짐작할 수 있다. 단 서너 번 붓을 놀려 나무의 특징을 절묘하게 표현하고 있는 것이다. 이 감신총은 평안남도에 위치하고 있으나 4세기 말에서 5세기 초에 그려진 것으로 추정되고 있다.[13] 초기 고분벽화에 속하는 그림이다. 평양이 고구려의 중심으로 완전히 자리 잡은 시기에는 이 주먹밥 나무가 밀려나고 소나무가 그 위치를 차지한 것으로 짐작된다.

물론 조금 억지로 꿰어 맞춘 감이 없지 않음을 고백한다. 나무가 자라는 모양으로 보아 박달나무의 사촌인 사스레나무와 흡사하다고 볼 수 있지만 또 다시 남는 의문은 장천1호분의 촛대같이 생긴 나무다. 이 나무의 생김새는 더욱 독특하다. 좌우에 각각 세 개씩 모두 여섯 개의 가지가 정연히 배치되어 있고 나머지 세 가지는 하늘로 올라가는 형상을 하고 있다. 마치 팔을 벌리고 있는 듯 보인다. 동쪽에서는 새 한 마리가 날아와 막 깃들려는 것만 같고 나무 아래에선 주인공인 듯 보이는 남자 한 명이 춤을 추고 있는 것처럼 보인다. 주변의 사람들도 위를 바라보고 있다. 아무리 보아도 이 시대의 나무 신앙을 반영하고 있는 것으로 밖에 볼 수 없겠다. 아니면 시조 주몽이 커다란 나무 아래에서 어머니 유화가

각저총 안칸 오른쪽 벽화(씨름도, 5세기)

장천1호분 전실 북벽. 나무신앙을 짐작하게 하는 그림. 마치 촛대처럼 세 쌍의 팔을 하늘로 향해 벌리고 있다.

감신총 널방 서쪽 벽에 그려져 있는 사냥도

보낸 비둘기를 만나는 장면을 재현한 것인지도 모르겠다. 물론 이 나무도 사스레나무와 닮은 점이 많다. 사진에서 보는 것처럼 사스레나무가 실제로 이런 형태로 자라는 경우가 적지 않기 때문이다. 그런데 이 나무에는 또 열매 같은 것이 가득 매달려있는 것이 보인다. 사스레나무 꽃도 이와 비슷한 형태를 가지고 있기는 하지만 다른 한 편 도토리 같기도 한 것이다. 그렇다면 상수리나무인가. 사실 백두산 유역의 대표적인 낙엽송이 상수리나무와 사스레나무이다. 현재 블라디보스톡의 식물학자들이 큰 관심을 가지고 연해주와 백두산 유역의 식물상을 연구하고 있다.[14] 반가운 일이 아닐 수 없다. 사실 식물 생태적 관점에서 보면 국경은 아무 의미가 없다. 우리가 마음 놓고 백두산 식물들을 조사할 수 있는 날이 온다면 단군신화의 신목이 어떤 나무였는지도 마침내 밝혀낼 수 있지 않을까 기대해본다.

소나무와 사스레나무 혹은 박달나무─신화 속에서 박달나무라고 했으니 아무리 사스레나무를 닮았어도 우선은 박달나무라고 하자─ 이 두 나무는 벽화를 떠난 후 참으로 다른 길을 가게 된다. 소나무가 한국인들이 최고로 선호하는 나무로 성장하는 동안 박달나무는 잊힌 존재가 된 것이다. 박달나무는 참 친근한 이름임에도 불구하고 나무의 실물을 보기는 그리 쉽지 않다. 단군신화를 제외하면 전해지는 이야기도 별로 없다. 식물원에서도 그다지 중요시 여기지 않는 듯하다. 국립수목원도 물박달나무만 보유하고 있을 뿐이다. 박달나무는 한국, 만주, 일본을 비롯해서 러시아의 우수리지역에도 널리 분포되어 있다. 한국에서는 전라남북도와 황해도를 제외하고는 전국에 걸쳐 표고 600미터를 중심으로 그 상하 지역에 분포한다. 지리산, 오대산, 속리산, 경북 봉화 등지에서 자라며 산등성이의 양지바르고 다소 건조한 곳을 좋아한다. 유사종으로는 물박달나무 외에도 좁은잎박달나무 혹은 개박달나무 등이 있는데 물박달나무는 물가 산기슭에서 그런대로 어렵지 않게 볼 수 있다.

박달나무의 자취는 고대 문헌에서 오히려 쉽게 찾아진다. 실물보다는 오히려 책이나 이야기 속에서만 사는 나무 같다. 특히 『삼국사기』나 『삼국유사』의 기록에서 자주 볼 수 있고 조선시대의 기록에도 더러 등장한다. 우리의 고대 조경식

사스레나무의 특이한 수형. 장천1호분 벽화의 모델이 되어 준 건 아닌가 싶다(ⓒCharles Budd/ⓒcrown).

호카이도 추운 바람언덕의 사스레나무(ⓒ Σ64)

물은 대개 느티나무, 버드나무, 배나무, 잣나무, 모란, 매화, 복숭아나무, 자두나무, 소나무, 대나무, 산수유, 철쭉, 차나무, 인삼, 살구나무, 뽕나무, 박달나무의 17종으로 압축된다.[15]

　이후 박달나무는 역사 속에서 사라진다. 워낙 목재가 우수해서 옛날부터 많이 베어져 지금은 거의 남아있지 않다는 주장도 있으나[16] 사실인지는 모르겠다. 나무 재질이 단단하고 치밀하며 무늬와 색이 아름다워 옛날에는 다듬이방망이, 참빗, 곤봉, 수레바퀴, 농기구 등을 만드는데 많이 쓰였다. 특히 박달나무로 만든 수레가 우수했다고 한다. 그래서 징발이 심했다는데 이것이 혹시 박달나무가 시간의 수레바퀴 속으로 사라진 연유인지 모르겠다. 심한 징발에 분노한 백성들이 모조리 베어버려 조선 후기부터 씨가 말랐다는 황칠나무처럼 박달나무도 같은 운명을 맞았는지 모를 일이다. 민족의 이름을 제공하고 나라를 연 개국공신 박달나무가 지금은 부엌에서 쓰는 도마나 주걱으로 변신해 인터넷 쇼핑몰에서 헐값으로 판매되고 있다. 차라리 그 때 고분을 떠나지 않았던 편이 낫지 않았을까?

박달나무, 사스레나무 심기 운동이라도 일으켜야 할까 보다. 하긴 부활시키고 싶은 나무가 어디 한 둘인가. 개암나무도 그 중 하나이다.

거 친 들 의
개 암 나 무

"개암나무는 자라고 싶은 대로 자란대도 키가 사람을 넘보지 못하는 겸손한 나무다. 그리고 밑둥도 그루라고 하는 것보다 포기라고 하는 것이 걸맞을 정도로 어느 것이 줄기이고 어느 것이 가지인지 뚜렷하지 않게 떨기 져서 덤불처럼 자란다. 둥치의 통테도 굵은 것이 작대기보다 가늘며 잎사귀도 오리나무를 닮아서 볼품이 없어 나무장수가 쳐주지 않고, 나무장수가 찾지 않으니 묘목장수도 기르지 않는다. 소위 경제성이 없는 나무인 셈이다."[17] 하필 이런 볼품없는 나무에 대해서 이야기하려고 한다. 마땅히 소나무 이야기를 해야 하는 순서라고 생각할지 모르겠다. 고분 벽화에 그려진 것이 소나무이니 당연하겠지만 소나무에 대해서는 굳이 글을 더 보탤 필요가 없어 보인다. 그보다는 소외되고 잊힌 나무들에 관심을 기울여 보고 싶다. 언제부터인가 쭉쭉 뻗은 낙락장송, 구불거리는 조형소나무, 대형 느티나무, 왕벚나무, 커다란 단풍나무 같은 것들만 나무 축에 끼게 되었다. 그러다보니 오랜 세월 동안 우리 곁을 지켜왔던 정겨운 나무들이 관심 밖으로 밀려나게 된 것이다. 개암나무가 그 중 하나이다. 어찌 보면 나무 축에 끼어줘야 할지 말아야 할지 고민하게 만들지만 개암나무는 좀 특별한 나무이다.

개암나무 역시 자작나무과이다. 키가 2~3미터를 넘지 않는 관목이며 그 열매

거친 들의 개암나무. 잎이 빽빽하여 물샐 틈이 없다. 땅의 기운을 받아 나무 속에 고스란히 간직하고 있다(© H.Zell).

인 개암은 먹기도 했고 진자榛子라고 해서 약재로도 쓰인다. 한 때 헤이즐 커피라는 것이 인기몰이를 한 적이 있다. 헤이즐이 바로 서양의 개암나무이다. 서양에서 개암은 오래전부터 중요한 식품으로 자리를 지키고 있다. 과자를 구울 때 많이 넣고, 초콜릿에도 들어가며, 땅콩, 아몬드 등과 함께 요긴한 군것질거리로 깨물어먹기도 한다. 영양이 풍부하여 건포도 등과 섞어 '대학생 식량'이라는 이름으로 판매되기도 한다. 식사할 시간도 없이 학업에 매진하는 가난한 대학생들이 식량으로 삼기에 여러모로 맞춤하기 때문이다. 요즘으로 말하면 삼각김밥 쯤 되는 것이다. 한국에서도 옛날에는 개암을 많이 먹었다. 제상에도 올렸고『조선왕조실록』에서도 자주 언급되는 귀한 열매였다. 어머니께서 독일에 오셨을 때 함께 공원에 자주 산책을 갔는데 개암나무, 뽕나무가 독일 공원에서 마구 자라는 것을 보고 무척 반가워 하셨던 기억이 난다. 그 뒤로 개암을 가끔 보내드렸다. 한국에서 통 볼 수 없는 열매가 되었기 때문이다.『동의보감』은 "개암은 어디에나

다 익은 개암. 조선시대에는 제상에 오를 정도의 귀한 열매였다. 다람쥐들도 즐겨먹는다.

껍질 깐 개암. 곱게 갈아 과자 만들 때 넣기도 하고 가난한 대학생들의 식량도 되어 준다.

있으며 음력 6~7월에 따서 까먹는다. 개암은 기력을 돕고, 장과 위를 잘 통하게 하며 식욕을 돋운다. 또 걸음을 잘 걷게 한다"라고 설명하고 있다. 개암 깨물 때 나는 딱 소리에 깜짝 놀라 줄행랑을 친 도깨비 이야기가 있다. 그런데 도깨비는 단지 딱 소리 때문에 도망가는 건 아니다. 개암나무야말로 도깨비가 무서워 할 만 한 나무이기 때문이다. 복숭아나무가 혼령의 세계를 통제하는 나무라면 개암나무는 도깨비들과 같은 탈자연적인 존재들을 통제하는 나무이다. 버드나무나 진달래, 자작나무들처럼 금방이라도 땅을 떠나 공중 부양할 것 같은 나무가 아니라 그 반대로 땅에 딱 달라붙어서 땅의 기운을 흡입하여 나뭇가지 사이에 묶어두는 나무이다. 그러기 위해서 잎을 그리 물샐틈없이 빽빽하게 달고 있는 것이다. 마치 땅으로부터 받은 기운을 조금이라도 내보내지 않으려고 하는 것처럼 보인다. 개암나무는 서양에서 가장 신령한 나무로 통하고 있다. 나무 자체가 도깨비인 것이다. 그러니 개암나무 가지로 빗자루나 지팡이를 만들면 도깨비로 변할 확률이 가장 크다. 지금도 특히 시골 농가에서 울타리로 가장 많이 쓰이는 것이 개암나무이다. 이는 단순히 정원의 경계를 긋는 것이 아니라 이쪽 세계, 즉 사람의 세계와 저쪽 세계, 즉 자연 속의 온갖 동물, 식물, 마녀와 정령들이 꾸리는 세계를 서로 구분하기 위함이다. 그러므로 개암나무 울타리는 번개 같은 자연현상을 막아주고, 뱀, 들짐승, 주술 등으로부터 사람과 집을 보호하는 능력이 있다고 믿었다. 그래서 개암나무 가지로 마술지팡이를 만들었으며 보통사람도 개암나무 가지를 손에 들고 있으면 원하는 바에 따라 정령들의 세계와 연결되거나 혹은 정령들을 물리칠 수도 있다고 했다. 그런데 가지를 아무렇게나 꺾으면 큰 화를 입는다. 우선 절기를 기다려야 한다. 동짓날이나 12월 31일 혹은 8월 15일이 가장 좋단다. 만약에 이 날에 초승달이나 초사흘달이 뜨면 더욱 좋고. 반드시 새벽이나 자정을 기다려 숲으로 가야 한다. 그리고 얼굴을 동으로 향한 채 개암나무 앞에 서서 세 번 절을 해야 한다. 절을 하고 나서는 개암나무에게 가지를 이러이러한 용도로 쓸 것이며 이를 천지신명에게 맹세한다고 큰 소리로 고한다. 그 다음 뒤로 돌아서서 맞춤한 가지를 골라 다리 사이에 단단히 끼우고 단 한 번의 동작으로 베어내야 한다. 조금이라도 늦으면 신비한 기운이 빠져나가기 때문이다.

한국의 개암나무는 도깨비를 쫓아낸 외에 그리 많은 이야깃거리를 만들지 않았다. 잎이 무성하고 덤불을 이루는 나무이기 때문에 옛날 선비들의 감수성에 어울리는 식물은 아니었다. 그들이 가까이 두고 고이 기르고 싶어 했던 나무의 품격은 갖추고 있지 않다. 오히려 거친 들의 냄새가 배어 있는 나무다. 매월당 김시습은 그걸 알았던 것 같다. 산행이란 시에서 "높은 봉우리는 석양을 붙들고, 작은 길은 거친 개암나무에 걸리네"라고 노래했다.[18] 예전엔 개암나무를 자주 볼 수 있었던 듯하다.

이문구라는 작가가 있다. 1966년에 등단하여 2003년도 작고하기까지 농촌이나 어촌을 배경으로 꿋꿋이 작품세계를 고수한 분이다. 대학시절 열심히 읽고 좋아했던 작가였는데 거의 충청도 사투리로 되어 있는 그의 글을 '해독'하는 재미도 나름 쏠쏠했었다. 2000년도 동인문학상 수상작의 제목은 『내 몸은 너무 오래 서있거나 걸어왔다』이다. 다가온 죽음을 예견하고 붙인 제목인 듯하다. 이 책에는 일곱 편의 중단편이 수록되어 있다. 모두 나무와 관련된 제목들이다. 장평리 찔레나무, 장석리 화살나무, 장동리 소태나무, 장이리 개암나무, 장돌리 싸리나무, 장척리 으름나무, 장곡리 고욤나무 등이다. 그 중 장이리의 개암나무에서 그는 어느 사전이나 도감에서도 볼 수 없는 정확하고 깊은 개암나무의 이야기를 들려준다. 사연은 이러하다. 주인공은 전풍식田豊植이라는 농부다. 그 이름이 벌써 의미심장하다. 그는 밭둑에 남들이 쳐다보지도 않는 개암나무 한 그루를 심고 정성스레 가꾸고 있는 특이한 인물이다.

"어느 날 시월이었던가. 종산의 시향에 갔다가 푸네기 중에서도 유독 저 잘난 체가 심하던 꼴같잖은 이와 마주 보게 된 것이 마뜩찮아 뒷전으로 뒷걸음질을 치다가 개암나무 가지에 걸렸는데, 그것이 밭둑에 개암나무를 기르게 된 장본이었다. 그는 그 개암나무 밑에서 잘 여문 개암을 한 움큼이나 주웠다. 개암은 열세 톨이었다. 여섯 톨은 아이들에게 주고 일곱 톨은 밭둑에 묻어두었다. 이듬해 봄에 보니 그 일곱 톨 가운데서 싹이 난 것은 하나뿐이었다." 그는 그 하나 남은 개암나무를 공을 들여서 가꾼다. 그의 아내는 그 때문에 불평이 많다. "꾸지뽕나무는 조경업자덜이 오며가며 쳐다나 본다구 허지, 저까짓 깨금낭구는 둬서 뭘 헌다구 쓸디없이 둬두는지 물러. 밭에 그늘만 지게. 비여버리라고. 내가 톱질만 쪼끔 헐 중 알었어두 벌써 자빠뜨리구 말었을껴."

그러나 그에게는 아무에게도 말하지 않는 꿈이 있다. 정성스레 기른 개암나무

개암나무는 숲 가장자리, 길가에 즐겨 서식한다. 여기서 드나드는 정령들을 지킨다.

에 까치가 찾아 와 둥지를 트는 것이다. 옛날 선비들의 집 앞 나무에 까치가 둥지를 틀면 과거에 꼭 급제했다는 말을 들은 후부터 꾸게 된 꿈이다. 그에게는 대학 입시를 앞둔 아들이 있다. 아들의 대학 합격을 기원하며 그는 오가는 길에 개암나무를 깊은 눈으로 바라보고 동네 까치를 "우리 까치"라고 부르는 남모르는 애정을 쏟고 있다. 말 못하는 사연은 그의 아내 때문이다. 대학에 합격시키려면 밭에 나가 김이라도 한 번 더 매는 것이 옳다는 것이 아내의 철학이고 보면 개암나무에 까치가 둥지를 틀어야 아들이 합격한다는 전풍식의 꿈은 씨도 안 먹힐 거였다. 그의 아내 뿐 아니라 동네사람들도 깨끔낭구, 즉 개암나무를 이리저리 비꼬며 왜 기르는지 이해를 하지 못하고 아내의 들볶음은 그칠 줄을 모른다. 마침내 전풍식이 노한다.

"자. 이 동넷사람이구 저 동넷사람이구 삼동네를 통틀어 개암나무가 워치게 생겼는지 안다는 사람을 봤어. 봤다는 사람을 봤어? 없지? 왜 안다는 사람두 없구 봤다는 사람두 없느냐. 당연허지. 왜. 개암나무 자체가 드무니께. 왜 드무냐. 이전에는 고욤나무나 아가뻬나무버덤두 흔해터졌던 것이 요새는 왜 귀해졌느냐. 이유는 간단헌겨. 개암나무는 숲이 시퍼런 높은 산에 있는 나무가 아니니께. 나무꾼들이 뻰질나게 오르내리며 낫질 갈퀴질을 해대서 민둥해진 산기슭이나 야산에만 나는 나무라 이거여. 나무두 아니구 풀두 아닌 것 마냥 워느게 줄기구 워느게 가진지 모르게 덤불처럼 퍼지는 나문디다가 키까장 작어노니. 민둥산에서는 잘 살어두 숲이 우거져서 그늘이 지는 디서는 못 사는 나무라 이 말이요. 그러니 귀해질밖에. 산기슭이나 야산은 죄다 개간해버렸구. 그렇지 않은 디는 나무 허는 사람, 약초 캐는 사람, 버섯 따는 사람, 나물 캐는 사람, 도토리 줏는 사람이 죄 밭을 끊어서 소릿길마저 파묻힌다다 그 위에 갖은 잡목이 제멋대루 우거져서 저 월남땅 밀림지대 비적허게 뒤덮였으니 볕 좋아허는 개암나무가 무슨 수루 남어나겄어. 안 그려? 참말루."

이문구 작가의 설명대로 개암나무는 볕을 좋아하는 나무다. 그래서 마지막 빙하기가 지나가고 대형목이 모두 사라져 대머리가 된 지구를 가장 먼저 채워나간 것이 개암나무였다. 당시는 기후가 지금보다 조금 따뜻하고 건조했다. 바로 개암나무가 가장 좋아하는 조건이었던 것이다. 그 다음 지각변동으로 바닷물이 움직이고 그 결과로 기후가 습해지기 시작했다. 큰 나무들이 좋아하는 기후로 변했던 것이다. 큰 나무들이 나타나 개암나무를 밀어냈다. 그렇게 수백 년이 흐르자 큰 나무들이 숲을 이루고 개암나무는 숲의 가장자리, 빛이 있는 곳에만 남게 되었다. 아름드리나무가 가득한 숲 속은 사람들에게 신비하고 신령한 장소로 여겨졌다. 그러므로 거기서 사는 도깨비나 정령들이 개암나무를 통해서 드나든다는 얘기가 나올 법도 했던 거였다. 그 후로 사람들이 모여 살며 문명을 일으켜 또 많은 개암나무들이 사라지고 말았다. 간간히 시인들이 지나다니는 길 가에 서 있는 외로운 나무가 된 것이다. 그러나 요즘 쓰는 말로 종다양성을 확보하기 위해 개암나무처럼 적합한 나무도 찾기 어려울 것이다. 숲과 사람을 둘 다 보호하고 작은 생물들에게 넉넉한 서식처를 제공한다. 새들도 즐겨 개암나무에 깃들고 대학생뿐 아니라 다람쥐도 개암을 즐겨먹는다.

"개암나무야 늙도록 키워봤자 작대깃감두 안 나오구 지팽잇감두 안 나오는 나무구, 개암을 따두 먹을감은 고사허구 놀잇감두 안 되는 신세가 돼버렸지만

좌: 개암나무 수꽃. 이른 봄에 크로커스보다 더 빨리 꽃을 피운다.
아래: 개암이 익어가고 있다.

개암나무의 수형

그렇다구 누가 알어보지두 않구, 누가 찾어보지두 않구, 누가 심는 이두 없구, 누가 가꾸는 이두 없구, 그러다가 어느 결에 시나브로 멸종이 돼버리면 그래서 속이 선헐 것은 또 뭐여. 그러니 내라두 하나 가꿔야겄다, 그거 아녀, 그것도 일곱 개나 심은 디서 제우 하나 난 것을. 참말루."

이렇게 작대기감도 안 나오고 조경업자도 쳐다보지 않는 개암나무를 깊은 눈으로 보며 꼭 기르고 싶은 이유가 단지 아들의 합격을 바라는 마음만은 아니다. 그는 개암나무를 정답고, 고맙고 전통어린 나무로 기억하고 있기 때문이다. 전적으로 공감한다. 이런 나무를 조경업자들이 쳐다보게 만들려면 다른 도리가 없다. 여러 사람들이 자꾸 찾으면 된다. 수요가 있으면 공급이 따라오게 되어 있다. 우선 집집마다 개암나무 울타리부터 만들어보면 어떨까. 거기에 까치가 둥지를 튼다면 얼마나 좋을까. 좋은 일이 많이 일어나지 않겠는가.

살아있는 화석,
은행나무

은행나무는 오래 전에 지구상에서 사라졌다가 다시 홀연히 나타난 나무이다. 늘 우리 곁에 있던 나무인데 무슨 소린가 하겠지만 지구와 식물의 긴 역사적 관점에서 볼 때 그렇다는 것이다. 은행나무는 약 2억7천만 년 전 처음으로 지구상에 나타난 것으로 추정되고 있다. 그로부터 약 1억5천 년 동안 거의 지구 전체에 퍼져 살고 있었다. 이때는 약 30여 종의 은행나무들이 존재했었다. 이는 지구 전체에서 무수히 발견된 화석을 통해 밝혀진 사실이다. 1억5천 년 이상을 살아남았던 은행나무는 2백5십만 년 전 모두 멸종했다. 최소한 서구의 학자들은 그렇게 알고 있었다. 지질학적으로 보면 신생대 중에서도 소위 제 3기에 속하던 때에 살다가 그 당시 지구를 이루고 있던 생물들이 멸종할 때 함께 사라진 것으로 믿고 있었다.

그러던 것이 18세기에 이르러서야 동양 여러 나라에 은행나무가 멀쩡히 살아 있다는 사실을 알게 되었다. 네덜란드의 항해사들이 1730년경 일본에서 가져간 것이다. 식물학자들에겐 마치 죽은 것으로 믿었던 사람이 살아 있는 것을 보는 것처럼 감격스러운 순간이었을 것이다. 멸종 되었던 공룡이나 매머드가 뚜벅뚜벅 걸어 나오는 것을 본 것과 다를 바 없었던 거다. 이후 유럽의 각국 식물원이나 궁원에 은행나무가 심겨졌고 여기서 전 세계로 다시 퍼지게 되었다. 그 때부터 사람들은 은행나무를 살아있는 화석이라고 불렀다. 2백5십만 년 전부터 지구는 여러 번의 빙하기를 겪었다. 은행나무가 어떻게 어떤 경로로 빙하기에 살아남아 중국 땅에서 다시 자리 잡기 시작했는지 아무도 설명하지 못한다. 그런데 신기한 것은 빙하기 이전 약 30종에 달했던 은행나무 중에서 단 한 종만이 살아남았다는 사실이다. 그것이 지금 어디서나 볼 수 있는 은행나무의 조상인 "깅코 빌로바*Ginkgo biloba*" 이다. 그러다가 은행나무의 종주국이 실은 일본이 아니라 중국이라는 사실이 밝혀졌다. 11세기 중국 문헌에 은행나무에 대한 기록이 발견되었고, 중경지방에서 숲을 이루며 서식하고 있는 은행나무가 일부러 심은 것

1억6천5백만 년 된 은행나무의 화석
(ⓒ뮌헨고고학박물관)

이 아니라 자생하는 것이라는 결론도 얻
어졌다. 천 년 된 은행나무들이 아직도
살아 있다는 거였다. 그로부터 중국이 은
행나무의 자생지가 되었다. 이렇게 동양
에서 온 신비한 나무라는 점과 독특한 잎
모양 덕에 식물수집가들 사이에 제법 인
기를 끌었지만 일반에게 널리 알려지진
못했다. 괴테가 은행나무를 특별히 사랑
하여 자기 집 앞에 한 그루 심고 시까지
한 수 지었다는 사실 정도가 알려졌을 뿐
이었다. 1945년, 원자폭탄이 히로시마
에 떨어질 때까지는 그랬었다.

은행나무의 옛 모습(하인리히 하르더 그림, 1916년)

히 로 시 마 의
은 행 나 무

그 이듬해, 히로시마의 모든 생명이 다 사라진 뒤였다. 폭격 맞은 한 은행나무 뿌리에서 싹이 돋아나는 기적이 일어났다. 아무 것도 살 수 없는 것으로 여겼던 원폭 현장에서, 그것도 바로 그 다음해에 생명을 다시 만들어 낸 은행나무에 세상의 이목이 집중된 것은 당연했다. 그 이듬해 봄에는 시커멓게 탄 가지에도 잎이 달리기 시작했다. 세계에서 학자들이 벌떼처럼 달려들었다. 곧 은행나무에 대한 본격적인 연구가 시작되었다. 그리고 놀라운 연구 결과들이 속속 발표되었다.

식물학적인 관점에서 볼 때 은행나무는 여러모로 독특한 나무이다. 종자식물이긴 하지만 번식하는 방법이 지금의 겉씨식물 이전 단계에 머물러있어 덜 진화한 식물이다. 은행나무는 암수딴그루이고 겉씨식물과 마찬가지로 바람에 의해 수정된다. 그런데 수꽃가루에 정자가 있고 이 정자가 수많은 편모를 가지고 있음이 밝혀졌다. 편모를 가진 정자는 은행나무와 소철만 가지고 있다. 소철은 비록 나무처럼 보이지만 나무가 아니다. 고사리류가 진화하여 나무가 되기 이전의 단계에서 머물고 있는 식물로 현재 난대나 열대에서만 서식하고 있다. 한국에서도 제주도에 귀화한 식물로 알려져 있다. 은행나무와 소철의 정자가 편모를 가지고 있는 것이 기이하게 여겨지는 것은 식물이 이런 수정방법을 이미 오래 전에 탈피했기 때문이다. 이는 식물이 아직 물속에서 서식할 때 가지고 있던 속성이다. 육지로 올라가 살기 시작하면서 바람에 의해 수정하는 효과적인 방법을 고안해 냈던 것이고 편모가 필요 없어졌던 것이다. 여기서 다시 종자를 더욱 효과적으로 보호하는 속씨식물로 발전해 나갔으므로 은행나무는 정말 과거에 속한 나무인 것이다. 은행나무는 나무이기 때문에 나무가 아닌 소철과 구분이 되고 나무이면서도 다른 나무들과 확연히 다른 유일무이한 존재가 되었다. 마치 네안데르탈인들이 지금 인류들 속에 섞여 살면서 그들 고유의 유전자적 성격을 그대로 간직하고 있는 것과 같다고나 할까.

독특한 점은 또 있다. 은행잎이다. 은행잎은 구조적으로 바늘잎나무, 즉 침엽
수를 많이 닮았다. 그러나 식물학자가 아닌 이상 세포 구조를 들여다 볼 수 없으
니 겉모양으로 판단하기 마련인데 보기에 제법 넓은 잎을 가지고 있어서 넓은
잎나무, 즉 활엽수 같기도 하다. 결국 침엽수도 활엽수도 아닌 애매한 나무인 것
이다. 지금 은행나무 잎은 두 개로 갈라져 있다. 완전히 갈라져 있는 것이 아니
라 잎 가운데에 홈이 파여 마치 두 개의 잎이 붙은 것처럼 보인다. 그런데 화석

히로시마에서 이렇게 새순이 나왔을까
(ⓒKolasi_ski).

독특한 구조의 은행잎

을 보면 예전에는 여러 개의 가는 잎
으로 갈라져 있었음을 알 수 있다. 시
간이 흐르며 이들이 점점 붙어서 지금
의 모양으로 발전해 갔던 거였다. 그
리고 잎을 자세히 보면 두 개의 잎맥
이 잎자루로부터 나와서 각각 부챗살
처럼 펼쳐지는 것을 알 수 있다. 일반
적으로 활엽수들의 잎맥은 가운데 굵
은 맥이 하나 지나가고 여기서부터 가
는 맥들이 곁가지처럼 갈라져 나간다.
그러므로 잎맥만 보아도 은행나무는
침엽수의 바늘이 서로 붙어서 활엽수
가 되는 중간 과정을 그대로 간
직하고 있는 것이다. 마치 오리
의 수륙양용 물갈퀴처럼, 혹은
날개가 팔로 변하는 중간과정의

박쥐날개처럼 진화의 중간단계에서 멈춰서 있는 나무인 것이다. 그래서 나무의 세계를 바늘잎나무, 넓은잎나무 그리고 은행나무, 이렇게 세 가지로 분류하고 있다. 바늘잎나무의 세계에 속하는 나무들이 약 300종이고, 넓은잎나무에 속하는 나무의 종류는 이루 다 헤아릴 수 없는데 지구를 다 뒤져봐도 현존하는 은행나무와 같은 체계에 속하는 나무는 없다. 은행나무와 형제, 사촌 혹은 먼 친척이라고 부를 수 있는 나무가 하나도 없다는 뜻이다. 식물학적으로 표현한다면 은행 강, 은행 목, 은행 과, 은행 속의 은행나무, 이렇게 저 혼자서 족보를 꾸리고 있는 것이다. 저 혼자 수백 수천 종의 침엽수와 활엽수에 맞서고 있는 매머드처럼 힘센 나무인 것이다. 원시의 저력이랄까.

  그래서 그런지 은행나무는 강건하다. 벌레나 세균이 감히 덤비지 못한다. 영하 30도까지도 견디고 산성토양보다는 알칼리성토양을 더 좋아하긴 하지만 그

부여 주암리 은행나무(천연기념물 제320호)

렇다고 토양에 크게 구애받지는 않는다. 그런 것에 구애받는다면 그 오랜 세월 살아남지 못했을 것이다. 한 가지 취약점이 있다면 아주 습한 곳이나 사막은 썩 반기지 않는다는 것이다. 토양이 어느 정도 습하고 기후가 온화하며 연중 비가 고루 내리는 지역에서 서식이 가장 왕성하다. 그리고 은행나무는 오래 산다. 몇 백 년 된 은행나무를 도시에서 보는 것도 그리 어렵지 않다. 한국에서 천연기념물로 지정된 노거수 중 가장 큰 비율을 차지하는 것이 은행나무이다. 무병장수의 상징으로 은행나무처럼 걸맞은 것이 또 있을까. 이런 성격으로 인해, 그리고 가을에 황금빛으로 황홀하게 물드는 아름다움으로 인해 요즘 부쩍 가로수로 많이 쓰이고 있다. 은행나무는 수령이 20년이 넘어야 열매를 맺기 시작한다. 그래서 중국에서는 할아버지-손자나무라고 불리기도 한다. 할아버지 대에 심으면 손자 대에 수확할 수 있다는 뜻이다. 서울에 은행나무를 가로수로 심기 시작한지 몇 년이 되었는지 확실히는 모르겠으나 아마도 지금쯤 열매를 맺기 시작하지 않을까 생각된다. 은행이 고급 열매로 취급되고 있지만 열매가 떨어질 때 노란 외피가 벗겨지며 엄청난 악취를 풍기기 때문에 사실 사람들 사는 곳 가까이에는 암나무를 잘 심지 않는다. 다만 암수 구별이 쉽지 않기 때문에 가로수에 상당수 암나무가 섞여있을 것으로 짐작된다. 이 지독한 악취 덕분에 벌레도 새들도 은행 열매를 건드리지 못한다. 종족을 보존하는 방법도 참으로 독특한 나무라 하지 않을 수 없다. 더 독특한 것은 사람이다. 이렇게 악취와 단단한 껍질 속에 감춰놓은 은행 알의 진가를 알아냈으니 말이다.

좌: 은행나무 숫꽃(ⓒKolasi_ski), 가운데: 은행나무 암꽃(ⓒKolasi_ski), 우: 은행나무 열매

은 행 잎

은행나무는 저 혼자 살아남는 능력만 강한 것이 아니다. 사람들을 살리는 능력, 즉 약효도 남다른 것으로 알려져 있다. 지금까지는 주로 열매, 정확히 말하자면 종자가 식용이나 약용으로 쓰였지만 잎이 가지고 있는 약효가 실은 더 대단한 것으로 드러나고 있다. 그동안 많은 연구가 진행되었고 지금도 전 세계의 수많은 연구진들이 은행잎의 비밀을 캐기 위해 매달려 있다. 은행잎을 원료로 한 생약제만 근 서른 가지가 넘는다. 여기엔 여러 성분들이 다양하게 포함되어 있지만 그 중에서 다른 식물에서는 발견되지 않았던 새로운 미네랄 성분이 두 가지 들어 있다. 그래서 은행나무의 학명을 따 각각 "깅코라이드"와 "빌로바리드"라는 이름이 붙여졌다. 재미있는 것은 이들이 마치 지금껏 기다리고 있었다는 듯 스트레스에 찬 현대인들의 삶을 돕고, 노인들의 기억력을 회복시켜 고령화시대의 긴 삶을 좀 더 활기차게 누릴 수 있도록 돕는다는 것이다. 특히 뇌신경에 크게 작용하는 것으로 알려져 있다.

우리의 신경계에는 신경의 말단에서 정보나 자극을 서로 주거니 받거니 하면서 근육 혹은 여러 신체기관에 전달해주는 메신저 역할을 하는 것들이 있다. 이들을 전달물질이라고 하는데 아직도 모든 전달물질이 다 밝혀진 것은 아니다. 지금까지 발견된 전달물질 중에서 비교적 잘 알려진 것이 아마도 아드레날린일 것이다. 그러나 가장 중요한 전달물질은 아세틸콜린이라는 것이다. 이 물질은 신경의 자극을 근육에 전달하는 작용을 할 뿐 아니라 모든 자율신경계통의 본부 연락책을 담당하고 있다. 호흡, 혈압, 박동, 소화 및 신진대사 등 살아있음과 직접 연결된 가장 중요한 기능들을 조절하고 통제하는 역할인 것이다. 나이가 들면 바로 이 중요한 전달물질이 감소하여 한편 기억력이 감소되고 다른 한편 몸도 말을 듣지 않게 된다. 그런데 은행잎에서 추출된 용액이 바로 이 전달물질의 생성을 촉진한다는 사실이 밝혀졌다. 그 뿐 아니다. 은행잎 추출액은 세포에 직접 작용하여 미토콘드리아의 기능을 돕는다. 미토콘드리아는 세포의 엔진 역할

기적의 깅코잎

을 한다. 이 엔진이 꺼져버리면 세포의 기능도 정지된다. 그런데 은행잎 추출액을 세포에 가하면 미토콘드리아의 기능을 현저히 상승시킬 뿐 아니라 이미 고장난 미토콘드리아를 즉시 수리하기 시작한다는 거였다.[19] 거의 기적에 가까운 일이라 연구팀도 믿을 수 없어하는데 임상실험을 통해 확인된 것이니 어쩌랴. 이쯤 되면 은행잎의 기적이라고 할 만 하지 않은가. 그러므로 연로하신 부모님들께 인삼 대신 은행잎에서 추출한 생약을 선물하는 것이 낫지 않을까 싶다. 가장 오래된 원시의 식물이 현대병에 가장 알맞은 효능을 가지고 있다는 사실이 얼핏 모순되어 보이지만 꼭 그렇지만도 않다. 지금부터 삼억 년 젊었던 시절의 지구의 기를 받아가지고 왔으니 그럴법하지 않은가.

　은행나무에 대한 연구는 이제 시작단계에 불과하다고 한다. 삼억 년 동안 화석 속에 꽁꽁 감추고 있던 비밀들이 이제 하나씩 드러나는 것이다. 어떤 놀라운 사실이 더 나타날지 아직 모르는 일이다. 어쩌면 인류가 그리 오랫동안 찾아 헤맸던 불로장수의 약이 바로 은행나무일지도 모른다. 그래서 지금 서구에서는 거의 히스테리에 가까운 은행나무 붐이 일고 있다. 핵전쟁이 일어나 지구의 종말이 온다면 어떻게 할 것인가 하는 시나리오도 우려일지 모르겠다. 이런 세상을 대비하여 오토트로피를 분석하고 화성에서 살아갈 수 있는 방법을 연구하고 있지만 이는 사람의 관점에서 보았을 때 해당하는 이야기이다. 이런 시대가 올 것을 대비하여 자연은 이미 오래 전부터 준비하고 있었던 듯하다. 빙하기도 넘어서고, 원자폭탄도 이겨낼 수 있는 식물을 키워내고 있었는지도 모른다. 물론 인류를 살리기 위해서라고 생각한다면 그건 우리의 대형 착각이다. 식물계가 스스로 살아남기 위해서일 것이다. 인류가 지구상에 등장하기 전, 수십억 년의 세월에 걸쳐 갖은 고초 끝에 완성해 놓은 거대한 식물의 세계가 사람들의 실책으로 함께 멸망할 생각은 추호도 없을 것이다.

은 행 나 무
동 화

그러다보니 혹시 지금껏 엉뚱한 나무에 희망을 걸었던 것이 아닐까 하고 걱정하는 사람들이 생겨났다. 사과나무, 물푸레나무, 박달나무 다 효험이 없는 것은 아닐까. 여태 제사를 한 번도 받아보지 못한 은행나무가 혹시라도 기분이 상했을까 염려가 되었나보다. 여러 사람들이 다투어 은행나무에게 시를 지어 바치고, 새로운 신화를 만들고 있다. 그 중에는 이런 얘기도 있다.

> 아주 먼 옛날에 사람들은 아주 커다란 은행나무에서 태어났다. 남자와 여자가 한 쌍이 되어 다리는 서로 붙어 있고 윗몸만 떨어져 있는 채로 태어나 은행나무에 매달려 살고 있었다. 나무를 통해 올라온 수분과 양분을 함께 먹고 마시며 그렇게 몸과 마음이 하나가 되어 살아갔다. 그러던 어느 날 밤, 바람이 몹시 불어 그 커다란 은행나무가 뿌리 채 흔들리던 밤, 그렇지 않아도 새로운 세상을 경험하고 싶었던 사람들은 나무에서 뛰어내렸다. 떨어져 내리는 동안 거센 바람에 남자와 여자는 서로 갈라

황금빛의 가을 은행나무(ⓒTomo.Yun(www.yunphoto.net/ko/))

졌고 이제는 두 몸이 되어 뿔뿔이 흩어졌다. 그때부터 서로 짝을 찾아야
하는 어려운 여정이 시작되었다. 그렇게 짝을 다시 찾아도 기쁨은 한
순간 뿐, 둘이 한 몸이었을 때의 완벽함은 다시 찾아오지 않았다. 완벽한
짝을 찾으려는 노력 속에 사람들은 점점 늘어만 가고 그럴수록 찾기는
더욱 어려워졌다. 지금까지도 사람들은 태초의 완벽함을 찾으려 헤매고
있다. 한편, 사람들을 모두 잃어버린 은행나무는 벌거벗은 가지를 하늘
높이 쳐들고 애통해했다. 하늘 신이 이를 안타깝게 여겨 빈 가지에 나뭇
잎을 만들어 달아주었다. 마치 떨어져나간 사람들처럼 아래는 붙고 위
는 벌어진 바로 그런 모양의 은행잎이 그렇게 생겨난 것이다.

- 은행나무 동화, 한스 프랑크

사 람 과 같 이 한
오 랜 세 월

식물은 사람과 참으로 긴 시간을 같이 했다. 앞으로 그 이야기가 어떻게 전개될지는 아무도 짐작할 수 없을 것이다. 한 가지 분명한 것은 식물이 어느 모로 보나 부모 역할을 하고 있다는 것이다. 마치 인류가 등장할 것을 알고 있었다는 듯 사람이 살 수 있는 환경을 마련해 놓고 있었던 거다. 사람이 살기 시작한 것이 약 백만 년 전부터라니까 식물은 그때부터 지금까지 백만 년간 사람을 먹이고, 입혔다는 뜻이 된다. 의식주가 어디 식물 없이 가능했겠는가. 아담과 이브가 만들어진 것이 백만 년 전이었는지는 모르겠지만 그들이 입었던 인류 최초의 의상이 무화과나무 잎으로 만든 거였다. 먹을 것 입을 것 외에 집도 만들어 주고, 각종 도구며 연장, 무기, 가구 등속에 악기며 선박에 짚신이며 땔감까지 식물 없이 해결될 수 있는 것이 아무 것도 없었다. 그 뿐인가. 병을 치료하고 몸보신하는 약도 주었다. 이렇게 다재다능한 데에다 아름답고 향기롭기까지 하여 마음을 즐겁게 한다. 그리고 그 아름다움을 기꺼이 쪼개어 화장품, 향수까지 만들어 주었다. 그러나 더욱 중요한 것이 있다. 처음 광합성을 하는 세포가 생겨나고부터 오랫동안 그들이 뿜어 낸 산소가 공기층을 만들었다는 것이다. 식물이 발생하고도 또 수억 년이 지난 후 마침내 지구 표면을 거대한 육상식물들이 뒤덮게 되었다. 이들은 어마어마한 산소제조기였다. 그 때 방출된 엄청난 양의 산소 덕분에 대기층이 산소로 그득하게 되고 파란 하늘이 생기게 된 것이다. 그러니 우리가 호흡하는 것조차 식물의 덕분이다. 이 초대형 식물들이 죽어서 차곡차곡 쌓여 층을 이루어 놓은 석탄층은 또 어떤가. 어찌 보면 마치 부모가 만반의 준비를 해 놓고 아기가 태어날 날을 기다리는 것과 닮지 않았는지.

지금 식물들은 사람들이 이 석탄층을 꺼내서 쓰고 뿜어대는 각종 유해가스를 거르느라 안간힘을 쓰고 있다. 마지막까지 부모 역할을 게을리 하지 않는 것이다. 그 와중에 희생된 나무들도 물론 적지 않다. 1992년에 이어 최근에 다시 한

훔볼트 대학교 교정의 훔볼트 동상과 은행나무

번 식물의 이산화탄소 흡수 능력에 대한 연구결과가 보도된 적이 있다.[20] 지난 30년 간 관찰한 결과 식물들이 생각했던 것보다 훨씬 더 많은 양의 이산화탄소를 흡수하고 있었다는 결론이 얻어졌다. 그 말은 다시금 지금까지 이산화탄소 방출량을 너무 낮게 잡았다는 것을 뜻한다. 식물이 추가적으로 흡수한 양을 모르고 계산에 넣지 않았기 때문이다. 그렇다고 이 기능이 무한대로 증가한다는 보장은 없다. 어딘가 한계가 있을 것이고 이 한계를 꼭 시험할 필요는 없지 않을까 싶다. 어차피 식물이 걸러 줄 것이니 안심하고 계속 방출해도 된다는 엉뚱한 결론에 도달하지 말았으면 좋겠다. 지금까지는 식물이 온실 현상을 늦추는 역할을 해 주었지만 어느 순간 귀찮아질지도 모르겠다. 아기처럼 나무에 업혀서 살아가고 있는 사람들을 한 순간에 떨쳐버릴지 모르지 않는가. 2차 세계대전 이후 1970년대 중반까지 여러 국가에서 다투어 원자폭탄 테스트를 실시한 적이 있다. 그 결과로 엄청난 양의 방사성 가스가 대기권으로 방출되었음은 물론이다. 그 때 바다 속 생물과 육상의 식물들이 이 유해성분을 부지런히 걸러주지 않았다면 지금 과연 우리가 숨이나 쉴 수 있을지 모르겠다. 언제 어디서 터질지 모르는 것은 원자폭탄뿐이 아니다. 세계원자력협회[WNA]에 의하면 현재 전 세계적으로 총 440개소의 원자력발전소가 가동되고 있으며 62개소가 조성 중에 있다고 한다. 그들은 원자력이 싸고 깨끗하여 인류의 존속을 위해 꼭 필요한 미래에너지라고 주장하고 있다. 지금 세계적으로 청정에너지개발에 투자하는 비용보다 원자력발전소 건설에 쏟아 붓는 비용이 몇백 배 크다. 원자력에너지 관계자들이 말하지 않고 있는 부분에 진실이 숨어있음을 알아야 한다. 원자력발전소 건설과 에너지 운영에서 얻어지는 엄청난 이익은 사업가들 주머니로 들어가지만 원자력 폐기물 처리와 이따금 발생하는 사고처리비용은 세납자의 몫이 된다. 원자력 에너지가 싸다는 것은 이 사후처리비용을 계산에 넣지 않았기 때문이다. 앞으로 수백 년 동안 우리 자손들이 부담해야 하는 것이다. 이 관리비용을 벌기 위해서 우리 자손들은 더 많은 에너지를 써야한다. 그러니 악순환에서 벗어날 길은 요원한 것이다. 원자력 찬성론자들은 반대론자들에게 한시바삐 대응책을 내놓으라고 압박을 가한다. 청정에너지는 효율이 너무 낮다는 것이 그들이 물고 늘어지는 유일한 꼬투리다. 현명한 사람들은 이구동성으로 이렇게 대답한다. 진정한 대응책은 하나밖에 없다고. 각자가 잘 먹고 잘 살기에서 한 걸음씩만 물러나면 된다는 것이다. 마음껏 쓸 수 있을 만큼 에너지를 만들어 내는 것이 상책이 될 수 없다. 그 마음껏이라는 것이 밑 빠진 독과 같아서 결코 채워질 수 없는 것임은 우리 스스로 너무나 잘 알고 있다. 어쩌면 은행나무는 사람들에게 살아가는 방법을 가르쳐주고 있는지도 모르겠다. 다만 사람들이 그 이야기에 귀를 기울이지 않을 뿐이다. 그토록 발달한 과학으로 이미 3억 년 전에 만들어 놓은 은행나무의 비밀을 간신히 풀어가는 것이 사람들의 지혜 수준이다. 사람들이 아무리 잘난 척해도 자연의 거대한 섭리 속에서는 초라해지지 않을 수 없다.

어쩌면 은행나무 동화에서처럼 나무에 매달려 사는 것이 살아남는 길일지도 모르겠다. 사람들은 이미 오래 전부터 생명의 나무를 찾아다녔다. 지금까지 그런 나무들을 살펴보았다. 이를 원시시대의 화석으로 보고 웃어넘긴다면 그것 역시 대형 실수일지도 모르겠다. 은행나무는 현대에도 식물 신화가 가능함을 보여주고 있다. 가장 오래된 나무가 가장 늦게 사람들 눈에 띄는 조화를 보임으로써 무언가 커다란 원칙을 보이고 싶은 지도 모르겠다. 아니면 희망을 주려는 것일까.

인간이 만물의 영장이 아니라 영원한 아이라는 생각이 든다.

다 시
암 스 테 르 담   공 항

공항 대합실에 앉아 식물에 대해 이런 저런 생각을 펼쳐가는 동안에
도 저쪽 면세점 앞 판매대의 튤립 구근이 자꾸만 궁금해진다. 마치 보이지 않는
손이 잡아당기는 것만 같다. 대체 어쩌라는 건지. 튤립이 사람에게 마법을 건다
는 말이 맞는 것 같다. 실은 튤립을 썩 좋아하는 편이 아니었다. 너무 흔해서 그
런지 아니면 지나치게 도시적인 느낌 때문이었는지는 잘 모르겠다. 크게 관심
가는 꽃이 절대 아니었다. 게다가 튤립이 사람을 홀린다는 말을 들은 후부터는
될수록 가까이 가지 않았다. 그런데 어쩐 일인지 책을 쓸 때마다 나도 모르게 튤
립 얘기가 튀어 나온다. 지난번 중세 정원 이야기를 쓸 때만 해도 그랬다. 에필로
그를 쓰면서 "중세엔 튤립이 없었다"로 문장을 시작하고 말았다. 지금도 튤립
이야기로 마무리해야 할 것만 같은 불가항력 같은 것이 느껴진다. 난데없이 『향
약본초도감』에 들어가 앉더니 이제는 인류의 미래에 대해 심각한 사념을 펼치
는 내 머릿속으로 파고드는 것이다. 튤립에 관심을 두지 않았던 것은 지난 이야
기이고 지금은 튤립에 대한 사랑에 속절없이 내맡겨진 상태이다. 그리스 정원을
연구하는 중이었다. 물론 그리스에 자주 가야하겠지만 그게 쉬운 일이 아니어서
급한 대로 베를린 식물원을 매일처럼 찾아다닌 적이 있다. 거기엔 그리스 식물
만 별도로 심어 놓은 큰 암석정원이 있기 때문이다.[21] 그리스도 한국처럼 산이
많은 고장이라 지형을 어느 정도 본떠서 조성해 놓았다. 봄이 되면 하루가 다르
게 변화하기 때문에 자주 가야하는 것이다. 다행히 베를린 식물원은 도심에서
가까운 곳에 위치하고 있어 '출근'이 가능했다. 그러던 어느 날 그리스 정원을
향해 히말라야 정원의 언덕을 넘어가는데 갑자기 눈앞에 노란 튤립들이 튀어들
었다. 맹세컨대 그 전날만 해도 거기 있는 줄 몰랐었다. 그 노란 튤립들은 늘 보
던 튤립과는 달랐다. 바람이 부는 날이어서 유난히 길고 가는 목에 약간 고개를
숙인 채 흔들리고 있는 모습들이 눈물 나도록 아름다웠다. 아마 그 때 사로잡혔
던 것 같다. 물론 야생튤립에 더 마음이 가는 것은 사실이지만 그 후로는 튤립이

지중해 유역에서 서식하는 야생튤립(*Tulipa sylvestris*)

란 튤립은 빠짐없이 들여다보며 다닌다. 야생튤립을 보러 이란이나 키르키스스탄 등지에도 가 봐야 하겠고 그리스 산꼭대기에도 오를 계획을 세우고 있다. 이제 비행기를 타야 할 시간이다. 그 전에 아무래도 면세점에 들러 구근을 사야할 것 같다. 지인들에게 좋은 선물이 될지도 모르겠다. 크로커스, 히아신스와 함께 내가 직접 키워서 작은 아도니스 화분을 만들어 선물하는 것도 나쁘지 않을 듯싶다. 생각만 해도 가슴이 두근거릴 정도로 기쁨이 몰려온다. 이렇게 식물에 한해선 불가항력인 것을 보면 적어도 내 경우 식물의 피지배자임이 틀림없음을 재확인하며 자리에서 일어선다.

주 석

1. 조물주의 봄 컬렉션, 튤립

1) 일반적으로 구근이라고 하지만 엄밀히 말하자면 둥근 '뿌리' 가 아니라 줄기가 굵어져서 된 것이기 때문에 '비늘줄기' 라고 해야 맞는다. 그러나 구근이라는 단어가 워낙 자주 등장하기 때문에 어색함을 피하기 위해 일반적인 표현법을 따라 구근이라고 했다.

2) 『연산군일기』, 연산군 11년 4월 9일조

3) 안나 파보드, 『튤립』, 인젤출판사, 2003, p.58.

4) 안나 파보드, 『튤립』, 인젤출판사, 2003, p.225.

5) 1925년 동아일보에 실린 "봄꽃 심는 여러 가지 방법" 이란 기사에 튤립을 심는 법이 상세히 묘사되어 있으며(5월 20일) 같은 해 역시 동아일보에 "의의 있는 식물" 이라는 타이틀로 꽃말을 소개한 바 있다. 1958년 경향신문에서도 "튜립" 이라는 제목으로 "튜립은 영어로 Tulip 한자로는 울금향(鬱金香)이라고 쓰며" 라고 소개하고 있다(3월 29일).

6) http://zh.wikipedia.org

7) 신동원 · 김남일 · 여인석, 『한 권으로 읽는 동의보감』, 들녘, 1999, p.933.

8) 안덕균, 『세종시대의 보건위생』, 세종대왕기념사업회 발간, 1985, 104쪽, 105쪽, 109쪽, 116쪽, 121쪽 등 일본에서 울금 혹은 심황을 진상했다는 기록이 여러 번 나온다. 『지리지』 전라남도 편에는 남원, 순창, 구례 등지에서 심황이 재배되고 있다고 쓰여 있다.

9) 조선왕조실록, 태종실록, 단종실록, 정조실록 등 여러 실록에 왕이 제를 지낼 때 울금을 넣어 만든 술, 즉 울창을 썼다는 기록이 나온다.

10) 신영일, "향약구급방에 대한 고증", 『한국한의학연구원 논문집』 2(2), 1996, pp.71~83.

11) 신전휘 · 신용욱, 『향약집성방의 향약본초 - 사진으로 보는 현대 한의약서』, 계명대학교 출판부, 2006.

12) 신전휘 · 신용욱, 『향약집성방의 향약본초 - 사진으로 보는 현대 한의약서』, 계명대학교 출판부, 2006, 132쪽(울금), 200쪽(광자고. 산자고는 식물명이고 광자고는 약명이라고 지적하고 있어 허준 선생과는 다른 의견을 제시하고 있다), 253쪽(울금향, *Tulipa gesneriana* L.).

13) 사실 튤립은 다른 식물들과는 달리 학명으로 표기하기 보다는 품종명으로 일컫는 것이 일반적이다. 이는 품종이 워낙 다양하기 때문이기도 하고 다른 식물처럼 식물학적으로 분류하기 어려운 튤립만의 특성 때문이기도 하다. 튤립은 가장 대중적인 꽃이기 때문에 품종명으로 일컫는 것이 일반적으로 접근하기가 수월하다. 현재 여러 개의 튤립 분류 시스템이 있는데 그 중 가장 권위가 인정되는 것이 네덜란드의 반 람스동크 식 분류법이다. 이에 의하면 까치무릇이나 키르키스스탄 튤립처럼 각 지역별로 자생하는 야생튤립들을 상세히 분류하고 있으며 대부분의 정원용 원예종 튤립을 *Tulipa gesneriana* 군에 집어넣고 있다.

14) 『세종실록지리지』 전라도 편에 울금(鬱金)이 기록되어 있다. 다만 특이하게도 여기서는 울금을 모두 심황으로 번역하고 있으며 전라도 장흥군 악안면 편에는 울금엽이 등장하는데 이를 심황의 잎이라고 번역하고 있다. 강춘기, "세종 지리지의 자원식물고", J. Oreintal Bot.Res 8(1), 100쪽. 『지리지』의 울금을 심향이라는 또 다른 이름으로 쓰고 있어 혼란이 배가되고 있다.

15) 김홍석, "향약채취월령에 나타난 향약명 연구(상)", 『한어문교육』 제 91집, 1995, 20쪽. "울금향은

일명 심황인데, 이는 곧 울금의 꽃이다(鬱金香 一名深黃 此卽鬱金花也)라는 원문을 제시하며 울금향
은 심황일 것으로 추정된다고 했다. 신전휘·신용욱의 『향약집성방의 향약본초』 132쪽에서는 울금
이 강황이며 강황은 또 심황인 것으로 풀이하고 있다. 안덕균, 『세종시대의 보건위생』, 세종대왕기
념사업회, 1985. 안덕균 역시 『지리지』 해제에서는 울금으로(109쪽, 116쪽) 『향약채취월령』 해제에
서는 울금향(51쪽)으로 기록하고 있다. 심황 역시 거론되고 있으나 울금과의 관계는 밝히고 있지 않
다(104, 105, 121쪽).

2. 작전의 명수들

1) 파르티아 왕국은 고대 페르시아의 뒤를 이은 국가로 현재의 이란에 위치했었다.
2) 한스 외르크 퀴스터, 『향신료 문화사전』, 벡스출판사, 1987; 오스발트 드라이어·아임벡, "바스코 다
   가마의 인도 항해의 역사적 의의와 지도의 발달에 미친 영향", 『지도학회지』 제18호, 1998.
3) 이 일화에서 인도 신화와 그리스 신화 사이의 연관성을 찾아 볼 수 있다. 활을 들고 다니는 사랑의 신
   은 큐피드일 것이고 번개를 던지는 시바 신은 제우스와 같다. 다른 점이라면 무수한 염문을 뿌리고 다
   닌 제우스와 달리 시바는 금욕의 화신이었다는 것이다.
4) 볼프 디터 슈톨, 『식물의 혼』, 크나우어 출판사, 2010, p.85. 식물의 혼을 믿는 신비주의자들과는 달
   리 식물학자들 간에는 식물이 보여주는 여러 불가사의한 능력을 과학적으로 증명해 보려는 연구가
   활발히 진행되고 있다. "Wood-Wide-Web"이라고 하여 식물들 사이의 커뮤니케이션 능력을 표현
   하는 등, 아직 공식적인 이론이나 연구논문으로 발표하고 있지는 않지만 언론 인터뷰나 다큐멘터리
   등을 통해 많은 식물학자들이 식물의 지능 혹은 의식을 믿고 있음을 고백하고 있다. 물론 식물의 지능
   이나 의식은 인간의 지능 혹은 의식과는 개념 자체가 다른 것이지만 아직 특별한 용어가 없기 때문에
   그리 부르는 것이다. 신비주의자들의 경우, 과학자들과는 달리 믿고 있는 사실을 꼭 증명할 필요가 없
   기 때문에 비교적 일찍부터 그리고 자유롭게 의사를 표현할 수 있다는 장점이 있다. 같은 것을 두고
   학자들이 용어를 찾지 못해 전전긍긍한다면, 신비주의자들은 혼 혹은 정령이라고 표현하는 것이 다
   를 뿐이다.
5) 프랜시스 젠킨스 올코트, 『인디언 설화, 옥수수가 어떻게 인디언들에게 왔을까』, 예스터데이스 클래
   식, 2006.

3. 아름다운 저승, 서천꽃밭

1) 『한국민족문화대백과사전』, 한국학중앙연구원.
2) 오비디우스, 『변신 이야기』 4권, 로볼트출판사, 1971.
3) 랄프 헤프너, 『아리키아 숲의 비밀 - 니콜라 푸생의 그림 "폼필리우스와 요정 에게리아가 있는 풍경"
   과 1630년대의 지적 콘텍스트』, 빌헬름 횡크 출판사, 2011, p.7.

4. 진달래가 피어야 봄이 온다

1) 마리안네 보이허르트, 『식물의 상징성』, 인젤출판사, 2004, p.226.
2) 오비디우스, 『변신 이야기』 10권, 로볼트출판사, 1971.

5. 분홍의 힘, 복사꽃

1) 김재일, 『산사의 숲 - 침묵으로 노래하다』, 지성사, 2009, p.119.
2) 신동원·김남일·여인석, 『한 권으로 읽는 동의보감』, 들녘, 1999, p.872.
3) 위의 책, pp.190~191.
4) 이상희, 『꽃으로 보는 한국문화』 1권, 넥서스북스, p.97.
5) 이선, 『한국전통조경식재』, 수류산방, 2006, pp.606~609.
6) 박상진, 『궁궐의 우리나무 개정판』, 눌와, 2010, p.234.

7) 『중국의 새해맞이 그림』, 레닌그라드 아우로라 예술출판, 1988.

8) 『한국민족문화대백과사전』, 한국학중앙연구원.

9) 하정룡, 『교감 역주 삼국유사』, 시공사, 2003, p.586.

6. 물과 뭍의 경계에 서 있는 버드나무

1) 『조선왕조실록』 태종 11권, 6년.

2) 셰익스피어의 『오셀로』 원본과 베르디가 작곡한 〈오셀로〉 사이에 노래 가사가 많이 다르기 때문에 여기서는 셰익스피어 원본을 참조하였다.

3) 이상화, 『꽃으로 보는 한국문화』 2권, 넥서스북스, p.372.

4) 『한국민족문화대백과사전』, 한국학중앙연구원.

5) 신순식, 『한국의학사 재정립』, 한국한의학연구원연구보고서, 1995, p.172.

7. 연꽃, 심청이 물에 빠져야 하는 이유

1) 국립중앙박물관 편저, 『꽃을 든 부처』, 2006.

2) 국립공주박물관, 『우리문화에 피어난 연꽃』, 2004.

3) 정경련, "초등학생을 위한 심청전 재교재화 연구", 『우리말글』 제41집, 2007, pp.163~190.

4) 이와 관련해서는 여러 편의 논문이 존재한다. 허원기, "심청전 근원 설화의 전반적 검토", 『정신문화연구』 25권 4호, 2002; 『한국민족문화대백과사전』, 한국학중앙연구원; 정출헌, "심청전의 전승 양상과 작품세계에 대한 고찰", 『한국민족문화』 22, 2003.

5) 국립공주박물관, 『우리문화에 피어난 연꽃』, 2004.

6) 김진순, "집안, 5회분, 4,5호 묘 벽화연구", 『미술사연구』 17, 2003.

8. 이브에게 돌려준 루터의 사과

1) 창세기 3장 7절, 마르틴 루터 번역본.

2) 창세기 1장 22절, 마르틴 루터 번역본.

3) 창세기 1장 24절, 마르틴 루터 번역본.

4) 국제적인 케이블TV채널(history.com)에서 2005년부터 "Decording the past"라는 프로그램을 방영하고 있다. 일종의 역사스페셜인데 아직 풀리지 않은 역사적 사건이나 현상에 접근하여 해답을 찾아내는 흥미로운 프로그램이다. 지금까지 대략 33편의 다큐들이 만들어졌고 최근에 "에덴동산의 미스터리"라는 타이틀로 방영된 바 있다.

5) KBS NEWS 권기준 기자 / 대구=뉴시스 제갈수만 기자, 2011년 4월 22일자 보도.

6) 신전휘·신용욱, 『향약집성방의 향약본초 - 사진으로 보는 현대의학서』, 계명대학교 출판부, 2006, p.309.

7) 앞의 책, p.305.

8) 조선 왕조 중종(中宗) 22년(1527)에 최세진(崔世珍)이 지은 한자 학습서. 3,360자의 한자를 사물(事物) 중심으로 갈라 한글로 음과 뜻을 달았는데, 고어 연구에 귀중한 자료이다(3권 1책). 여기서 능금을 닝금으로 쓰고 있다(출처: 한국민속대사전, www.krpia.co.kr).

9) 조선 숙종 때 실학자 유암(流巖) 홍만선(洪萬選, 1643(인조21)~1715(숙종41))이 지은 농서(農書)이자 생활백과 성격의 책이다. 농림, 축산, 잠업을 망라하였고 농촌 생활에 관련된 주택·건강·의료·취미·흉년 대비책 등에 이르기까지 기술하고 있어, 당시의 농업 기술 수준, 농가 생활의 모습, 실학사상을 엿볼 수 있는 좋은 자료이다(출처: 한국고전번역원, www.krpia.co.kr).

10) 홍만선 저, 김주희·이승창·정양완 역, 『산림경제』 제2권 종수(種樹)편, 한국고전번역원.

11) 글을 짓기 위(爲)한 모임, 아담한 모임.

12) 이선, 『한국전통조경식재』, 수류산방, 2006, pp.355~356. 이이엄이란 이름은 당나라 때 문인 한유(韓愈, 768~824)의 시구 "허물어진 집 세 칸이면 그만일 뿐(破屋三間而已厂"에서 따온 것이라

고 한다.

13) 톰 스탠디지, 『식량의 세계사』, 월터 앤 컴퍼니 사, 2009.
14) 김연미, "구제역, 예상된 재앙이 아닌가?", 미발표 원고, 2010.
15) 이시카와 다쿠지 저, 이영미 역, 『기적의 사과』, 김영사, 2008.

9. 영원히 젊은 마가목, 죽지 않는 주목

1) 강희안 저, 이병훈 역, 『양화소록』, 을유문화사, 2009.
2) 강세구, "강희안의 양화소록에 관한 일고제", 『한국사연구』 제60호, 한국사연구회, 1988, pp.37~56.
3) Chinese Academy of Sciences의 식물목록을 찾아보면 정공등의 학명이 Erycibe obtusifolia로 표기되어 있고 중국 약용식물로 유럽에까지 널리 알려져 있음을 알 수 있다.
4) 신동원 · 김남일 · 여인석, 『한 권으로 읽는 동의보감』, 들녘, 1999, p.980.
5) 박상진, 『우리 나무의 세계1』, 김영사, 2011, p.380.
6) 국가생물종 지식정보시스템, www.nature.go.kr
7) 박상진, 앞의 책.
8) 볼프 디터 슈톨, 『켈트 문화의 식물』, 맨사나 출판사, 2010, p.357.
9) 마리아 트레벤, 『신의 약국에서 건강을 찾다』, 에른스탈러 출판사, 1980, p.38.
10) 박상진, 『우리 나무의 세계2』, 김영사, 2011, pp.281~284.
11) 박상진, 앞의 책.

10. 나무에 걸린 희망

1) 하정룡, 『교감 역주 삼국유사』, 시공사, 2003, p.81.
2) 신채호 저, 박기봉 역, 『조선상고사』, 비봉출판사, 2006, p.94.
3) 박상진, 『역사가 새겨진 나무이야기』, 김영사, 2004, p.157.
4) 주강현, 『우리문화의 수수께끼2』 개정판, 한겨레출판사, 2010, p.100.
5) 송홍선, 『한국의 나무문화』, 문예산책, 1996, p.21.
6) KBS 역사스페셜, 금관은 죽은 자의 것이었다, 신라 왕족은 정말 흉노의 후예인가.
7) 최준식, 금관, 네이버캐스트, 위대한 문화유산, 2010.
8) 박상진, 앞의 책, p.157.
9) 『제왕운기』는 고려 충렬왕 13년, 1287년 이승휴(李承休)가 시의 형태로 지은 역사책. 2권으로 되어 있으며 1권은 중국의 역사를, 2권은 한국의 역사를 '노래' 한다. 정서로 널리 인정받고 있지는 않다.
10) 박상진, 앞의 책, p.158.
11) 이종수, 『벽화로 꿈꾸다』, 하늘재, 2011, p.204.
12) 안휘준, 『고구려회화』, 효형출판사, 2007, p.87.
13) 국립광주박물관, 『고구려고분벽화 모사도』, 2005, p.8.
14) http://geobotany.narod.ru
15) 이선, 『한국전통조경식재』, 수류산방, 2006, pp.80~81.
16) 강판권, 『나무열전』, 글항아리, 2007, p.304.
17) 이문구, 「장이리 개암나무」, 『내 몸은 너무 오래 서 있거나 걸어왔다』, 문학동네, 2000.
18) 강판권, 앞의 책, p.293.
19) 발터 뮐러 · 에른스트 푀펠, 『은행나무 - 생명의 나무』, 인젤출판사, 2003.
20) 리사 웰프 외, 대기권 항공 측정에 따른 CO_2의 탄소 동위 원소 비율의 변화, 2011년 9월 28일, 네이처.
21) 베를린 식물원은 지역대별로 식물을 분류하고 있어서 스칸디나비아, 히말라야, 그리스, 소아시아 등을 거쳐 아시아, 미대륙으로 이동하며 세계일주하는 느낌으로 다닐 수 있다. 아주 작은 규모이지만 한국 산지의 식물들도 전시하고 있다.

참고문헌

구약성서, 마르틴 루터 본.

강세구, "강희안의 양화소록에 관한 일고제", 『한국사연구』 제60호, 한국사연구회, 1988.

강판권, 『나무열전 - 나무에 숨겨진 비밀, 역사와 한자』, 글항아리, 2007.

강희안 저, 이병훈 역, 『양화소록』, 을유문화사, 2009.

국립공주박물관, 『우리문화에 피어난 연꽃』, 2004.

국립광주박물관, 『세계문화유산 고구려 고분벽화 모사도』, 통천문화사, 2005.

국립수목원, 『식별이 쉬운 나무 도감』, 지오북, 2009.

국립중앙박물관 편저, 『고구려 무덤벽화 - 국립중앙박물관 소장 모사도』, 2006.

국립중앙박물관 편저, 『꽃을 든 부처 - 보물 1350호 통도사 석가여래괘불탱』, 2006.

국립중앙박물관 편저, 『조선시대 풍속화』, 2002.

김연미, "구제역, 예상된 재앙이 아닌가?", 미발표 원고, 2010.

김재일, 『산사의 숲 - 침묵으로 노래하다』, 지성사, 2009.

김진순, "집안, 5회분, 4,5호 묘 벽화연구", 『미술사연구』 17, 2003.

김현실, 『수백 년 걸어온 나무들에겐 아무것도 아니다』, 시평시인선 46, 2011.

김홍석, "향약채취월령에 나타난 향약명 연구(上)", 『한어문교육』 제 9집, 2002.

박상진, 『문화와 역사로 만나는 우리 나무의 세계』, 김영사, 2011.

박상진, 『역사가 새겨진 나무이야기』, 김영사, 2004.

박상진, 『궁궐의 우리나무 개정판』, 눌와, 2010.

박영대, 『우리가 정말 알아야 할 우리 그림 백가지』, 현암사, 2002.

송홍선, 『한국의 나무문화』, 문예산책, 1996.

신동원 · 김남일 · 여인석, 『한 권으로 읽는 동의보감』, 들녘, 1999.

신순식, 『한국의학사 재정립』, 한국한의학연구원연구보고서, 1995.

신전휘 · 신용욱, 『향약집성방의 향약본초 - 사진으로 보는 현대 한의약서』, 계명대학교 출판부, 2006.

신채호 저, 박기봉 역, 『조선상고사』, 비봉출판사, 2006.

안덕균, 『세종시대의 보건위생』, 세종대왕기념사업회 발간, 1985.

안상우, 『鄕藥集成方』의 데이터베이스 구축 II, 한국한의학연구소, 2000.

안휘준, 『고구려회화 - 고대 한국 문화가 그림으로 되살아나다』, 효형출판사, 2007.

이규보, 『동국이상국집』 동명왕편, 박두포 역, 을유문고, 1974.

이문구, 「장이리 개암나무」, 『내 몸은 너무 오래 서 있거나 걸어왔다』, 문학동네, 2000.

이상태, 『식물의 역사 - 식물의 탄생과 진화 그리고 생존전략』, 지오북, 2010.

이상희, 『꽃으로 보는 한국문화』, 넥서스북스, 2004.

이선, 『한국의 자연 유산 - 천연기념물의 역사와 그를 둘러싼 이야기들』, 수류산방, 2009.

이선, 『한국전통조경식재』, 수류산방, 2006.

이시카와 다쿠지 저, 이영미 역, 『기적의 사과』, 김영사, 2008.

이영노, 『한국식물도감 개정증보판』, 교학사, 2001.

이융조, "두루봉연구 30년", 『선사와 고대』 통권 제25호(2006. 12), 한국고대학회, 2006.

이종수, 『벽화로 꿈꾸다 - 여덟 가지 테마로 읽는 고구려 고분벽화 이야기』, 하늘재, 2011.

정경련, "초등학생을 위한 심청전 재교재화 연구", 『우리말글』 제41집, 2007.

정출헌, "심청전의 전승 양상과 작품세계에 대한 고찰", 『한국민족문화』 22, 2003.

조선왕조실록, 태종실록, 단종실록, 연산군일기, 정조실록 등.

주강현, 『우리문화의 수수께끼2』 개정판, 한겨레출판사, 2010.

최완수, 『겸재의 한양진경』, 동아일보사, 2004.

최원오, 『이승과 저승을 잇는 다리 - 신화로 만나는 세계』, 한국신화 1, 여름언덕, 2004.

최준식, 금관, 네이버캐스트, 위대한 문화유산, 2010.

하정룡, 『교감역주 삼국유사 - 원본의 복원을 위한 삼국유사전』, 시공사, 2003.

『한국민족문화대백과사전』, 한국학중앙연구원.

허원기, "심청전 근원 설화의 전반적 검토", 『정신문화연구』 25권 4호, 2002.

홍만선 저, 김주희·이승창·정양완 역, 『산림경제』 제2권 종수(種樹)편, 한국고전번역원.

홍태한, "바리공주 김포 지역 필사본", 『한국무속학』 제15집, 2007.

나이겔 페닉, 『켈트인들의 신화세계』, 노이에에르데 출판사, 2001.

러시아 예르미타시 미술관, 『중국의 새해맞이 그림들』, 레닌그라드 아우로라 예술출판, 1988.

리사 웰프 외, "대기권 항공 측정에 따른 CO_2의 탄소 동위 원소 비율의 변화", 2011년 9월 28일, 네이처.

마리아 트레벤, 『신의 약국에서 건강을 찾다』, 에른스탈러 출판사, 1980.

마리안네 보이허르트, 『식물의 상징성』, 인젤출판사, 2004.

발터 뮐러·에른스트 쾨펠, 『은행나무 - 생명의 나무』, 인젤출판사, 2003.

발터 잘라베르커, 『길가메시 서사시』, 백출판사, 2008.

볼프 디터 슈톨, 『식물의 혼』, 크나우어 출판사, 2010.

볼프 디터 슈톨, 『켈트 문화의 식물』, 맨사나 출판사, 2010.

수잔네 피셔, 『나뭇잎』, 츠바이타우젠트아인스 출판사, 2005.

안나 파보드, 『튤립』, 인젤출판사, 2003.

오비디우스, 『변신 이야기』 10권, 로볼트출판사, 1971.

톰 스탠디지, 『식량의 세계사』, 월터 앤 컴퍼니 사, 2009.

프랜시스 젠킨스 올코트, 『인디언 설화, 옥수수가 어떻게 인디언들에게 왔을까』, 에스터데이스 클래식, 2006.

하이탈리스 출판사 편저, 『고대 그리스의 신화와 문화』, 1997.

헤르만 브라이텐바흐 편역, 『오비디우스의 변신 이야기』, 로볼트출판사, 1971.

헤르만 포르클 외, 『이슬람 정원』, 베를린 세계문화센터 출판부, 1993.

헨리 키저, 『푸생(1594~1665)』, 타셴출판사, 2007.

헬무트 바우만, 『신화, 예술, 문학 속의 그리스 식물의 세계』, 힘머출판사, 1982.

국가생물종 정보시스템

KBS 역사스페셜, 금관은 죽은 자의 것이었다, 신라 왕족은 정말 흉노의 후예인가.

www.yunphoto.net/ko/